Von Isaac Asimov sind außerdem erschienen:

Die exacten Geheimnisse unserer Welt Bd. 1 (Band 3921)
Die exacten Geheimnisse unserer Welt Bd. 2 (Band 3922)
Grenzfälle der Naturwissenschaften (Band 4838)

Dieses Buch wurde auf chlor- und säurefreiem Papier gedruckt.

Deutsche Erstausgabe Juni 1993

Titel der Originalausgabe »Atom«

Published by arrangement with Truman Talley Books-Dutton,
an imprint of New American Library, a division of Penguin Books USA Inc.
Originalverlag Truman Talley Books/Dutton, New York
Umschlaggestaltung Manfred Waller, Reinbek
Umschlagfoto The Image Bank/Hans Wendler
Satz MPM, Wasserburg
Druck und Bindung Elsnerdruck, Berlin
Printed in Germany 5 4 3 2 1
ISBN 3-426-77039-3

ISAAC ASIMOV

Vom Kosmos zum Chaos

Eine Reise durch die Welt der Elementarteilchen

Aus dem Amerikanischen von
Johannes Schwab

Illustriert von D. F. Bach

Knaur

Für Truman »Mac« Talley, einen Buchverleger, wie er sein sollte

Inhalt

1. Materie 7
Die Teilung der Materie 7
Elemente 12
Der Siegeszug des Atomismus 15
Die Realität von Atomen 21
Die Unterschiede zwischen Atomen 27

2. Licht 37
Teilchen und Wellen 37
Die vier Phänomene 47
Die Verbindung zwischen den Phänomenen 56
Die Erweiterung des Spektrums 62
Die Teilung der Energie 68

3. Elektronen 75
Die Teilung der Elektrizität 75
Kathodenstrahlteilchen 84
Röntgenstrahlen 87
Elektronen und Atome 91
Elektronen und Quanten 100
Wellen und Teilchen 104

4. Atomkerne 113
Die Erforschung des Atoms 113
Positiv geladene Teilchen 120
Ordnungszahlen 125
Spektrallinien 136

5. Isotope 153
Kernenergie 153
Kernvarianten 156
Halbwertszeiten 164
Stabile Kernvarianten 169

6. Neutronen 181
Protonen und Elektronen 181
Protonen und Neutronen 188
Kernreaktionen 197
Künstliche Isotope 202

7. Spaltung 213
Massendefekt 213
Kernspaltung 220
Kernverschmelzung 230
Zerfallsteilchen 239

8. Antimaterie 249
Antiteilchen 249
Kosmische Strahlung 254
Teilchenbeschleuniger 265
Baryonen 270

9. Neutrinos 277
Die Rettung der Erhaltungssätze 277
Die Entdeckung des Antineutrinos 285
Die Entdeckung des Neutrinos 289
Weitere Leptonen 294
Instabile Teilchen 300
Neutrino-Varianten 303

10. Wechselwirkungen 311
Die starke Wechselwirkung 311
Die schwache Wechselwirkung 320
Die elektroschwache Wechselwirkung 325

11. Quarks 333
Der Hadronen-Zoo 333
Im Inneren von Hadronen 342
Quantenchromodynamik 349

12. Das Universum 357
Das Geheimnis der fehlenden Masse 357
Das Ende des Universums 365
Der Anfang des Universums 373

Register 381

1. Materie

Die Teilung der Materie

Angenommen, Sie hätten Tausende kleiner Kieselsteine auf einem großen Haufen vor sich liegen. Wenn Sie gerade nichts Besseres zu tun hätten, könnten Sie auf die Idee kommen, ihn in zwei kleinere, etwa gleich große Haufen aufzuteilen. Sie könnten den einen davon beiseite legen, den anderen aber behalten und wiederum halbieren. Von diesen beiden noch kleineren Haufen könnten Sie nun den einen wegschieben und den anderen für die nächste Aufteilung übriglassen – und diesen Vorgang immer wieder von neuem durchführen.

Sie fragen sich vielleicht, wie oft das wiederholt werden könnte. Ewig? Sie wissen, daß das nicht der Fall ist. Ganz egal, wie groß der Haufen zu Beginn ist, am Ende bliebe Ihnen nur ein winziges »Häufchen« von gerade zwei Kieselsteinen. (Das würde sogar überraschend schnell eintreten. Selbst wenn man am Anfang eine Million Kiesel hätte, wäre man nach ungefähr zwanzig Teilungen bei zwei Kieseln angelangt.) Teilt man ein Häufchen aus zwei Kieseln noch einmal auf, erhält man zuletzt einen »Haufen« mit einem einzigen Kieselstein, so daß das Spiel zu Ende ist. Ein Steinchen läßt sich nicht weiter aufteilen.

Aber warten Sie! Es geht doch. Sie könnten den Kiesel auf einen Amboß legen und mit einem Hammer zertrümmern. Der Stein würde dabei in winzige Bruchstücke zerspringen, die sich wieder in immer kleinere Häufchen aufteilen ließen, bis man zu einem einzigen Teilchen gelangt. Daraufhin könnten Sie dieses Teilchen zu Staub zermalmen und diesen anschließend aufteilen, bis nur noch ein einziges, kaum sichtbares Staubteilchen übrigbleibt. Sie könnten es zerlegen und weitermachen.

Dieses Spiel ist nun aber nicht besonders realistisch, denn es ist sehr schwierig, mit einem Staubkorn umzugehen und zu versuchen, es noch weiter aufzuspalten. Aber Sie können den Vorgang *in Gedanken* durchspielen. Stellen Sie sich vor, Sie zerlegen den Staub in noch kleinere Teilchen, die Sie immer weiter zermalmen, und erhalten auf diese Weise noch feineren Staub. Und nun fragen Sie sich, ob das endlos so weitergeht.

Diese Frage klingt vielleicht nicht gerade besonders wichtig oder allzu vernünftig; schließlich läßt sich das Gedankenexperiment ja doch nicht in der Realität durchspielen. Man gelangt sehr schnell zu Objekten, die zu klein sind, um sie noch zu erkennen, so daß man nicht einmal weiß, ob man den Haufen noch weiter zerkleinert. Trotz alledem haben sich griechische Philosophen diese Frage schon in der Antike gestellt und damit eine Denkrichtung begründet, die Gelehrte bis zum heutigen Tage, fünfundzwanzig Jahrhunderte später, beschäftigt.

Der griechische Philosoph Leukipp von Milet (490–? v. Chr.) ist der erste namentlich bekannte Mensch, der sich mit dem Problem der Teilung von Materie beschäftigt haben soll und zu dem Schluß kam, daß sich dieser Prozeß nicht unendlich fortsetzen lasse. Er beharrte darauf, daß man früher oder später auf ein Materiebruchstück stoßen müsse, das nicht in noch kleinere Bestandteile zerlegt werden kann.

Der jüngere Demokrit von Abdera (460–370 v. Chr.) war ein

Schüler Leukipps. Er teilte die Vorstellung, daß winzige Bruchstücke von Materie nicht weiter zerlegbar seien. Er nannte solche Teile *atoma* (griechisch für »unteilbar«). Auch im Deutschen wird ein solches Teilchen heute als Atom bezeichnet. Für Demokrit bestand die gesamte Materie aus einer Ansammlung von Atomen, und wenn zwischen den Atomen Raum vorhanden war, enthielt dieser Raum eben nichts (der »leere« Raum).

Demokrit soll seine Theorien in sechzig Büchern dargelegt haben, darunter auch seine Gedanken über das, was wir heute als Atomismus bezeichnen. In jener Zeit, als es noch keinen Buchdruck gab und alle Bücher von Hand kopiert werden mußten, gab es kaum einmal viele Abschriften, und nicht zuletzt, weil seine Ansichten unpopulär waren, wurden gerade seine Bücher nicht oft abgeschrieben. Im Laufe der Jahrhunderte gingen viele Bücher verloren; von Demokrit ist kein einziges erhalten geblieben.

Die meisten Philosophen damals hielten es nicht für sinnvoll, von der Unteilbarkeit eines einzelnen winzigen Teilchens auszugehen. Sie neigten vielmehr zu der Annahme, daß alles, und zwar unendlich lange, in immer kleinere Bruchstücke von Materie zerteilt werden könne.

Besonders die griechischen Philosophen Platon (um 427–347 v. Chr.) und Aristoteles (384–322 v. Chr.) leugneten die Existenz von Atomen. Da sie die tiefgründigsten und vielseitigsten Denker unter den antiken Philosophen waren, setzten sich ihre Ansichten auch am ehesten durch. Aber der Gegenstand war nicht unumstritten. Der einflußreiche griechische Philosoph Epikur (341–270 v. Chr.) griff den Atomismus als Kernpunkt seiner Lehren auf. Epikur soll 300 Bücher verfaßt haben (nebenbei: antike Bücher waren in der Regel kurz), von denen jedoch keines erhalten ist.

Der in dieser Hinsicht bedeutendste Epikureer war Titus

Lucretius Carus (96–55 v. Chr.), der gewöhnlich als Lukrez bekannt ist. 56 v. Chr. schrieb er das lange Lehrgedicht *De rerum natura* (Über die Natur), in dem er sehr ausführlich Epikurs Anschauung des Atomismus erläuterte.

Das Buch war zu seiner Zeit sehr beliebt, aber in späteren Jahrhunderten, nachdem sich das Christentum ausgebreitet hatte, wurde Lukrez wegen seines angeblichen Atheismus verleumdet. Seine Werke wurden nicht länger vervielfältigt; die bereits existierenden Abschriften wurden entweder zerstört oder gingen verloren. Trotzdem überlebte eine Handschrift (nur eine einzige!) das Mittelalter, wurde 1417 entdeckt und erneut kopiert. Als ein halbes Jahrhundert später der Buchdruck aufkam, gehörte Lukrez' Gedicht zu den ersten Schriften, die mit Hilfe der neuen Technik vervielfältigt wurden.

Das Gedicht fand in ganz Westeuropa Verbreitung und wurde zur Hauptquelle der Kenntnis von antiken Theorien des Atomismus. Nach der Lektüre von Lukrez übernahm der französische Philosoph Pierre Gassendi (1592–1655) die atomistische Weltsicht, führte sie überzeugend weiter und verschaffte dieser Lehre so größeres Gehör.

In den 2000 Jahren zwischen Leukipp und Gassendi war das Für und Wider des Atomismus nicht mehr als ein Thema endloser Diskussionen zwischen Gelehrten; *Beweise* für oder gegen den Atomismus gab es nicht. Verschiedene Gelehrte akzeptierten Atome oder lehnten sie ab, je nachdem, welcher Standpunkt ihnen mehr zusagte oder vernünftiger erschien. Es gab keine Möglichkeit, jemanden umzustimmen, der fest von seiner Meinung überzeugt war. Es war jeweils eine subjektive Entscheidung, und über persönliche Vorlieben ließ sich schlecht streiten.

Doch um diese Zeit begannen einige Wissenschaftler, Versuche durchzuführen, der Natur quasi Fragen zu stellen

und die Ergebnisse zu analysieren. Dadurch konnten Beweise erbracht werden, die wissenschaftlich »zwingend« waren; sie zwangen andere nämlich dazu, eine zuvor aus subjektiven Gründen abgelehnte Anschauung zu akzeptieren (zumindest, wenn sie intellektuell redlich waren).
Der erste, der Experimente durchführte, die mit dem Problem des Atomismus in Beziehung standen, war der englische Wissenschaftler Robert Boyle (1627–1691); er war von den Schriften Gassendis beeinflußt und somit Atomist.
1662 benutzte Boyle eine Glasröhre, die wie ein J geformt war. Der kurze Schenkel war geschlossen, der lange offen. In diese Öffnung goß er Quecksilber, das den unteren Teil ausfüllte und die Luft in dem kurzen Schenkel einschloß. Dann goß Boyle noch mehr Quecksilber nach, dessen Gewicht die Luft in dem kurzen Schenkel der Röhre zusammendrückte und damit das Luftvolumen verminderte. Wenn er die Höhe der Quecksilbersäule in dem langen Schenkel verdoppelte, wurde das Volumen der Luft in dem kurzen Schenkel halbiert. Wenn er das Quecksilber abgoß und den Druck verminderte, nahm das Volumen der Luft zu. Dieses umgekehrt proportionale Verhältnis zwischen Druck und Volumen wird als Boyle-Mariottesches Gesetz bezeichnet.
Dieses Verhalten der Luft unter Druck konnte leicht durch die Annahme von Atomen erklärt werden. Stellen Sie sich dazu vor, daß die Luft aus weit voneinander entfernten Atomen besteht – mit nichts dazwischen, wie Demokrit meinte. (Das würde die Tatsache erklären, daß ein bestimmter Rauminhalt Luft so viel weniger wiegt als das gleiche Volumen Wasser oder Marmor, wo die Atome miteinander verbunden sein könnten.) Wenn man die Luft nun »unter Druck setzt«, rücken die Atome dicht zusammen und pressen quasi einen Teil des Nichts heraus, wo-

durch sich das Volumen verringert. Eine Verminderung des Drucks erlaubt es den Atomen, sich auszubreiten.
Zum ersten Mal gewann der Atomismus die Oberhand. Man mochte es vielleicht nicht für vernünftig oder auch für unästhetisch halten, die Existenz von Atomen anzunehmen, aber Boyles Experiment ließ sich nicht ignorieren. Das galt insbesondere deshalb, weil jeder den Versuch selbst durchführen und zu den gleichen Beobachtungen gelangen konnte.
Wenn wir schon Boyles Experiment akzeptieren müssen, liefert der Atomismus für dessen Ergebnisse wenigstens eine einfache und logische Erklärung; eine Erklärung ohne Atome wäre bei weitem schwieriger.
Von diesem Zeitpunkt an gab es unter den Forschern immer mehr Atomisten, aber der Streit war noch nicht vollständig beigelegt. (Wir kommen später darauf zurück.)

Elemente

Schon die Denker im alten Griechenland fragten sich, woraus die Welt bestehe. Nun besteht sie zwar ganz offensichtlich aus unzähligen Arten von Dingen, aber die Wissenschaftler waren schon immer bestrebt, ihren Untersuchungsgegenstand zu vereinfachen. Deshalb nahm man an, die Welt bestehe aus einem Urstoff (oder einigen ganz wenigen Grundstoffen) und alles andere sei eine Abwandlung davon.
Als erster griechischer Philosoph ging vermutlich Thales (etwa 640–546 v. Chr.) davon aus, daß Wasser der Urstoff sei, aus dem alles andere gebildet wird. Für Anaximenes (570–500 v. Chr.) dagegen war es die Luft. Für Heraklit (etwa 535–475 v. Chr.) wiederum war es das Feuer und so weiter.

Es bestand keine Möglichkeit, sich zwischen diesen Theorien zu entscheiden, denn weder für die eine noch für die andere Möglichkeit gab es Beweise. Der griechische Philosoph Empedokles (495–435 v. Chr.) beendete den Streit mit einem Kompromiß. Nach seiner Theorie bestand die Welt aus mehreren verschiedenen Urstoffen: Feuer, Wasser, Luft und Erde. Aristoteles fügte noch den Äther hinzu (nach dem griechischen Wort für »Feuerluft«), aus dem die leuchtenden Himmelskörper bestehen sollten.

Nach einem lateinischen Wort unbekannten Ursprungs werden diese Urstoffe im Deutschen »Elemente« genannt. (Auch heute noch beschreibt man ein Unwetter gelegentlich als »Wüten der entfesselten Elemente«, wenn Blitze wie Feuer aufflammen, Wassermassen sich ergießen oder ein Sturm tobt.)

Wer nun die Vorstellung von verschiedenen Elementen teilte und zugleich Atomist war, der gelangte vernünftigerweise zu der Überzeugung, daß sich ein Element aus jeweils gleichartigen Atomen zusammensetzte und die Welt somit insgesamt aus vier verschiedenen Arten von Atomen bestand, die durch den fünften Typ, den himmlischen Äther, ergänzt wurden.

Selbst mit nur vier Arten von Atomen konnte man sich die ganze Vielfalt der Dinge auf der Erde erklären. Man brauchte sich nur vorzustellen, daß die verschiedenen Stoffe aus Kombinationen unterschiedlich vieler, unterschiedlich gearteter und unterschiedlich angeordneter Atome bestanden. Schließlich kann man mit nur 26 Buchstaben (oder mit gerade zwei Zeichen, einem Punkt und einem Gedankenstrich wie ein Morsealphabet) allein im Deutschen Hunderttausende verschiedener Wörter bilden.

Doch selbst als der Atomismus immer größere Verbreitung fand, begann die Lehre von den vier (oder fünf) Elementen an Überzeugungskraft zu verlieren. 1661 schrieb Boyle das Buch *The Skeptical Chemist* (Der skeptische Chemiker), in dem er die Meinung vertrat, es sei nutzlos, Vermutungen über die Urstoffe der Welt anzustellen; man müsse sie vielmehr durch Experimente bestimmen. Jeder Stoff, der durch chemische Einwirkung nicht in noch einfachere Stoffe zerlegt werden könne, sei ein Element. Jeder Stoff, der aber noch weiter zerlegt werden könne, sei dagegen *kein* Element.

Im Prinzip ist diese These nicht angreifbar, aber in der Praxis ist die Sache nicht ganz unproblematisch. Einige Stoffe lassen sich nicht in einfachere Substanzen aufspalten und scheinen demzufolge Elemente zu sein, aber irgendwann kommt vielleicht die Zeit, da Fortschritte in der Chemie eine weitere Zerlegung doch möglich machen. Andererseits läßt sich, auch wenn eine Substanz in eine andere umgewandelt wird, nicht immer leicht entscheiden, welche von beiden die einfachere ist.

Dennoch haben sich die Chemiker seit Boyle über drei Jahrhunderte lang bemüht, Stoffe zu finden, die sich als Elemente identifizieren lassen. Beispiele für bekannte Substanzen, die man auf diese Weise als Elemente eingestuft hat, sind Gold, Silber, Kupfer, Eisen, Zinn, Aluminium, Chrom, Blei und Quecksilber. Auch Gase wie zum Beispiel Wasserstoff, Stickstoff und Sauerstoff sind Elemente. Feuer, Wasser, Erde und Luft gehören dagegen *nicht* zu den Elementen.

Gegenwärtig sind 106 Elemente bekannt. 83 davon kommen auf der Erde natürlich und in größeren Mengen vor; die restlichen 23 treten entweder nur in Spuren auf oder müssen sogar künstlich im Labor erzeugt werden. Das bedeutet, daß es insgesamt 106 verschiedene Arten von Atomen gibt.

Der Siegeszug des Atomismus

Die meisten der auf der Erde natürlich vorkommenden Stoffe sind selbst keine Elemente, sondern können in die verschiedenen Elemente zerlegt werden, aus denen sie zusammengesetzt sind. Die Substanzen, die aus einer Kombination von Elementen bestehen, nennt man Verbindungen.

In der Chemie war man zunehmend daran interessiert, den Anteil der jeweiligen Elemente in einer bestimmten Verbindung zu bestimmen. Von 1794 an beschäftigte sich der französische Chemiker Joseph Louis Proust (1754–1826) mit diesem Problem und machte dabei eine bedeutsame Entdeckung. Es gibt eine Verbindung, die heute als Kupferkarbonat bezeichnet wird. Proust verwendete eine reine Probe dieses Stoffs und zerlegte sie in die drei Elemente, aus denen sie zusammengesetzt war: Kupfer, Kohlenstoff und Sauerstoff. 1799 fand er heraus, daß in jeder Probe, mit der er arbeitete – und zwar unabhängig davon, wie sie hergestellt war –, auf jeweils fünf Teile Kupfer (nach dem Gewicht bemessen) vier Teile Sauerstoff und ein Teil Kohlenstoff kamen. Wenn er bei der Herstellung von Kupferkarbonat zusätzlich Kupfer beimengte, blieb dieses einfach übrig. Wenn er mit weniger Kupfer begann, verbanden sich damit nur der proportional jeweils entsprechende Anteil von Kohlenstoff und Sauerstoff zu Kupferkarbonat; es blieb ein Überschuß an Kohlenstoff und Sauerstoff.

Proust zeigte auf, daß dies auch für eine Reihe anderer Verbindungen galt, mit denen er arbeitete. Die Elemente, aus denen sie sich zusammensetzten, waren immer in einem bestimmten Mischungsverhältnis vorhanden. Dies wurde als Gesetz der konstanten Proportionen bezeichnet. Das Gesetz der konstanten Proportionen war eine wichtige

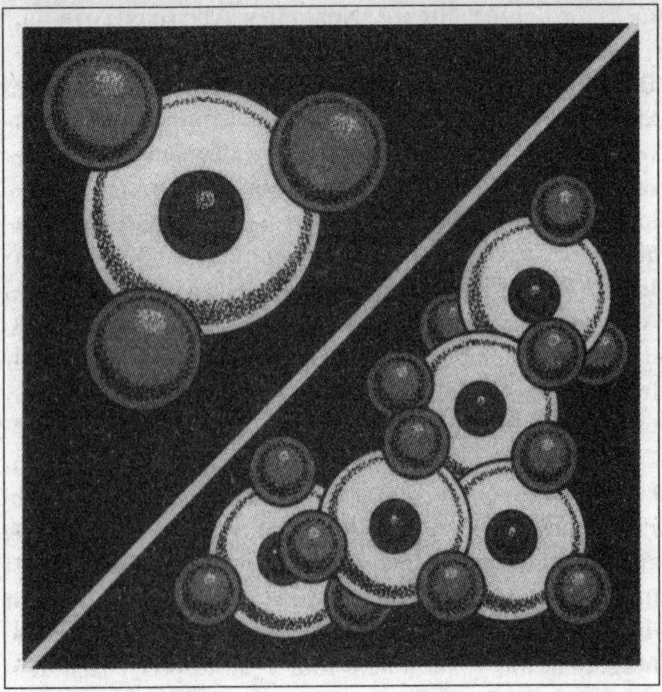

1799 spaltete Joseph Louis Proust eine reine Probe einer Substanz in die darin enthaltenen drei Elemente auf: Kupfer, Kohlenstoff und Sauerstoff. Er fand heraus, daß in jeder untersuchten Probe auf fünf Teile Kupfer (nach dem Gewicht bemessen) vier Teile Sauerstoff und ein Teil Kohlenstoff kamen. Die atomaren Elemente einer bestimmten Verbindung treten immer in konstanten Gewichtsanteilen auf.

Stütze für den Atomismus. Nehmen wir beispielsweise an, Kupferkarbonat bestehe aus kleinen Gruppen von Atomen, den Molekülen (nach lateinischen Wörtern, die »kleine Masse« bedeuten), die jeweils aus einem Kupfer-, einem Kohlenstoff- und drei Sauerstoffatomen zusammengesetzt seien. Nehmen wir weiterhin an, die drei Sauerstoffatome zusammen seien viermal und das Kupferatom fünfmal so schwer wie das Kohlenstoffatom. Setzt sich nun jedes Molekül der Verbindung aus genau dieser Kombination zusammen, so besteht Kupferkarbonat immer aus fünf Teilen Kupfer, vier Teilen Sauerstoff und einem Teil Kohlenstoff.

Wenn es möglich wäre, in dem Molekül $1^1/_2$ Kupferatome oder $3^1/_3$ Sauerstoffatome oder nur $^5/_6$ eines Kohlenstoffatoms aufzunehmen, dann könnte sich das Mischungsverhältnis der drei Stoffe von einer Probe Kupferkarbonat zur nächsten unterscheiden. Genau das tut es aber *nicht*. Dies stützt nicht nur die Vorstellung von Atomen, sondern auch die Theorie Demokrits, ein Atom sei nicht weiter teilbar. Es existiert als Ganzes oder überhaupt nicht.

Der Unterschied zwischen den Arbeiten Demokrits und Prousts war aber folgender: Demokrit hatte nur eine Vermutung, Proust jedoch einen *Beweis*. (Das soll nun nicht heißen, Proust sei deshalb schon bedeutender oder ein klügerer Kopf gewesen als Demokrit. Proust hatte den Vorteil, auf das Denken und die Arbeit von einundzwanzig weiteren Jahrhunderten zurückgreifen zu können. Man könnte genausogut argumentieren, es sei viel bemerkenswerter, daß Demokrit der Wahrheit schon so früh auf die Spur kam.)

Selbst mit Beweisen mußte Proust nicht zwangsläufig recht behalten. Schließlich konnte es auch sein, daß seine Analysen nicht stimmten oder er so darauf versessen war, seine eigene Theorie zu beweisen, daß er seine Beobachtungen unbewußt zurechtbog. (Wissenschaftler sind auch nur Menschen, und so etwas kommt schon einmal vor.)

Ein anderer französischer Chemiker, Claude Louis Berthollet (1748–1822), bekämpfte Proust auf der ganzen Linie. Er versteifte sich darauf, *seine* Analysen zeigten, daß Verbindungen aus Elementen in unterschiedlichen Mischungsverhältnissen hergestellt werden können. Doch 1804 begann der schwedische Chemiker Jöns Jacob Berzelius (1779–1848) mit einer Reihe akribischer Analysen, die die Vorstellungen Prousts stützten und der Welt der Chemie die Richtigkeit des Gesetzes der konstanten Proportionen bewiesen.

Zur selben Zeit befaßte sich auch der englische Chemiker John Dalton (1766–1844) mit dem Problem. Er fand heraus, daß sich Verbindungen aus Elementen in sehr unterschiedlichen Mengenverhältnissen zusammensetzen konnten. Bei einem Gas aus Kohlenstoff- und Sauerstoffmolekülen lautete das Verhältnis beispielsweise drei Teile Kohlenstoff zu vier Teilen Sauerstoff. Bei einem anderen Gas, dessen Moleküle ebenfalls aus Kohlenstoff und Sauerstoff bestanden, betrug das Mischungsverhältnis dagegen drei Teile Kohlenstoff und acht Teile Sauerstoff. Es handelte sich dabei zwar um zwei verschiedene Gase mit verschiedenen Eigenschaften, das Gesetz der konstanten Proportionen galt aber für beide.

Dalton glaubte nun, das Molekül in dem einen Gas bestehe aus einem Kohlenstoff- und einem Sauerstoffatom, während es in dem anderen aus einem Kohlenstoff- und *zwei* Sauerstoffatomen zusammengesetzt sei. Schließlich stellte sich heraus, daß er damit recht hatte; die beiden Gase wurden als Kohlenmonoxid bzw. Kohlendioxid bezeichnet.

(Die Vorsilbe *mon-* stammt von dem griechischen Wort für »einig«, *di-* von dem griechischen Wort für »zwei«.)

Dalton stellte fest, daß dies auch für andere Fälle zutraf, und veröffentlichte diese Erkenntnis 1803 als Gesetz der multiplen Proportionen. Er legte dar, daß sich diese Gesetzmäßigkeit in die Vorstellung von Atomen einfügte, und griff dabei auch bewußt und zu Ehren von Demokrit auf den alten Begriff der Atome zurück.

Um sich nun einen Reim darauf zu machen, was über das Verhältnis von Elementen in Verbindungen herausgefunden wurde, mußte man nach Dalton davon ausgehen, daß erstens jedes Element aus Atomen besteht, die alle dieselbe unveränderliche Masse besitzen, daß zweitens verschiedene Elemente auch Atome mit verschiedener Masse aufweisen und daß sich drittens Moleküle aus einer kleinen, unveränderlichen Anzahl verschiedener ganzer Atome zusammensetzen.

1808 veröffentlichte Dalton ein Buch unter dem Titel *Neues System der chemischen Philosophie,* in dem er alle Beweise zusammentrug, die er zur Unterstützung des Atomismus finden konnte, und aufzeigte, wie sich alles ineinander fügen ließ. Mit diesem Buch begründete Dalton die moderne Atomtheorie – modern jedenfalls im Gegensatz zu den Griechen.

Das Wort *Theorie* wird von der breiten Öffentlichkeit allerdings nicht ganz richtig verstanden, wenn man dabei in erster Linie an eine »Vermutung« denkt; selbst Wörterbücher beschreiben aber nur ungenau, was das Wort für Wissenschaftler bedeutet.

Genaugenommen ist eine Theorie eine Menge von Grundregeln, die von vielen nachweisbaren Beobachtungen zahlreicher Wissenschaftler gestützt werden und eine große Anzahl von Fakten erklären und einsichtig machen, die ohne die Theorie zusammenhanglos erscheinen würden. Es ist so, als wären die Tatsachen und Beobachtungen eine Reihe von Punkten, die für Städte stehen, und Linien, die Staats- und Ländergrenzen darstellen, die kunterbunt und planlos über das Papier verteilt sind. Die Theorie ist nun eine *Karte*, die jeden Punkt und jede Linie an die richtige Stelle setzt und aus allem ein zusammenhängendes und sinnvolles Bild schafft.

Theorien müssen nicht sofort in allen Einzelheiten stimmen und werden vielleicht nie hundertprozentig richtig sein. Gute Theorien sind aber doch hinreichend genau, um die Wissenschaftler anzuleiten, zunächst den jeweiligen Gegenstand zu verstehen, auf den sich die Theorie bezieht, danach weitere Beobachtungen anzustellen und schließlich die Theorie zu verbessern.

Alle Grundsätze, die Dalton in seiner Atomtheorie postulierte, waren nicht *ganz* richtig. Es stellte sich schließlich heraus, daß ein Element Atome mit unterschiedlicher Masse haben konnte, zwei Elemente auch Atome von gleicher Masse aufweisen konnten und auch nicht alle Moleküle aus einer geringen Zahl von Atomen bestanden. Doch Daltons Regeln lagen nahe genug an der Wahrheit, um großen Nutzen zu bringen; als die Chemiker immer mehr über die Atome herausfanden, konnten sie die Regeln schließlich korrigieren (wie wir später noch sehen werden).

Keine wissenschaftliche Theorie wird sofort akzeptiert. Es gibt immer Wissenschaftler, die allem Neuen gegenüber argwöhnisch sind – und das ist vielleicht auch gut so. Theorien sollten nicht zu leichtfertig akzeptiert, sondern vielmehr nachdrücklich in Frage gestellt und erprobt werden. Auf diese Weise können Schwachstellen der Theorie aufgedeckt und vielleicht korrigiert werden.

Nun standen einige der bedeutendsten Chemiker unter

Daltons Zeitgenossen der neuen Theorie mißtrauisch gegenüber, aber diese erwies sich als derartig nützlich, um die Beobachtungen in der Chemie zu verstehen, daß sich Chemiker um Chemiker einreihte und schließlich die gesamte Wissenschaftswelt dem Atomismus anhing.

Die Realität von Atomen

So gut die Atomtheorie auch funktionierte, so scharfsinnig sie auch verbessert wurde und obgleich es ihr gelang, den Weg zu neuen Entdeckungen zu weisen, eine beunruhigende Tatsache blieb: Niemand konnte Atome sehen oder sie irgendwie nachweisen. Alle Beweise für die Existenz von Atomen blieben indirekt. Man schloß aus der einen Tatsache oder leitete aus der anderen Beobachtung ab, daß sie existierten, aber alle Schlußfolgerungen und Ableitungen konnten falsch sein. Die Atomtheorie schien ein funktionierendes System zu bieten, aber genauso konnte sie nur ein einfaches Modell für etwas sein, das in Wirklichkeit viel komplizierter war. Der damalige Umgang mit Atomen entsprach einem Pokerspiel mit Chips. Die Chips kann man setzen; sie zeigen, wieviel Geld gerade gewonnen oder verloren wird. Sie tun dies auch mit absoluter Genauigkeit – aber die Chips *sind* kein Geld, sie stehen nur dafür.

Gehen wir einmal davon aus, daß es bei der Vorstellung von Atomen nur darum geht, mit Chips Chemie zu spielen. Der Atomismus funktionierte zwar, aber die Atome standen für eine Wirklichkeit, die in Wahrheit viel komplizierter war. Auch 100 Jahre nach Dalton gab es noch einige Chemiker, die sich dessen sehr wohl bewußt waren und davor warnten, die Atome zu wörtlich zu nehmen. »Setzt sie ein, wo es geht«, war ihre Meinung, »aber glaubt nicht, daß sie wirk-

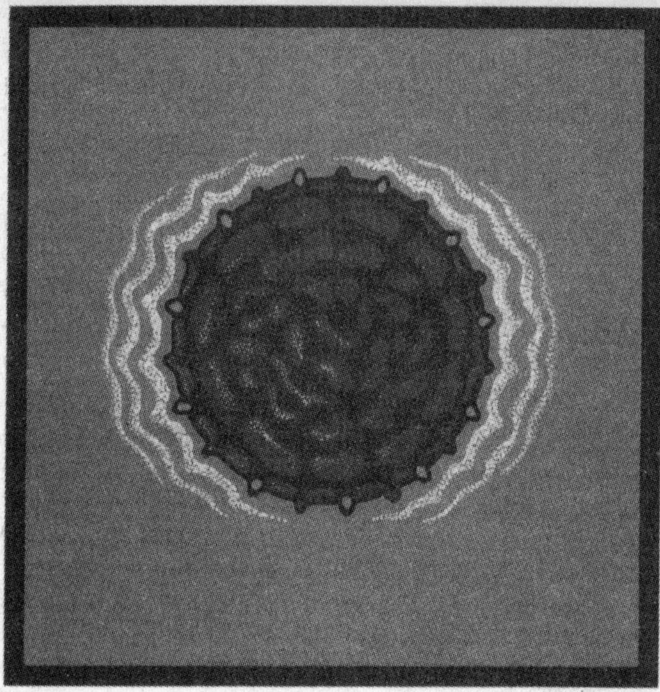

Die Vibration eines Pollenkorns in Wasser zeigt die Bewegung der unsichtbaren Wassermoleküle in seiner Umgebung.

lich unbedingt wie kleine Billardkugeln aussehen.« Einer der Wissenschaftler, die diesen Standpunkt vertraten, war der baltendeutsche Chemiker Friedrich Wilhelm Ostwald (1853–1932).

An der Lösung dieses Problems wurde jedoch schon lange gearbeitet. Es begann mit einer Beobachtung, die scheinbar nichts mit Atomen zu tun hatte, und sie wurde von einem Wissenschaftler gemacht, der an Atomen nicht interessiert war. (Man sollte nicht vergessen, daß alles Wissen zusammenhängt und jede Beobachtung einen unerwarteten und überraschenden Bezug zu etwas anderem haben kann, das scheinbar nichts damit zu tun hat.)

1827 untersuchte der schottische Botaniker Robert Brown (1773–1858) in Wasser schwebenden Pollen unter dem Mikroskop. Ihm fiel auf, daß sich jedes Pollenkorn geringfügig und ziellos hin und her bewegte, gerade so, als ob es zitterte. Er vergewisserte sich, daß dies weder auf Strömungen im Wasser noch auf Bewegungen zurückzuführen war, die von der Verdunstung des Wassers herrührten. Brown folgerte daraus, das Zittern müsse eine andere Ursache haben.

Er probierte andere Pollenarten aus, stellte fest, daß sich alle Körner auf diese Weise bewegten, und fragte sich, ob es nicht daran lag, daß die Pollenkörner den Funken des Lebens in sich trügen. Er stellte Versuche mit Pollenkörnern aus Herbarien an, die mindestens ein Jahrhundert alt waren. Sie bewegten sich in genau der gleichen Weise. Er ging zu kleinen Objekten über, in denen mit Sicherheit kein Leben war: Glas-, Kohle- oder Metallstückchen – und sie bewegten sich *alle*. Dieses Phänomen sollte als Brownsche Bewegung bezeichnet werden, doch erklären konnte es zunächst niemand.

In den 60er Jahren des 19. Jahrhunderts versuchte aller-

dings der schottische Mathematiker James Clerk Maxwell (1831–1879) das Verhalten von Gasen damit zu erklären, daß ihre Atome und Moleküle ständig in Bewegung waren. Eine derartige ständige Bewegung von Atomen war von den frühen Atomisten zwar vermutet worden, doch Maxwell gelang es als erstem, die Theorie mathematisch auszuarbeiten. Die Art und Weise, wie Atome und Moleküle voneinander und von den Wänden eines Behälters abprallten und dabei dem mathematischen Modell Maxwells folgten, konnte lückenlos das Verhalten von Gasen und damit zugleich das Boyle-Mariottesche Gesetz erklären.
Die Arbeit Maxwells erbrachte auch ein neues Verständnis von Temperatur, denn es stellte sich heraus, daß die Temperatur das Maß für die durchschnittliche Geschwindigkeit der Bewegung von Atomen und Molekülen ist. Dies gilt für Gase ebenso wie für Flüssigkeiten und Festkörper. Selbst in Festkörpern, wo Atome oder Moleküle an Ort und Stelle »eingefroren« sind und nicht von einem Punkt zum anderen wandern können, schwingen diese Atome oder Moleküle um ihre durchschnittliche Position, wobei die mittlere Geschwindigkeit der Vibration die Temperatur darstellt.
1902 regte der schwedische Chemiker Theodor Svedberg (1884–1971) an, man könne die Brownsche Bewegung vielleicht damit erklären, daß ein Objekt im Wasser von allen Seiten durch sich bewegende Wassermoleküle bombardiert werde. Normalerweise ist der Beschuß von allen Seiten gleich, so daß das Objekt im Ruhezustand bleibt. Zwar kommen aus der einen oder anderen Richtung vielleicht zufällig ein paar Moleküle mehr, aber insgesamt prallen so viele Moleküle auf, daß eine geringe Abweichung vom exakten Gleichgewicht (zwei oder drei unter Billionen) keine meßbare Bewegung erzeugt.
Wenn ein im Wasser treibendes Objekt allerdings sehr klein

ist, liegt auch die Zahl der aus allen Richtungen auftreffenden Moleküle relativ niedrig; selbst eine geringfügige Abweichung kann daher eine verhältnismäßig große Wirkung haben. Das Teilchen reagiert auf den Stoß von ein paar zusätzlichen Molekülen aus einer bestimmten Richtung mit einem leichten Ruck. Im nächsten Augenblick erhält es zusätzliche Stöße in eine andere Richtung und wird dorthin gedrückt. Als Reaktion auf die ziellose Bewegung der umgebenden Moleküle bewegt sich das Teilchen selbst ziellos hin und her.

Svedberg spekulierte nur, aber der deutsche Physiker Albert Einstein (1879–1955) wandte Maxwells Theorie 1905 auf den Beschuß kleiner Teilchen an und konnte schlüssig aufzeigen, daß diese genauso wackeln, wie es bei den Pollenkörnern beobachtet wurde. Mit anderen Worten: Er legte mathematische Gleichungen zur Beschreibung der Brownschen Bewegung vor.

1908 machte sich der französische Physiker Jean Baptiste Perrin (1870–1942) daran, Einsteins Gleichungen an tatsächlichen Beobachtungen zu testen. Er streute ein feines Pulver aus Gummiharz in Wasser. Wenn es keinen Beschuß durch Wassermoleküle gab, mußten alle Harzteilchen auf den Boden des Behälters sinken und dort bleiben. Ein Beschuß aber würde zur Folge haben, daß einige Teilchen entgegen der Anziehung durch die Schwerkraft nach oben gestoßen werden. Natürlich würden sich diese Teilchen wieder absetzen, aber sie könnten dann auch erneut nach oben geschubst werden. Einige der bereits weiter oben befindlichen Teilchen würden noch weiter nach oben befördert.

Die Teilchen aus Gummiharz würden immerzu nach oben verstreut. Die meisten blieben zwar auf dem Grund, aber einige schwebten ein bißchen weiter oben und so weiter.

Die von Einstein entwickelte Gleichung gab an, wie viele Teilchen sich jeweils in einer bestimmten Höhe befinden sollten, was von der Größe der Teilchen und der auftreffenden Wassermoleküle abhing. Perrin zählte die Teilchen auf den verschiedenen Ebenen und stellte fest, daß die Zahlen genau Einsteins Gleichungen entsprachen. Daraus berechnete er, wie groß die Wassermoleküle und die sie bildenden Atome sein mußten.

Perrin veröffentlichte seine Ergebnisse 1913. Die Atome, so hatte er berechnet, mußten einen Durchmesser von ungefähr einem Hundertmillionstel Zentimeter haben. Oder anders gesagt: 100 Millionen Atome nebeneinander würden eine Strecke von einem Zentimeter ergeben.

Das war die bis dahin größte Annäherung an eine tatsächliche Beobachtung der Atome. Wenn man sie auch nicht direkt zu sehen bekam, so konnte man doch die Auswirkungen ihrer Zusammenstöße beobachten und schließlich ihre tatsächliche Größe berechnen. Die starrköpfigsten Wissenschaftler mußten sich beugen; selbst Ostwald räumte ein, daß Atome real und nicht nur in der Phantasie existierende Modelle waren.

1936 hatte der deutsche Physiker Erwin Wilhelm Müller (1911–1977) die Idee zu einem Gerät, das es erlaubte, die Spitze einer feinen Nadel so stark zu vergrößern, daß man davon Aufnahmen machen konnte, auf denen die Atome, aus denen die Nadelspitze bestand, wie kleine leuchtende Punkte aufgereiht waren. 1955 konnte man solche Atome tatsächlich sichtbar machen.

Und doch ist immer noch von Atom*theorie* die Rede, denn schließlich handelt es sich hier um eine geistige Karte von weiten Bereichen der Naturwissenschaften, die sich durch die Existenz von Atomen gut erklären lassen. Zur Erinnerung: Eine Theorie ist keine »Vermutung«, und kein qualifizierter Wissenschaftler, der bei Verstand ist, kann die Existenz von Atomen anzweifeln. (Dieser Aspekt der Beweisbarkeit von Atomen gilt auch für andere seit langem bestehende wissenschaftliche Theorien. Die Tatsache, daß es sich um Theorien handelt, macht sie auch dann nicht zur bloßen Spekulation, wenn verschiedene Einzelheiten noch umstritten sind. Das gilt insbesondere für die Evolutionstheorie, die ständig Angriffen von Leuten ausgesetzt ist, die entweder keine Ahnung von Naturwissenschaft haben oder, was schlimmer ist, ihren Aberglauben die Oberhand über ihr vorhandenes Wissen gewinnen lassen.)

Die Unterschiede zwischen Atomen

Wenn es verschiedene Arten von Atomen gibt, dann erscheint es nur vernünftig, auch anzunehmen, daß diese Atome sich untereinander in ihren Eigenschaften irgendwie unterscheiden. Denn warum sollte im umgekehrten Fall, wenn also die Eigenschaften aller Atome identisch wären, eine Anhäufung der einen Atome Gold ergeben, während andere zu Blei werden?

Die größte geistige Leistung der alten Griechen war die Entwicklung einer exakten Geometrie. Es war deshalb für einige von ihnen naheliegend, bei den Atomen, aus denen ihre »Elemente« bestanden, in geometrischen Formen zu denken. Für die Griechen ließen sich Wasseratome als kugelförmige Körper auffassen, die leicht aneinander vorbeiglitten, weshalb Wasser auch fließen konnte. Erdatome konnten würfelförmig und stabil sein, so daß die Erde *nicht* fließend war. Feueratome mochten zackig und scharf sein, was das Feuer auch so schmerzhaft machte, und so weiter.

Die alten Griechen hatten auch keine klare Vorstellung davon, daß sich eine Art von Atomen nicht in eine andere verwandelte. Das galt insbesondere, wenn man davon ausging, daß Gold und Blei ihrem Wesen nach Spielarten des Elementes Erde waren. Vielleicht war es nur notwendig, die Erdatome im Blei auseinanderzuziehen und sie in eine andere Anordnung zu bringen, die aus ihnen Gold machen würde. Oder man konnte die Erdatome im Blei verändern und sie in ihrer Form geringfügig abwandeln, so daß sie zu Gold wurden.

Etliche Leute, einige ernsthaft und wissenschaftlich orientiert, viele andere jedoch ausgemachte Schwindler und Scharlatane, haben etwa 2000 Jahre lang immer wieder versucht, unedle Metalle wie Blei in das Edelmetall Gold umzuwandeln. Dies wird als Transmutation oder Elementumwandlung bezeichnet. Sie scheiterten immer.

Nachdem sich die moderne Atomtheorie stabilisiert hatte, schien außer Zweifel zu stehen, daß Atome nicht nur untereinander verschieden waren, sondern eine Atomart auch nicht in eine andere verwandelt werden konnte. Jedes Atom war in seinen Eigenschaften festgelegt und beständig, so daß sich ein Bleiatom nicht in ein Goldatom verwandeln ließ. (Es sollte aber die Zeit kommen, da sich dies unter ganz bestimmten Bedingungen als nicht völlig richtig erwies. Doch dazu später mehr.)

Worin besteht aber der Unterschied? Dalton argumentierte wie folgt: Wenn ein Wassermolekül aus acht Teilen Sauerstoff zu einem Teil Wasserstoff besteht und sich gleichzeitig aus einem Sauerstoff- und einem Wasserstoffatom zusammensetzt, dann muß das einzelne Sauerstoffatom achtmal so schwer sein wie das einzelne Wasserstoffatom. (Richtiger sollte man eigentlich davon sprechen, daß das einzelne Sauerstoffatom die achtfache Masse eines Wasserstoffatoms

Die alten Griechen stellten sich Wasseratome als kugelförmige Körper vor, die leicht aneinander vorbeigleiten. Dies sollte auch der Grund sein, weshalb Wasser fließen kann.

habe. Das Gewicht eines Gegenstands ist die Kraft, mit der es von der Erde angezogen wird, während die Masse eines Gegenstands, ganz allgemein gesagt, die Menge an Materie bezeichnet, die er enthält. Masse ist das grundlegendere der beiden Konzepte.)

Selbstverständlich konnte Dalton weder die Masse eines Wasserstoff- noch die eines Sauerstoffatoms kennen, aber ein Sauerstoffatom besaß in jedem Fall die achtfache Masse eines Wasserstoffatoms. Man könnte also behaupten, ein Wasserstoffatom habe die Masse 1, ohne zu sagen 1 *was.* Dann könnte man sagen, ein Sauerstoffatom habe die Masse 8.

Dalton ging dazu über, mit Verbindungen aus anderen Elementen zu arbeiten, und erstellte ein System von Zahlen, die die jeweilige relative Masse der Elemente angaben. Er nannte diese Zahlen *Atomgewichte.* Der Begriff ist heute zwar etwas veraltet, aber immer noch in Gebrauch; eigentlich sollte man eher von *Atommassen* sprechen. (Es kommt häufig vor, daß Wissenschaftler zunächst einen bestimmten Ausdruck benutzen, später aber zu dem Schluß kommen, eine andere Bezeichnung wäre besser gewesen. Sie müssen dann feststellen, daß es für eine Umstellung zu spät ist, weil sich die Leute schon so sehr an den schlechteren Ausdruck gewöhnt haben. Wir werden noch auf andere Beispiele dieser Art stoßen.)

Das Problem bei Daltons Methode zur Bestimmung von Atommassen war, daß er zu Annahmen gezwungen wurde, die allzu leicht falsch sein konnten. Er ging davon aus, daß ein Wassermolekül aus einem Wasserstoff- und einem Sauerstoffatom bestand, aber er hatte keinerlei Beweise dafür.

In einem solchen Fall muß man auf die Suche nach Anhaltspunkten gehen. Im Jahre 1800 schickte der britische Chemiker William Nicholson (1753–1815) elektrischen Strom durch angesäuertes Wasser und erhielt dabei sowohl Wasserstoff- als auch Sauerstoffblasen. Eine weitere Untersuchung dieses Phänomens zeigte, daß das Volumen des entstandenen Wasserstoffs genau doppelt so groß war wie das Volumen des entstandenen Sauerstoffs, obwohl die Masse des freigesetzten Sauerstoffs achtmal so groß war wie die Masse des doppelten Volumens an Wasserstoff.

Warum wurde von Wasserstoff das doppelte Volumen produziert wie von Sauerstoff? Konnte es sein, daß das Wassermolekül nicht aus je einem Atom, sondern aus zwei Wasserstoffatomen und einem Sauerstoffatom bestand? Konnte es sein, daß das Sauerstoffatom achtmal so schwer war wie beide Wasserstoffatome zusammen oder sechzehnmal so schwer wie ein einzelnes Wasserstoffatom? Anders ausgedrückt: Wenn ein Wasserstoff die Atommasse 1 hatte, war die Atommasse von Sauerstoff dann 16 und nicht 8?

Dalton wollte diese Vorstellung nicht akzeptieren. (Es kommt häufig vor, daß ein großer Wissenschaftler, der einen Riesenschritt nach vorne getan hat, keine weiteren Schritte mehr tun will – als ob er von der gewaltigen ersten Anstrengung bereits erschöpft wäre – und das Weitermarschieren dann anderen überläßt.)

In diesem Fall war es Berzelius, der den Schritt nach vorne tat, indem er Wasserstoff bei 1 und Sauerstoff bei 16 ansiedelte. Er fuhr mit weiteren Elementen fort und veröffentlichte 1828 eine gegenüber den Ergebnissen Daltons stark verbesserte Tabelle der Atomgewichte. Aufgrund der Arbeit von Berzelius erschien es eindeutig, daß jedes Element ein anderes Atomgewicht besaß und jedes Atom eines bestimmten Elements dasselbe Atomgewicht hatte. (Ich muß noch einmal daran erinnern, daß sich diese Schlußfolgerungen zuletzt als nicht ganz richtig herausstellten, aber sie lagen nahe genug an der Wahrheit, daß sie für die Chemiker fast ein Jahrhundert lang von Nutzen waren. Als neues Wissen hinzukam, wurden diese Vorstellungen schließlich in einer Weise abgewandelt, die die Atomtheorie leicht veränderte und gleichzeitig gewaltig stärkte. Diese Verbesserung von Theorien geschieht überall und ist der Stolz der Wissenschaft. Die Annahme, Theorien müßten schon von Beginn an absolut richtig sein, entspricht dagegen der Vorstellung, daß eine Treppe, die sich über fünf Stockwerke erstreckt, aus einer einzigen, fünf Stockwerke hohen Stufe bestehen sollte.)

Das Volumen des Wasserstoffs, der bei der Zerlegung von Wasser durch elektrischen Strom freigesetzt wird, ist also doppelt so groß wie das Volumen des Sauerstoffs. Wie können wir daraus erkennen, daß in jedem Molekül zwei Wasserstoffatome und ein Sauerstoffatom vorhanden sind? Berzelius erschien die Annahme zwar sinnvoll, doch Gewißheit hatte er nicht. Auch das war eine Hypothese, wenngleich er für sie mehr Anhaltspunkte hatte als Dalton für seine Vermutung, daß in jedem Wassermolekül ein Wasserstoff- und ein Sauerstoffatom vertreten seien.

1811 stellte der italienische Physiker Amedeo Avogadro (1776–1856) eine allgemeinere Theorie auf. Er behauptete, daß *alle* Gase in einem bestimmten Volumen die gleiche Anzahl Moleküle enthielten. Wenn ein Gas das doppelte Volumen eines anderen Gases aufweise, habe das erste Gas doppelt so viele Moleküle wie das zweite. Dies wird als Avogadrosche Hypothese bezeichnet. (Eine Hypothese ist eine Annahme, die mitunter nur aufgestellt wird, um zu erkennen, welche Folgerungen sich aus ihr ergeben. Wenn die Folgerungen bekannten Beobachtungen widersprechen, ist die Hypothese falsch und kann fallengelassen werden.)

Wird eine Hypothese von einem kompetenten Wissen-

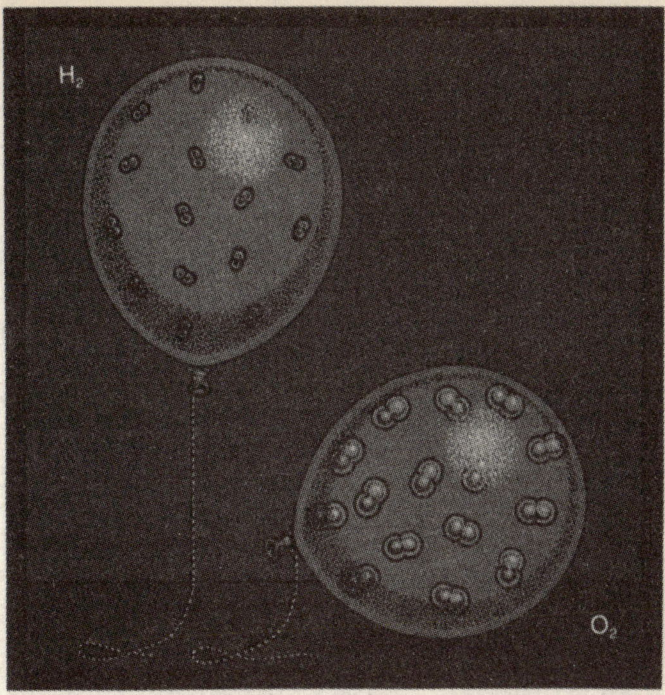

Das Avogadrosche Gesetz: Bei allen Gasen enthalten gleiche Volumina gleich viele Moleküle, wenn Druck und Temperatur gleich sind. Beispielsweise braucht man vielleicht 0,1 g gasförmigen Wasserstoff, um einen Luftballon zu füllen. Man benötigt zwar ungefähr 1,6 g gasförmigen Sauerstoff, um einen gleichartigen Ballon bis zur gleichen Größe aufzublasen, aber beide Ballons enthalten dann etwa dieselbe Anzahl Moleküle.

schaftler aufgestellt, der ihre Richtigkeit vermutet, besteht natürlich die Chance, daß sie sich auch als zutreffend erweist. Avogadros Hypothese kann man beispielsweise dadurch auf die Probe stellen, daß man unter der Annahme ihrer Gültigkeit sehr viele Gase untersucht und die Anzahl der verschiedenen Atome in den Molekülen dieser Gase berechnet.

Falls man dabei am Ende gegen bekannte Beobachtungen verstößt oder Widersprüche hervorruft – zum Beispiel, wenn eine auf der Hypothese basierende Beweisführung ergibt, daß ein bestimmtes Molekül eine bestimmte atomare Zusammensetzung haben muß, während eine andere Beweisführung eine andere Zusammensetzung nahelegt –, dann müßte Avogadros Hypothese verworfen werden.

Tatsächlich ist niemand je auf einen Fall gestoßen, in dem die Avogadrosche Hypothese wirklich in die Irre führt. Wenn es auch Bedingungen gibt, unter denen sie modifiziert werden muß, so gilt sein Postulat mittlerweile nicht mehr als Hypothese, sondern als Tatsache und wird deshalb auch Avogadrosches Gesetz genannt.

Ein Problem aber war, daß dem Avogadroschen Gesetz nur sehr wenige Chemiker Aufmerksamkeit schenkten, als es zum ersten Mal formuliert wurde. Entweder hörten sie nichts davon, oder sie taten es als lächerlich oder unwichtig ab. Nicht einmal Berzelius wandte das Gesetz an, so daß seine Tabelle der Atomgewichte an manchen Stellen falsch war.

Doch 1858 stieß der italienische Chemiker Stanislao Cannizzaro (1826–1910) auf das Avogadrosche Gesetz. Er erkannte, daß es notwendig war, wenn man die Anzahl der Atome von jedem Element in einer Verbindung und die richtigen Zahlen für das Atomgewicht herausfinden wollte. 1860 fand ein großer internationaler chemischer Kongreß

statt, an dem Chemiker aus ganz Europa teilnahmen (es war die erste internationale Tagung dieser Art). Auf diesem Kongreß legte Cannizzaro überzeugend seine Hypothese dar.
Damit wurde auf einen Schlag die gesamte Theorie vom Atomgewicht verbessert. Um 1865 legte der belgische Chemiker Jean-Servais Stas (1813–1891) eine gegenüber Berzelius' Aufstellung verbesserte Tabelle von Atomgewichten vor. Vierzig Jahre später führte der amerikanische Chemiker Theodore William Richards (1868–1928) noch weiter verfeinerte Beobachtungen durch und erzielte die absolut besten Resultate, die möglich waren, bevor (wie wir noch sehen werden) der gesamte Bereich der Atomgewichte aufgrund neuer Entdeckungen modifiziert werden mußte. Zu Richards' Zeit wurden bereits Nobelpreise verliehen; er selbst erhielt diese Auszeichnung 1914 für seine Arbeit über Atomgewichte.
Das Element mit dem niedrigsten Atomgewicht ist Wasserstoff. Setzt man sein Atomgewicht willkürlich mit 1 fest, so liegt das von Sauerstoff etwas niedriger als 16. (Warum es nicht genau bei 16 liegt, ist ein Punkt, auf den wir später eingehen werden.) Doch Sauerstoff verbindet sich leicht mit einer Vielzahl anderer Elemente; außerdem läßt sich das Atomgewicht eines bestimmten Elements viel einfacher mit Sauerstoff als mit Wasserstoff vergleichen. Aus diesem Grund ist es günstig, das Atomgewicht von Sauerstoff bei einer exakten Zahl anzusetzen. Ungeeignet wäre aber die Zahl 1, denn dadurch erhielten sieben Elemente ein Atomgewicht von weniger als 1, was bei chemischen Berechnungen störend wäre.
Deshalb setzte es sich durch, das Atomgewicht von Sauerstoff bei genau 16 anzusetzen, wodurch das Atomgewicht von Wasserstoff etwas größer als 1 wurde. Das bedeutete, daß

kein Element ein Atomgewicht von weniger als 1 hatte. Auf diese Weise hatte Stas seine Tabelle erstellt; das von ihm eingeführte Verfahren blieb richtungweisend. (Allerdings hat sich die Situation in den letzten Jahren geringfügig verändert; die Gründe hierfür werden später noch erklärt.)

Wenn man die Elemente nach zunehmendem Atomgewicht auflistet, kann man sie in einer recht komplizierten Tabelle anordnen, die deutlich macht, daß sich bestimmte Eigenschaften der Elemente periodisch wiederholen. Wird die Tabelle richtig angelegt, so erscheinen Elemente mit ähnlichen Eigenschaften in der gleichen Spalte. Man bezeichnet dies als Periodensystem; eine brauchbare Version wurde erstmals 1869 von dem russischen Chemiker Demitrij Iwanowitsch Mendelejew (1834–1907) vorgelegt.

Das Periodensystem hatte zunächst einen recht vorläufigen Charakter, denn Mendelejew waren nicht alle Elemente bekannt; viele waren noch nicht einmal entdeckt. Da er den verschiedenen Spalten jeweils ähnliche Elemente zuordnete, mußte Mendelejew Lücken frei lassen. Er war der Meinung, daß diese Lücken für noch unentdeckte Elemente standen. 1871 griff er drei dieser Lücken heraus und behauptete, diese noch nicht entdeckten Elemente würden – sobald man sie fand – bestimmte Eigenschaften aufweisen, die er bis ins Detail beschrieb. Bis 1885 hatte man alle drei Elemente entdeckt; Mendelejew hatte in allen Fällen genau recht behalten. Dies war ein schlagender Beweis dafür, daß das Periodensystem einwandfrei funktionierte, aber niemand konnte erklären, *warum*. (Wir werden darauf noch zurückkommen.)

2. Licht

Teilchen und Wellen

Wenn wir nunmehr bereit sind zuzugestehen, daß die gesamte Materie aus Atomen besteht, dann ist die Frage berechtigt, ob es auf der Welt irgend etwas gibt, was keine Materie ist und sich folglich nicht aus Atomen zusammensetzt. Das erste, was einem dabei in den Sinn kommen könnte, ist das Licht.

Es schien immer offensichtlich zu sein, daß Licht materielos ist. Festkörper und Flüssigkeiten kann man berühren; sie haben Masse und damit Gewicht und nehmen einen bestimmten Raum ein. Gase kann man zwar nicht in der gleichen Weise spüren wie Festkörper und Flüssigkeiten, doch bei einem sich bewegenden Gas ist das schon anders. Wir haben alle schon einen starken Wind gespürt und wissen sehr wohl, was ein Tornado anrichten kann. Luft nimmt außerdem Raum ein, so daß ein »leerer« Becher (in Wirklichkeit ist er mit Luft gefüllt), den man mit dem offenen Ende nach unten in ein Wasserbecken taucht, sich nur dann vollständig mit Wasser füllt, wenn die Luft entweichen kann. 1643 zeigte der italienische Physiker Evangelista Torricelli (1608–1647), daß Luft etwas wiegt und dieses Gewicht eine 76 cm hohe Quecksilbersäule tragen konnte. Licht hingegen besitzt keine dieser Eigenschaften. Man kann Licht selbst nicht spüren, höchstens die Wärme, die es erzeugt. Nie hat man festgestellt, daß es eine wahrnehmbare Masse oder Gewicht besitzt, und es scheint auch keinen Raum einzunehmen.

Das heißt nun nicht, Licht sei wegen seiner fehlenden Masse als unwichtig abgetan worden. Nach der Bibel waren die ersten Worte Gottes: »Es werde Licht.« Wichtiger aber ist noch, daß es unter dem Namen Feuer das vierte der alten irdischen Elemente war und auf einer Stufe mit den drei materiellen Elementen Luft, Wasser und Erde stand.

Als Licht in seiner reinsten Form sah man natürlich das Sonnenlicht an. Es war weißes Licht, unveränderlich und ewig. Wenn Sonnenlicht durch farbiges Glas fiel, nahm es die Farbe des Glases an, aber dies galt nur als eine irdische Unreinheit. Wenn Dinge auf der Erde brannten und Licht abgaben, konnte dieses Licht gelb, orange oder rot sein. In manchen Fällen, wenn bestimmte Pulver in das Feuer gestreut wurden, konnte es sogar grün oder blau brennen. Aber auch dies waren nur Unreinheiten der Erde, die eine Farbe entstehen ließen.

Das einzige farbige Objekt, das sich von allem Irdischen zu unterscheiden schien, war der Regenbogen, der soviel Ehrfurcht einflößte, daß er Mythen und Legenden entstehen ließ. Er wurde als Brücke zwischen Himmel und Erde angesehen, die von himmlischen Boten benutzt wurde. (Die griechische Götterbotin erhielt den Namen Iris, was übersetzt »Regenbogen« heißt.) Daneben galt er als das Versprechen Gottes, daß die Welt nie mehr durch eine Flut verwüstet werden solle, so daß er stets nach einem Unwetter erscheint und damit anzeigt, daß Gott sich an sein Versprechen erinnert und den Regen beendet hat.

Doch 1665 erzeugte der englische Wissenschaftler Isaac Newton (1642–1727) seinen eigenen Regenbogen. In einem abgedunkelten Raum ließ er einen Sonnenstrahl durch ein Loch im Fensterladen fallen und schickte diesen

Strahl durch einen dreidimensionalen, dreieckigen Glaskeil, der als Prisma bezeichnet wird. Der Lichtstrahl fächerte sich auf und erzeugte auf der weißen Wand dahinter ein Farbenspektrum aus Rot, Orange, Gelb, Grün, Blau und Violett – in dieser Reihenfolge, genau wie beim Regenbogen.

Heute wissen wir, daß ein Regenbogen immer dann entsteht, wenn Sonnenlicht durch die unzähligen Wassertröpfchen fällt, die sich nach einem Regen noch in der Luft befinden. Diese Tröpfchen haben die gleiche Wirkung auf Lichtstrahlen wie ein Glasprisma.

Offensichtlich ist Sonnenlicht also doch nicht »rein«. Seine »Weißheit« ist nur die Wirkung auf das Auge, die von einer Kombination all dieser Farben herrührt. Wenn das Licht durch ein Prisma und anschließend durch ein weiteres, aber umgedrehtes Prisma fällt, verbinden sich die getrennten Farben wieder und werden wie vorher zu weißem Licht. Da diese Farben völlig unstofflich sind, bezeichnete Newton das Band des Regenbogens – nach dem lateinischen Wort für »Geist« – als Spektrum. Durch Newtons Spektrum ergab sich allerdings ein Problem. Um zu erklären, daß die Farben bei ihrem Durchgang durch das Prisma getrennt wurden, glaubte Newton, der geradlinige Weg jeder einzelnen Farbe werde beim Ein- und Austritt gekrümmt, und zwar bei jeder Farbe in unterschiedlichem Maße (Rot am wenigsten und Violett am stärksten). Dadurch sollten sie so aufgespalten werden, daß jede von ihnen beim Auftreffen auf die Wand einzeln zu sehen war. Aber woraus konnte Licht dann bestehen, wenn man sich die Aufteilung des Lichts in ein Spektrum erklären wollte?

Da Newton Atomist war, kam er wie selbstverständlich auf den Gedanken, Licht bestehe aus winzigen Teilchen – wie den Atomen in Materie, aber mit dem Unterschied, daß die

Lichtteilchen keine Masse hätten. Er hatte allerdings keine genaue Vorstellung, worin sich die Teilchen aus farbigem Licht voneinander unterscheiden mochten und warum einige von ihnen von einem Prisma stärker abgelenkt wurden als andere.

Kreuzten sich zwei Lichtstrahlen, so hatte der eine auf den anderen keinerlei Wirkung. Wenn beide aus Teilchen bestanden, sollten diese dann nicht zusammenstoßen und in allen Richtungen voneinander abprallen, so daß der Strahl unscharf würde und sich nach der Kollision auffächerte?

Der holländische Physiker Christiaan Huygens (1629–1695) hatte einen anderen Vorschlag. Er glaubte, Licht bestehe aus winzigen Wellen. 1678 brachte er Argumente dafür vor, daß das, was wie eine gerade Linie aussah, vielleicht aus einer ganzen Reihe von Wellen bestand, die sich wie ein Strahl aus Teilchen fortpflanzten. Außerdem könnten sich zwei Strahlen aus Wellen kreuzen, ohne daß einer davon beeinträchtigt würde.

Das Problem bei dem Wellenmodell war, daß die Leute an die Art von Wellen dachten, die im Wasser erzeugt werden, wenn man einen Kieselstein in einen ruhigen Teich wirft. Diese Wasserwellen bewegen sich bei der Ausbreitung um ein Hindernis (wie etwa ein Stück Holz) herum und schließen sich auf der anderen Seite wieder zusammen. Aber würden sich Lichtwellen dann nicht um ein Hindernis herum bewegen und keinen oder zumindest nur einen undeutlichen Schatten werfen? Statt dessen wirft Licht bekanntlich einen klar umrissenen Schatten, wenn die Lichtquelle klein und unbeweglich ist. Genau solche gestochen scharfen Schatten würde man erwarten, wenn Licht ein Strahl aus winzigen Teilchen wäre. Dies wurde dann auch als ein gewichtiges Argument gegen Wellen angeführt.

Interessant ist die Entdeckung des italienischen Physikers

Francesco Maria Grimaldi (etwa 1618–1663): Ihm fiel auf, daß ein Lichtstrahl, der nacheinander zwei schmale Öffnungen passierte, sich geringfügig verbreiterte – ein Hinweis darauf, daß er sich auf seiner Bahn durch die Öffnungen ein klein wenig nach außen krümmte. Seine Entdeckung wurde 1665, zwei Jahre nach seinem Tod, veröffentlicht, aber nicht weiter beachtet. (In der Naturwissenschaft wie in vielen anderen Bereichen des menschlichen Handelns gehen wichtige Entdeckungen oder Ereignisse manchmal unbemerkt unter.)
Trotzdem zeigte Huygens, daß Licht, wenn es aus Wellen bestand, durchaus verschieden lange Wellen haben konnte. Die Bestandteile des Lichts mit den längsten Wellen werden am wenigsten gebrochen. Je kürzer die Wellen, desto stärker die Brechung. Auf diese Weise konnte man auch das Farbspektrum erklären, und zwar dahingehend, daß Rot womöglich die längsten Wellen habe, Orange, Gelb, Grün und Blau aus immer kürzeren Wellen bestünden und Violett schließlich aus den kürzesten Wellen bestehe.
Im Rückblick hatte Huygens bei dieser Auseinandersetzung zwar alles in allem die besseren Karten, aber Newtons Ansehen wuchs rasch (er war zweifellos der größte Wissenschaftler aller Zeiten), so daß es nicht einfach war, gegen ihn Stellung zu beziehen. (Da Wissenschaftler auch nur Menschen sind, werden sie von Persönlichkeiten wie von der Logik mitunter einfach mitgerissen.)
Das ganze 18. Jahrhundert hindurch akzeptierten die meisten Wissenschaftler dann die Tatsache, daß Licht aus kleinen Teilchen bestehe. Das könnte die Verbreitung des Atomismus im Hinblick auf die Materie begünstigt haben, und als diese Lehre an Boden gewann, stärkte dies im Gegenzug das Teilchenmodell des Lichts.
Doch 1801 führte der englische Physiker Thomas Young

(1773–1829) ein wichtiges Experiment durch. Er ließ Licht auf eine Fläche fallen, die zwei dicht nebeneinander befindliche Schlitze aufwies. Jeder der beiden Schlitze produzierte einen Lichtkegel; die beiden Kegel schnitten sich, bevor sie auf einen Schirm auftrafen.

Wenn Licht aus Teilchen bestand, mußte die Schnittfläche Teilchen aus beiden Schlitzen erhalten und heller sein als der umliegende Bereich, der nur Teilchen entweder aus dem einen oder aus dem anderen Schlitz aufnahm. Das war nicht der Fall. Young stellte vielmehr fest, daß der sich überlappende Bereich aus Streifen bestand, wobei sich helle und dunkle Bänder abwechselten.

Es schien keine Möglichkeit zu geben, dieses Phänomen mit dem Teilchenmodell (auch als Korpuskularmodell bekannt) zu erklären. Mit Wellen gab es dagegen keine Probleme. Wenn die Wellen aus einem Schlitz mit den Wellen aus dem anderen Schlitz phasengleich wären und sich ideal im Einklang miteinander befänden, würde die Auf- und Abwärtsbewegung des einen Wellenzuges durch die gleichgerichtete Bewegung des anderen Wellenzuges verstärkt; die Schwingung der beiden Wellengruppen zusammen wäre somit stärker als die der beiden einzelnen Züge. Die Helligkeit nähme zu.

Wenn andererseits die Wellen aus dem einen Schlitz zu denen aus dem anderen Schlitz phasenverschoben wären, d. h. ein Wellenzug sich hinauf- und der andere sich gleichzeitig hinunterbewegte, würden sich die Wellen zumindest teilweise auslöschen, so daß die beiden zusammen schwächer wären als jeder einzelne Wellenzug. Die Helligkeit nähme ab.

Young konnte aufzeigen, daß unter den Bedingungen seines Experiments die beiden Wellenzüge immer abwechselnd in einem Bereich phasengleich, im nächsten phasen-

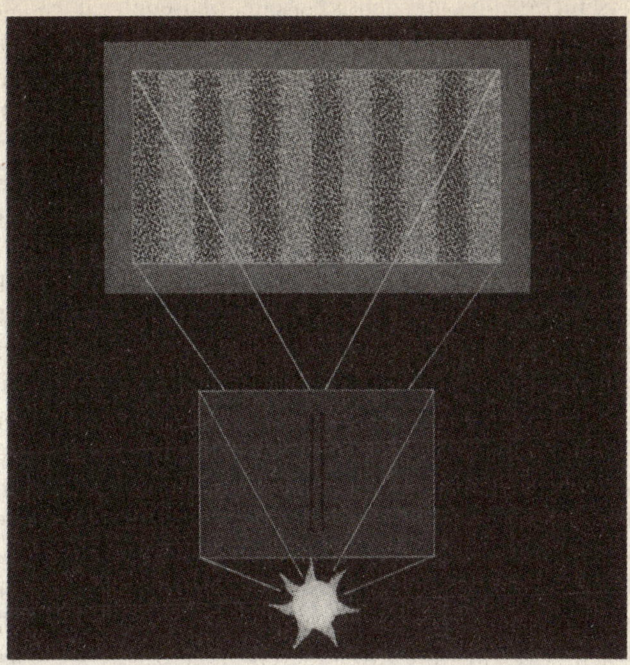

1801 ließ Thomas Young Licht auf eine Platte fallen, die zwei dicht nebeneinander befindliche Schlitze aufwies. Die Lichtkegel aus den beiden Schlitzen trafen auf einen Schirm und überschnitten sich, was zu einem Streifenmuster führte, bei dem hellere mit dunkleren Streifen wechselten. Es schien keine Möglichkeit zu geben, dieses Phänomen mit Hilfe der Teilchenhypothese zu erklären.

verschieden und im nächsten wieder phasengleich usw. waren. Die beobachteten hellen und dunkleren Streifen verhielten sich genau so, wie man es von Wellen erwartete.
Da ein Wellenzug einen anderen überlagert und ihn an bestimmten Stellen auslöscht, bezeichnet man diese Bänder als Interferenzmuster (Interferenz bedeutet Überlagerung). Solche Interferenzmuster kann man beobachten, wenn ein Wellenzug einen anderen auf einer ruhigen Wasseroberfläche überlagert. Sie lassen sich auch feststellen, wenn sich zwei Schallwellen gegenseitig überschneiden. Somit schien die Wellennatur des Lichts durch das Experiment von Young bewiesen (wie zu vermuten, hieß das aber noch nicht, daß die Anhänger des Teilchenmodells ohne Gegenwehr aufgegeben hätten – sie taten es nicht).
Es war sogar möglich, anhand der Breite der Interferenzstreifen die Länge einer einzelnen Lichtwelle zu berechnen. Es stellte sich heraus, daß Lichtwellen eine Länge in der Größenordnung von $^{1}/_{20\,000}$ cm hatten. Die Wellenlänge von rotem Licht war etwas größer, die von violettem Licht dagegen etwas kleiner. Das bedeutet, daß ein 1 cm langer Lichtstrahl von einem Ende bis zum anderen etwa 20 000 Wellen aufweist. Außerdem bedeutet das, daß sich entlang der Strecke einer einzigen Lichtwelle etwa 5000 Atome aufreihen lassen.
Dies erklärte, warum Licht einen scharf umrissenen Schatten warf, obwohl es aus Wellen besteht. Wellen krümmen sich nur dann um Hindernisse, wenn diese nicht viel länger sind als die Welle selbst. Eine Welle könnte sich nie um etwas herum krümmen, was ihre eigene Länge deutlich übersteigt. Schallwellen sind sehr lang und können sich um die meisten gewöhnlichen Hindernisse herum bewegen.
Fast alle Dinge, die man ohne Probleme beobachten kann, sind jedoch sehr viel größer als Lichtwellen, so daß es an

ihnen praktisch keine Ablenkung gibt und die Schatten, die sie werfen, scharf sind. Einen ganz *leichten* Ablenkeffekt gibt es aber doch, und wenn die Gegenstände sehr klein sind, ist der Schatten am Rand oft etwas verschwommen. Dies erklärt auch den Streueffekt, den Grimaldi 130 Jahre vor Young entdeckt hatte.

Doch der Streit war damit nicht beigelegt, denn man kannte zwei Arten von Wellen. Zum einen gab es die Wasserwellen, bei denen die Welle sich ausbreitete, aber die Wasserteilchen sich im rechten Winkel zur Ausbreitungsrichtung der Welle auf- und abwärtsbewegten. Man bezeichnet dies als Querwelle oder Transversalwelle. Zum anderen gab es die Schallwellen, bei denen die Welle sich zwar ebenfalls ausbreitete, die Luftteilchen sich aber parallel zur Ausbreitungsrichtung der Welle vor- und zurückbewegten. Dies wird als Längswelle oder Longitudinalwelle bezeichnet.

Welche Beschreibung trifft auf Lichtwellen zu? Als Huygens zum ersten Mal die Wellenhypothese formulierte, könnte er der Meinung gewesen sein, daß Licht und Schall, die ja beide Sinneswahrnehmungen auslösten, wesensverwandt seien. Da man vom Schall wußte, daß es sich dabei um Längswellen handelte, ging er davon aus, beim Licht sei es nicht anders. Als Young die Wellennatur des Lichts demonstrierte, war er der gleichen Meinung.

Doch schon früher, 1669, kam der dänische Gelehrte Erasmus Bartholin (1625–1698) in den Besitz eines durchsichtigen Kristalls aus Island, der heute als Islandspat bezeichnet wird. Ihm fiel auf, daß man durch den Kristall alles doppelt sah. Deshalb nahm er an, Licht werde auf seinem Weg durch den Kristall in zwei verschiedenen Winkeln gebrochen, so daß ein Teil des Lichts an einer Stelle und der Rest an einer anderen, leicht versetzten Stelle austrete, was dann ein doppeltes Bild ergab.

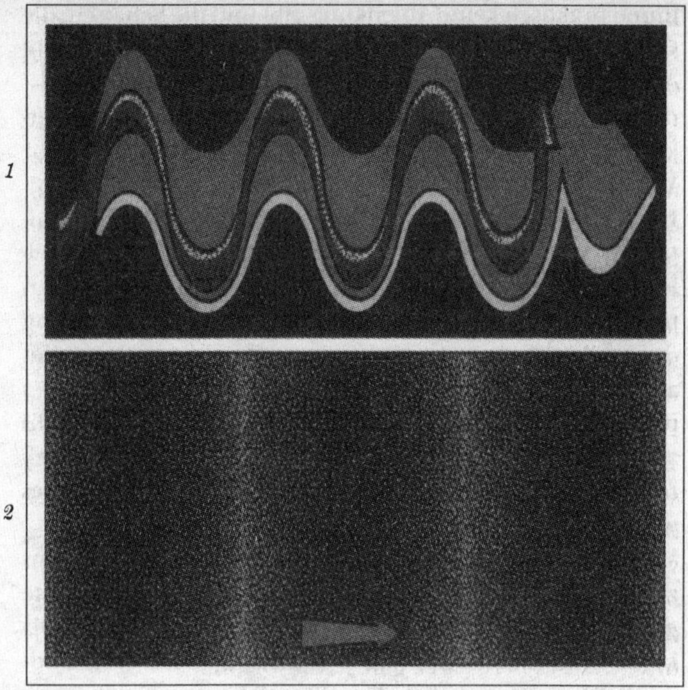

1. Wasserwellen breiten sich aus; die Wasserteilchen bewegen sich dabei senkrecht zu der Richtung auf und ab, in der sich die Welle fortpflanzt. Diese Wellenart bezeichnet man als Transversal- oder Querwelle.
2. Auch Schallwellen breiten sich aus, aber die Luftteilchen bewegen sich parallel zu der Richtung vor und zurück, in der sich die Welle fortpflanzt. Diese Wellenart wird als Longitudinal- oder Längswelle bezeichnet.

Bartholin konnte nicht erklären, warum dies so war; auch Newton oder Huygens waren überfragt. Das Phänomen wurde damit als vorläufig nicht erklärbar beiseite geschoben. (Nicht alles kann auf einem bestimmten Wissensstand gelöst werden. Das einzig Vernünftige ist dann, das zu erklären, wozu man in der Lage ist, und ansonsten darauf zu hoffen, daß mit fortschreitender Erkenntnis auch die Zeit kommen wird, da das vorläufig Unerklärliche verstanden wird.)
1817 kam Young darauf, daß eine Doppelbrechung nicht so leicht erklärbar war, wenn Licht aus Teilchen oder Längswellen bestand. Dagegen war sie sehr einfach zu erklären, wenn es sich um Querwellen handelte.
Der französische Physiker Augustin Jean Fresnel (1788–1827) übernahm diesen Standpunkt und erarbeitete eine sorgfältige theoretische Studie über Licht als Querwellen, die alles erklären konnte, was damals über das Verhalten von Licht bekannt war. Damit war der Streit beendet. In den folgenden achtzig Jahren waren die Physiker vollauf zufrieden damit, daß Licht aus winzigen Querwellen bestand – und daß dies bereits die ganze Antwort war.

Die vier Phänomene

Nur selten ist eine Antwort hundertprozentig zufriedenstellend, und dies gilt anscheinend in besonderem Maße für die Naturwissenschaften, wo jede Antwort eine noch tiefergehende Frage aufzuwerfen scheint. Wenn man zugesteht, daß Licht in Wellenform existiert, genau wie Schall oder die unruhige Oberfläche eines Teiches, dann bleibt das Problem, daß zwar Lichtwellen leicht ein Vakuum durchqueren können, Schall- und Wasserwellen dies aber nicht vermögen.

Wasserwellen existieren, weil sich Wassermoleküle regelmäßig auf- und abwärtsbewegen. Wenn es kein Wasser gäbe, hätte man auch keine Wasserwellen. Schallwellen existieren, weil sich Luftmoleküle (oder die Moleküle eines jeden Mediums, in dem Schall sich ausbreitet) regelmäßig vor- und zurückbewegen. Wenn es keine Luft oder andere Medien gäbe, würde es auch keine Schallwellen geben.

Aber was genau bewegt sich bei den Lichtwellen auf und ab? Es kann keine gewöhnliche Materie sein, denn Lichtwellen können ein Vakuum passieren, wo offensichtlich keine Materie vorhanden ist.

Newton hatte ein ähnliches Problem, als er 1687 das allgemeine Gravitationsgesetz aufstellte. Die Sonne hielt die Erde über 150 Millionen km Vakuum hinweg in der Gewalt ihrer Anziehungskraft. Wie konnte die Anziehungskraft, wie immer sie auch beschaffen war, durch ein Vakuum hindurch wirken?

Newton fragte sich, ob das Vakuum vielleicht gar nicht *nichts* war, sondern aus einer feineren Art von Materie bestand, die deshalb schwierig aufzuspüren war. Diese Vakuummaterie sollte später als Äther bezeichnet werden, zu Ehren des »Äthers«, den sich Aristoteles als den Grundstoff der Himmelskörper vorstellte. Die Anziehungskraft zerrte an dem Äther, und diese Zugkraft wurde von einem Stück zum nächsten weitergegeben, bis zuletzt die Sonne an der Erde zog.

Vielleicht war es dieser Äther (oder eine andere Art), der auf- und abschwang, wenn Licht durch ihn hindurchging. Er mußte den gesamten Weltraum erfüllen, da wir noch die fernsten Sterne sehen können. Darüber hinaus mußte es sich um eine so feine und verdünnte Art von Materie handeln, daß sie weder die Bahn der Erde noch die eines anderen Himmelskörpers, so leicht dieser auch sein mochte, auf ihrem Weg durch den Weltraum störte. Fresnel erklärte, die Erde selbst und alle anderen Himmelskörper seien vom Äther durchdrungen.

Wenn die Ätherteilchen jedoch nach oben bewegt wurden, benötigten sie eine ausgleichende Kraft, die sie anschließend über den Gleichgewichtspunkt hinaus wieder nach unten und dann erneut wieder nach oben bewegte. Je fester ein Medium ist, desto schneller schwingt es auf- und abwärts und desto schneller breitet sich eine Welle in ihm aus.

Licht pflanzt sich mit einer Geschwindigkeit von 299 792 km/s fort; ein grober Näherungswert wurde erstmals 1676 von dem dänischen Astronomen Olaus Rømer (1644–1710) bestimmt. Damit sich Licht mit einer solchen Geschwindigkeit fortbewegen kann, muß der Äther aber fester als Stahl sein.

Es war einigermaßen verwirrend, daß das Vakuum aus etwas bestehen sollte, das einerseits fein genug war, um Körper frei und ohne meßbare Beeinträchtigung durchzulassen, aber gleichzeitig Stahl an Dichte übertraf; doch die Wissenschaftler schienen keine andere Wahl zu haben, als anzunehmen, dies sei der Fall.

Neben Licht und Schwerkraft waren zwei weitere Phänomene bekannt, die sich über ein Vakuum hinweg bemerkbar machen konnten: die Elektrizität und der Magnetismus. Nach der Überlieferung wurden sie beide erstmals von Thales von Milet untersucht. Dieser beschäftigte sich mit einem Brocken Eisenerz, der in der Nähe der Stadt Magnesia an der Ostküste der Ägäis gefunden wurde. Er hatte die Eigenschaft, kleine Eisenstückchen anzuziehen. Thales soll ihn *ho magnetes lithos* (»der magnetische Stein«) genannt haben. Seither werden Gegenstände, die Eisen anziehen, als Magneten bezeichnet.

Thales entdeckte ebenfalls, daß Klumpen aus Bernstein (versteinertes Harz), wenn man daran rieb, zwar nicht speziell Eisen, dafür aber *alle* Dinge anzogen, die leicht waren. Dieser Unterschied im Verhalten bedeutete, daß die Anziehung nicht auf Magnetismus zurückzuführen war. Das griechische Wort für Bernstein ist *elektron*; aus diesem Grund wurde diese Erscheinung schließlich Elektrizität genannt.

Irgendwann im 11. Jahrhundert entdeckte man in China (wo genau, von wem und unter welchen Umständen, ist nicht bekannt), daß eine Nadel aus magnetischem Erz oder aus Stahl, die durch Reiben an magnetischem Erz magnetisiert wurde, sich nach Norden und Süden ausrichtete, wenn sie sich frei drehen konnte. Wenn man die beiden Enden markierte, zeigte sich außerdem, daß immer dieselbe Spitze nach Norden wies.

Dieses Ende wurde als magnetischer Nordpol bezeichnet, das andere als magnetischer Südpol. 1269 experimentierte der französische Gelehrte Petrus Peregrinus (1240–?) mit diesen Nadeln und entdeckte, daß der magnetische Nordpol der einen Nadel von dem magnetischen Südpol der anderen Nadel angezogen wurde. Gleichzeitig stießen sich die magnetischen Nordpole zweier magnetisierter Nadeln gegenseitig ab, was auch für ihre magnetischen Südpole galt. Kurz gesagt: Gleichnamige magnetische Pole stießen sich ab, während ungleichnamige sich anzogen.

1785 maß der französische Physiker Charles Augustin de Coulomb (1736–1806) die Kraft, mit der ein magnetischer Nordpol einen magnetischen Südpol anzog oder einen anderen magnetischen Nordpol abstieß. Er stellte fest, daß die Anziehung oder Abstoßung sich entsprechend dem Quadrat des Abstands verringerte (quadratisches Abstandsgesetz oder Coulombsches Gesetz). Das heißt, wenn man

1 2

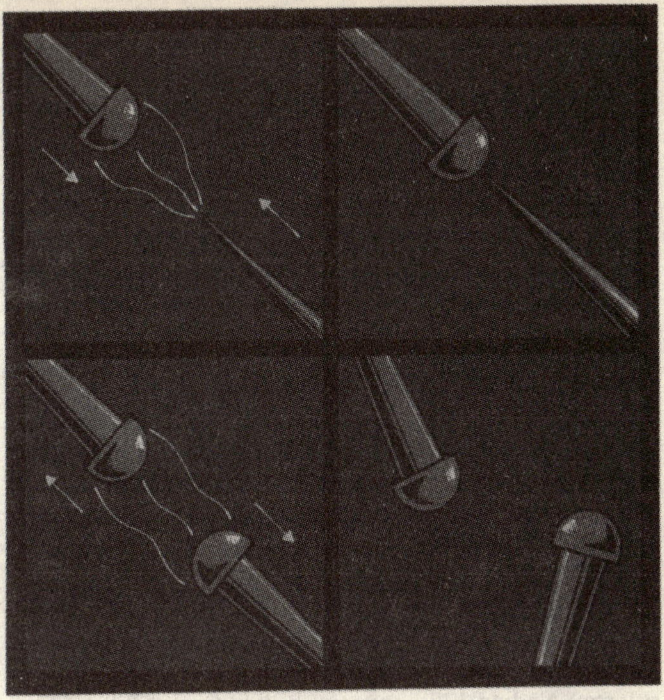

3 4

1. und 2. Eine nicht magnetisierte Eisennadel wird entweder zum Nord- oder zum Südpol eines Magneten hingezogen. Ist sie aber magnetisiert, wird ein Ende abgestoßen, während das andere anziehend wirkt.
3. Ungleichnamige Pole (N, S) ziehen sich an.
4. Gleichnamige Pole (N, N oder S, S) stoßen sich ab.

die Entfernung um das *x*-fache des ursprünglichen Abstands erhöhte, betrug die Kraft zwischen den Polen $1/x \times 1/x$ bzw. $1/x^2$ der ursprünglichen Kraft. Als sich Newton 1687 mit der Massenanziehung beschäftigte, zeigte er, daß die Gravitationskraft ebenfalls dem gehorchte, was später als Coulombsches Gesetz bezeichnet werden sollte.
Der Mond ist 60mal so weit vom Erdmittelpunkt entfernt wie die Erdoberfläche; die Anziehungskraft auf den Mond ist damit nur $1/60 \times 1/60$ bzw. $1/3600$ mal so stark wie auf die Erdoberfläche. Diese Anziehung ist aber proportional zum Produkt der beiden beteiligten Massen; Erde und Mond sind so massereich, daß die Anziehungskraft der Erde auch über die Entfernung zum Mond noch ausreicht, um den Erdtrabanten auf seiner Umlaufbahn zu halten.
Aus demselben Grund kann die Sonne die Erde über eine Entfernung, die fast 400mal so groß ist wie die zwischen Erde und Mond, auf ihrer Umlaufbahn halten. Sogar riesige Haufen von Galaxien, die sich über Millionen Lichtjahre im Weltraum erstrecken, werden von der Anziehungskraft zusammengehalten.
Dabei ist die magnetische Anziehung zwischen zwei magnetisierten Nadeln Billionen mal Billionen mal Billionen so stark wie die Massenanziehung zwischen diesen beiden magnetisierten Nadeln. Wie kommt es dann, daß uns die Massenanziehung so sehr und die magnetische Anziehung so wenig bewußt ist? Warum werden Himmelskörper durch die Massenanziehung zusammengehalten, während man niemals etwas davon hört, daß zwei Körper durch magnetische Kräfte aneinander gebunden werden?
Die Antwort ist, daß beim Magnetismus Anziehung und Abstoßung immer in gleicher Stärke beteiligt sind. Bei der Gravitation ist *nur* die Anziehung beteiligt; eine Massenabstoßung gibt es nicht.

Die Welt ist voll von Magneten. Wie wir noch sehen werden, ist jedes Atom ein winziger Magnet. Die Magneten des Universums richten sich aber nach allen Richtungen aus, so daß überall die Wahrscheinlichkeit der Abstoßung genauso hoch wie die der Anziehung ist. Insgesamt löschen sich die beiden gegenseitig aus; somit gibt es in unserem Kosmos insgesamt wenig magnetische Anziehung oder Abstoßung.

Die Gravitation der Materie dagegen, an der nur die Anziehung beteiligt ist, häuft sich sozusagen an. Obwohl die Wirkung der Massenanziehung so gering ist, daß sie bei gewöhnlichen Gegenständen und selbst bei Bergen nicht spürbar wird, ist die Anziehungskraft gewaltig, wenn man erst einmal Objekte in der Größenordnung der Erde oder der Sonne hat.

Bei alledem spielt der Magnetismus aber doch eine Rolle. Nehmen wir an, Sie legen ein kräftiges Blatt Papier auf einen magnetisierten Stab aus Stahl. Streuen Sie ein paar Eisenspäne auf das Papier, und klopfen Sie mit dem Finger darauf. Das Klopfen erlaubt es den Spänen, sich zu bewegen und eine im Hinblick auf den Magneten angemessene Lage einzunehmen. Dabei ordnen sich die Späne in einer Gruppe gebogener Linien an, die von einem Pol des Magneten zum anderen führen. Dies hatte bereits Peregrinus bemerkt, bevor sich 1831 der englische Wissenschaftler Michael Faraday (1791–1867) damit befaßte.

Faraday ging davon aus, daß die Kraft eines Magneten in allen Richtungen des Raums durch ein Magnetfeld wirkte, das nach dem Coulombschen Gesetz mit zunehmender Entfernung schwächer wurde. In dem Feld konnte man eine große Zahl von Linien ziehen (magnetische Feldlinien), durch die Bereiche markiert wurden, in denen die Stärke des Magnetfelds jeweils gleich groß war. An diesen

Linien richteten sich die Eisenspäne aus und machten sie damit sichtbar.

Dies ist der Grund, warum die Magnetnadel in einem Kompaß nach Süden und Norden zeigt. Die Erde ist selbst ein Magnet, so daß sich die Nadel nach den magnetischen Feldlinien ausrichtet, die von einem Magnetpol der Erde zum anderen reichen. (Die Magnetpole der Erde liegen zwar weit im Norden bzw. Süden, sind aber von den geographischen Polen ein gutes Stück entfernt.) Auch viele andere Erscheinungen von Magneten lassen sich anhand der Idee des Magnetfeldes und seiner Kraftlinien erklären; Faradays Vorstellung hat bis heute seine Gültigkeit behalten. (Daneben existieren auch Gravitations- und elektrische Felder, die ebenfalls Kraftlinien besitzen.)

Apropos Elektrizität. Der englische Naturforscher William Gilbert (etwa 1544–1603) führte Thales' Arbeit über elektrisch aufgeladene Stoffe weiter. In einem 1600 veröffentlichten Buch erklärte er, daß auch andere Stoffe als Bernstein leichte Objekte anziehen würden, wenn man an ihnen rieb. Gilbert bezeichnete alle derartigen Gegenstände als *electrics* (elektrostatische Körper).

1733 experimentierte der französische Chemiker Charles François de Cisternay Dufay (1698–1739) mit Stäben aus Glas und Harz, die sich durch Reiben »elektrisieren« ließen und auf diese Weise dazu gebracht werden konnten, leichte Objekte anzuziehen. Beide Materialien zogen kleine Korkstückchen an, die dann ihrerseits elektrisch aufgeladen wurden.

Ein durch Glas elektrisiertes Stück Kork zog wiederum Kork an, der durch Harz elektrisiert worden war. Zwei Korkstücke, die beide durch Glas elektrisch aufgeladen worden waren, stießen sich dagegen genauso ab wie zwei durch Harz elektrisierte Korkstücke. Dufay schloß daraus, es müsse zwei verschiedene Arten von Elektrizität geben. Jede stieß sich zwar selbst ab, zog aber die jeweils andere an – gerade so wie bei den zwei Magnetpolen.

Der amerikanische Gelehrte Benjamin Franklin (1706–1790) führte dies einen Schritt weiter. 1747 postulierte er, es gebe nur eine Art von Elektrizität, von der jegliche Materie eine normale Menge enthalte und die nicht nachweisbar sei. Wenn man jedoch bestimmte Gegenstände rieb, dann werde ein Teil der Elektrizität entzogen; rieb man hingegen andere Objekte, so werde Elektrizität hinzugefügt. Die Objekte mit einem Überschuß ließen sich als positiv geladen auffassen, während die Objekte mit einem Mangel negativ geladen waren.

In einem solchen Fall zog ein positiv geladenes Objekt ein negativ geladenes an, weil durch den Kontakt die überschüssige Ladung aus dem einen Objekt in das andere fließen konnte, um dort den Mangel auszugleichen. Die beiden hoben sich gegenseitig auf und ließen zwei ungeladene Objekte zurück. (Franklin konnte dies bei seinen Experimenten tatsächlich beobachten.) Auf der anderen Seite sollten sich zwei positiv geladene Objekte gegenseitig ebenso abstoßen wie zwei negativ geladene, denn in keinem dieser Fälle gab es eine Möglichkeit, daß Ladung vom einen Objekt zum anderen abfließen konnte.

Franklin mußte nur noch entscheiden, welche der beiden Arten elektrisch geladener Körper den Überschuß und welche den Mangel aufwies. Damals gab es keine Möglichkeit, das herauszufinden; so traf Franklin seine Wahl willkürlich. Er entschied sich dafür, daß geriebenes Glas einen Überschuß habe und als positiv (+) gelten solle, während geriebenes Harz einen Mangel aufweise und als negativ (–) betrachtet werden solle.

Seitdem mußte jeder, der mit elektrischem Strom arbeitet, davon ausgehen, daß Strom von positiv nach negativ fließt. Franklin hatte eine Chance von 50:50 auf die richtige Antwort – und verlor leider. Es war nämlich der Harzstab, der einen Überschuß aufwies, so daß Strom in Wirklichkeit von negativ nach positiv fließt. Das spielt in der Elektrotechnik allerdings keine Rolle. Die Ergebnisse sind die gleichen, welche Fließrichtung des Stroms man auch annimmt; es kommt nur darauf an, daß man bei seiner Meinung bleibt und sie nicht mitten in der Arbeit ändert.

Die Verbindung zwischen den Phänomenen

Es gibt also vier Phänomene, die sich über ein Vakuum hinweg bemerkbar machen können: Licht, Elektrizität, Magnetismus und Schwerkraft. Bei allen vier kann man sich vorstellen, daß sie vom Äther Gebrauch machen, aber benutzen sie denselben Äther, oder hat jede der Erscheinungen ihren eigenen Äther? Man wußte es zwar nicht, aber manchmal stellte man sich Licht als Wellen im lichtfortpflanzenden Äther vor. Sollte es sich erweisen, daß es auch Äther gab, in denen sich Elektrizität, Magnetismus oder Schwerkraft ausbreiteten?

Die Unterschiede zwischen den vieren waren nicht gleich groß. Licht schien weder etwas abzustoßen noch etwas anzuziehen. Schwerkraft zog nur an. Dagegen wirkten sowohl Elektrizität als auch Magnetismus zugleich abstoßend und anziehend; in beiden Fällen stießen sich gleiche Pole ab, während ungleiche sich anzogen. Von diesen letzten beiden schien eine Erscheinung aus der anderen hervorzugehen.

1819 hielt der dänische Physiker Hans Christian Ørsted (1777–1851) einmal eine Vorlesung über den elektrischen Strom und brachte zur Veranschaulichung (es ist nicht bekannt, was er zeigen wollte) einen Kompaß in die Nähe eines Drahtes, durch den gerade elektrischer Strom floß. Zu seinem eigenen Erstaunen reagierte die Nadel sofort und richtete sich im rechten Winkel zum Stromfluß aus. Als Ørsted die Fließrichtung umkehrte, drehte sich auch die Kompaßnadel und zeigte, wiederum im rechten Winkel zum Stromfluß, in die entgegengesetzte Richtung.

Ørsted war der erste, der eine enge Beziehung zwischen Elektrizität und Magnetismus aufzeigte, aber er führte seine Untersuchungen nicht weiter. Dies taten dafür andere, die von der Demonstration hörten – und zwar sofort.

1820 zeigte der französische Physiker Dominique François Arago (1786–1853), daß ein stromführender Draht wie ein Magnet wirkte und Eisenspäne anzog; dies geschah aber nur so lange, wie der Strom tatsächlich floß. Da der Draht aus Kupfer bestand, wurde deutlich, daß Magnetismus nicht ausschließlich eine Eigenschaft von Eisen war, sondern bei jeder Materie auftreten konnte. Die Wissenschaftler begannen, von Elektromagnetismus zu sprechen.

Im selben Jahr demonstrierte mit André Marie Ampère (1775–1836) ein anderer französischer Chemiker, daß sich zwei parallele Drähte anzogen, wenn man durch beide Strom in derselben Richtung fließen ließ, daß sie sich aber abstießen, wenn die Fließrichtung gegenläufig war.

Wenn man Draht zu einer Spirale wickelt (wie bei einer Bettfeder) und anschließend Strom hindurchschickt, fließt der Strom durch jede Windung der Spirale in der gleichen Richtung. Alle Windungen ziehen sich gegenseitig an, und jede erzeugt ein Magnetfeld, das alle anderen verstärkt. Die Zylinderspule wirkt dann wie ein Stabmagnet mit einem magnetischen Nordpol am einen Ende und einem magnetischen Südpol am anderen Ende.

1823 wickelte der britische Physiker William Sturgeon (1783–1850) Draht um einen U-förmigen Eisenstab. Das Eisen verstärkte das Magnetfeld, so daß er einen erstaunlich starken Elektromagneten erhielt, als er den elektrischen Strom anschaltete.

1829 benutzte der amerikanische Physiker Joseph Henry (1797–1878) isolierten Draht (um Kurzschlüsse zu vermeiden), wickelte ihn einige hundert Male um einen Eisenstab und erzeugte auf diese Weise einen Elektromagneten, der enorme Eisengewichte heben konnte, wenn ein Strom hindurchgeschickt wurde.

Faraday ließ sich daraufhin den umgekehrten Fall durch den Kopf gehen. Wenn Elektrizität Magnetismus hervorbrachte, konnte Magnetismus dann nicht auch Elektrizität erzeugen? Er stellte einen gewöhnlichen Stabmagneten in eine Drahtspirale, die *nicht* mit einer Batterie verbunden war, mit der ein elektrischer Stromfluß bewirkt werden konnte. Dennoch erfuhr die Spirale einen Stromfluß, wenn der Magnet hineingeschoben oder herausgezogen wurde. Kein Strom wurde erzeugt, wenn sich der Magnet an irgendeiner Stelle bewegungslos innerhalb der Spirale befand. Offensichtlich floß der Strom nur dann durch den Draht, wenn der Draht sich mit den magnetischen Kraftlinien schnitt – in die eine Richtung, wenn der Magnet hineingeschoben wurde, und in die andere Richtung, wenn man ihn wieder herauszog.

1831 entwickelte Faraday ein System, bei dem eine Kupferscheibe zwischen den Polen eines Magneten gedreht wurde. In der Platte wurde ein Strom erzeugt, der so lange kontinuierlich floß, wie sich die Scheibe drehte. Es kostete Anstrengung, sie in Drehung zu halten, denn es erforderte

Arbeit, die Platte durch die magnetischen Kraftlinien zu drücken. Solange dies aber geschah, sei es durch menschliche oder tierische Muskelkraft, durch fallendes Wasser oder durch Dampfkraft, erzeugt durch Erhitzung mittels eines Brennstoffs, wurde mechanische Arbeit in Elektrizität umgewandelt.

Diesmal war es Henry, der für eine Umkehrung der Situation sorgte. Im gleichen Jahr erfand er den Elektromotor, in dem der Stromfluß ein Rad zum Drehen brachte.

All diese Entdeckungen dienten dazu, die Welt zu elektrifizieren (buchstäblich und im übertragenen Sinn) und damit die menschliche Gesellschaft nachhaltig zu verändern. Für die Wissenschaftler lag die Bedeutung dieser Experimente aber darin, daß sie die enge Beziehung zwischen Elektrizität und Magnetismus noch weiter erhellten.

Einige Forscher glaubten zunächst sogar, es gebe ein einziges elektromagnetisches Feld, das der Welt einmal sein elektrisches, ein andermal sein magnetisches Gesicht zeige.

Diese Ideen erreichten mit den Arbeiten Maxwells ihren Höhepunkt: Zwischen 1864 und 1873 erarbeitete er die mathematischen Folgerungen, die sich aus Faradays Vorstellung von Feldern und Kraftlinien sowie aus dem offensichtlichen Zusammenhang elektrischer und magnetischer Felder ergaben. Maxwell stellte schließlich vier relativ einfache Gleichungen auf (einfach für Mathematiker jedenfalls), die lückenlos das bekannte elektrische und magnetische Verhalten beschrieben und seitdem als Maxwellsche Gleichungen bezeichnet werden.

Die Maxwellschen Gleichungen (deren Gültigkeit durch alle seither gemachten Beobachtungen bestätigt wird) zeigen, daß elektrische und magnetische Felder nicht unabhängig voneinander existieren können. In der Tat gibt es nur ein gemeinsames elektromagnetisches Feld mit einer elektrischen und einer magnetischen Komponente, die im rechten Winkel zueinander stehen. Wenn sich elektrisches und magnetisches Verhalten in jeder Hinsicht ähnelten, wären die vier Gleichungen symmetrisch; sie kämen in zwei spiegelbildlichen Paaren vor. In einer Hinsicht unterscheiden sich die beiden Phänomene aber. Bei elektrischen Erscheinungen können positive und negative Ladungen unabhängig voneinander bestehen. Ein Objekt kann entweder positiv oder negativ geladen sein. Bei magnetischen Erscheinungen bestehen die Magnetpole dagegen nicht unabhängig voneinander. Jedes Objekt mit magnetischen Eigenschaften besitzt an einer Stelle einen magnetischen Nordpol und an einer anderen Stelle einen magnetischen Südpol. Wenn eine lange magnetische Nadel mit einem magnetischen Nordpol am einen Ende und einem magnetischen Südpol am anderen Ende in der Mitte entzweigebrochen wird, werden die Pole *nicht* isoliert. Das Ende mit dem magnetischen Nordpol erzeugt an der Bruchstelle sofort einen magnetischen Südpol, während umgekehrt das Ende mit dem magnetischen Südpol einen magnetischen Nordpol ausbildet.

Maxwell berücksichtigte diese Tatsache bei seinen Gleichungen, was zu einer gewissen Asymmetrie führte. Dies war schon immer den Wissenschaftlern ein Dorn im Auge, die in hohem Maße zu Einfachheit und Symmetrie tendieren. Auf diesen »Mangel« der Maxwellschen Gleichungen kommen wir später noch zurück.

Anhand dieser Gleichungen konnte man nun aufzeigen, daß ein oszillierendes elektrisches Feld zwangsläufig ein oszillierendes magnetisches Feld erzeugt, das wiederum ein weiteres oszillierendes elektrisches Feld erzeugt, was sich unendlich fortsetzt. Es handelt sich dabei um die Entsprechung einer elektromagnetischen Strahlung, die sich in Wellenform und mit konstanter Geschwindigkeit nach außen ausbreitet. Die Geschwindigkeit dieser Strahlung kann man berechnen, wenn man das Verhältnis zwischen bestimmten Einheiten magnetischer Phänomene und anderen Einheiten elektrischer Phänomene nimmt. Dieser Quotient beläuft sich auf fast 300 000 km/s, was die Lichtgeschwindigkeit ist.

Dies konnte kein Zufall sein. Licht, so schien es, war eine elektromagnetische Strahlung. Mit Hilfe der Maxwellschen Gleichungen ließen sich damit drei der vier Phänomene vereinheitlichen, von denen bekannt war, daß sie sich durch ein Vakuum fortpflanzten: Elektrizität, Magnetismus und Licht.

Nur die Gravitation entzog sich dieser Vereinheitlichung; sie schien mit den drei untereinander verbundenen Phänomenen nichts zu tun zu haben. Albert Einstein entwickelte 1916 seine Allgemeine Relativitätstheorie, die Newtons Vorstellung der Massenanziehung verbesserte. Nach Einsteins Interpretation der Schwerkraft (die inzwischen fast einmütig als prinzipiell richtig anerkannt ist) sollte es in Form von Wellen eine Gravitationsstrahlung geben, die zur elektromagnetischen Strahlung analog ist. Solche Gravitationswellen sind allerdings viel feiner und schwächer und viel schwieriger nachzuweisen als elektromagnetische Wellen. Trotz des einen oder anderen falschen Alarms sind sie bis zum heutigen Tage noch nicht entdeckt worden, aber praktisch kein damit befaßter Wissenschaftler zweifelt an ihrer Existenz.

Die Erweiterung des Spektrums

Die Maxwellschen Gleichungen legten für die Schwingungsdauer des Feldes keine Grenzen fest. Es konnte eine Schwingung pro Sekunde oder sogar weniger geben, so daß jede Welle 300 000 km oder noch länger wäre. Es konnte aber ebenso eine Quintilliarde (10^{33}) Schwingungen pro Sekunde geben, so daß jede Welle ein Billionstel eines Billionstel cm lang wäre. Und es konnte jede Möglichkeit dazwischen zutreffen.

Doch Lichtwellen stellen nur einen winzigen Teil dieser Möglichkeiten dar. Die größte Wellenlänge sichtbaren Lichts liegt bei 0,0007 mm, die kleinste ist etwa halb so lang. Gibt es also eine elektromagnetische Strahlung, die wir nicht sehen können?

Während des größten Teils der menschlichen Geschichte wäre die Frage, ob es unsichtbares Licht gibt, als Widerspruch in sich aufgefaßt worden. Licht war definitionsgemäß etwas, das man sehen konnte.

Der deutsch-britische Astronom Wilhelm (William) Herschel (1738–1822) zeigte 1800 als erster, daß diese Vorstellung kein Widerspruch war. Zu jener Zeit glaubte man, das Licht und die Wärme der Sonne seien zwei verschiedene Erscheinungen. Herschel fragte sich, ob sich Wärme genau wie Licht in ein Spektrum auffächern ließ.

Doch anstatt nun das Spektrum mit dem Auge zu untersuchen, das nur Licht wahrnehmen kann, benutzte Herschel ein Thermometer, das die Wärme maß. Er legte es an verschiedene Stellen des Spektrums und notierte die Temperatur. Dabei erwartete er eigentlich, daß die Temperatur in der Mitte des Spektrums am höchsten sein und nach beiden Seiten hin abfallen würde.

Das trat nicht ein. Die Temperatur stieg beständig, als er

sich vom Violett entfernte, und erreichte ihren höchsten Punkt im äußersten Rotbereich. Erstaunt überlegte Herschel, was passieren würde, wenn er die Röhre des Thermometers *jenseits* des roten Lichts aufstellte. Zu seiner noch größeren Verwunderung stellte er fest, daß die Temperatur dort auf einen höheren Wert stieg als an irgendeiner Stelle im sichtbaren Spektrum. Herschel glaubte, er habe Wärmewellen entdeckt.

Ein paar Jahre später wurde aber die Wellentheorie des Lichts aufgestellt, die eine bessere Interpretation erlaubte. Sonnenlicht besitzt eine Bandbreite an Wellenlängen, die von einem Prisma aufgespalten wird. Innerhalb bestimmter Grenzen reagiert unsere Netzhaut auf Wellenlängen von Licht, aber Sonnenlicht besitzt einige Wellen, die länger als die von sichtbarem Rot sind, und ist deshalb auch jenseits des roten Endes des Farbspektrums zu finden. Unsere Netzhaut spricht auf so lange Wellen nicht an; sie sind daher für uns nicht sichtbar, aber trotzdem vorhanden. Sie werden als Infrarotstrahlen bezeichnet, wobei die lateinische Vorsilbe *infra* »unterhalb« bedeutet, denn man kann sich das Spektrum als Bereich vorstellen, der sich von Violett ganz oben bis zu Rot ganz unten erstreckt.

Das gesamte Licht wird beim Auftreffen auf die Haut entweder reflektiert oder absorbiert. Wenn es absorbiert wird, beschleunigt seine Energie die Bewegung der Moleküle in unserer Haut, was wir dann als Wärme empfinden. Je größer die Wellenlänge ist, desto tiefer dringt sie in die Haut ein und desto leichter wird sie auch absorbiert. Aus diesem Grund können wir das Infrarot zwar nicht sehen, aber als Wärme spüren; aus ähnlichen Gründen kann es das Thermometer auch anzeigen.

Es wäre natürlich hilfreich, wenn man zeigen könnte, daß Infrarotstrahlen tatsächlich aus den gleichen Wellen wie

Licht bestehen und lediglich eine größere Wellenlänge haben. Man könnte zwei Infrarotstrahlen sich überschneiden lassen und Interferenzränder erzeugen, aber niemand wäre in der Lage, sie zu erkennen. Vielleicht könnten sie durch ein Thermometer nachgewiesen werden, wobei die Temperatur immer dann ansteigen müßte, wenn das Instrument durch ein »helleres« Gebiet geführt wird, und entsprechend wieder sinken würde, wenn es ein »dunkleres« Gebiet passiert.

1830 erfand der italienische Physiker Leopoldo Nobili (1784–1835) ein Thermometer, das dafür geeignet war. Einer seiner Mitarbeiter war Macedonio Melloni (1798–1854). Da Glas einen großen Teil der Infrarotstrahlen absorbiert hätte, benutzte Melloni Prismen aus Steinsalz, das für Infrarotstrahlen durchlässig ist. Das Ergebnis waren Interferenzränder, die von Nobilis Thermometer auch angezeigt wurden. 1850 demonstrierte Melloni schließlich, daß Infrarotstrahlen ausnahmslos alle Eigenschaften des Lichts aufwiesen – außer daß sie mit bloßem Auge nicht sichtbar waren.

Was ist mit dem anderen Ende des Spektrums, wo violettes Licht sich in der Dunkelheit verliert. Diese Geschichte begann 1614, als der italienische Chemiker Angelo Sala (1576–1637) bemerkte, daß sich Silbernitrat, eine vollkommen weiße Verbindung, verdunkelte, wenn man es Sonnenlicht aussetzte. Wie wir heute wissen, geschieht dies, weil Licht Energie enthält, das Silbernitratmoleküle aufspalten kann, so daß fein aufgeteiltes Silber entsteht, das schwarz erscheint.

Um 1770 wandte sich der schwedische Chemiker Karl Wilhelm Scheele (1742–1786) dem Gegenstand gründlicher zu und bediente sich dabei des Sonnenspektrums, das zur Zeit Salas noch nicht bekannt war. Er tauchte dünne Strei-

1
2
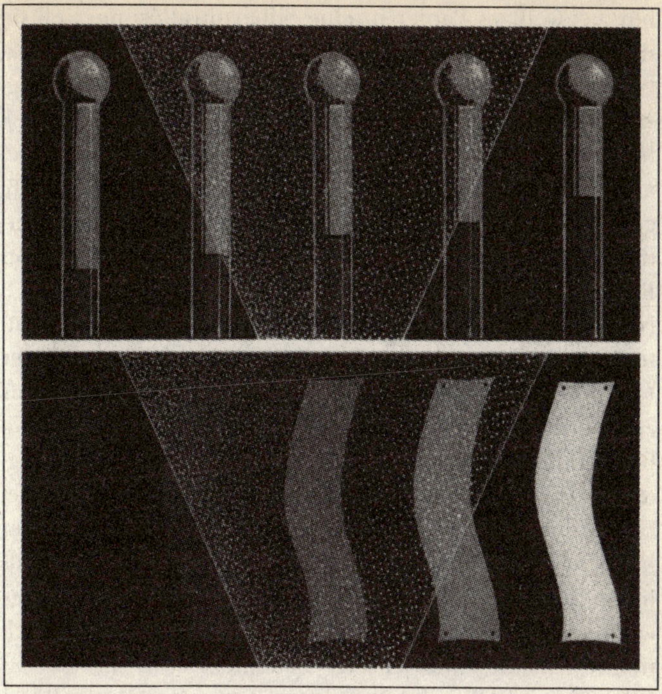

1. Infrarotes Licht. Als William Herschel 1800 sein Thermometer im dunklen Bereich jenseits des roten Endes des Farbspektrums aufstellte, maß er dort zu seiner Überraschung die höchste Temperatur.
2. Ultraviolettes Licht. 1770 entdeckte Karl Wilhelm Scheele, daß in Silbernitratlösung getränktes Papier am schnellsten dunkel wurde, wenn es violettem Licht ausgesetzt wurde. Als Johann Wilhelm Ritter 1801 das Papier in den dunklen Bereich jenseits von Violett legte, verdunkelte sich das Papier noch schneller.

fen aus weißem Papier in eine Silbernitratlösung, ließ sie trocknen und legte sie in verschiedene Bereiche des Spektrums. Er fand heraus, daß sich die Papierstreifen am langsamsten im roten Bereich verdunkelten und immer schneller dunkler wurden, je weiter man sich vom Rot entfernte, am schnellsten im violetten Bereich. Wie man heute weiß, geschieht dies (aus Gründen, die später noch erklärt werden), weil Licht immer energiereicher wird, wenn man von Rot zu Violett übergeht.

Nachdem Herschel 1800 die Infrarotstrahlen entdeckt hatte, kam dem deutschen Chemiker Johann Wilhelm Ritter (1776–1810) der Gedanke, das andere Ende des Spektrums zu überprüfen. 1801 tauchte er Papierstreifen in eine Silbernitratlösung und wiederholte Scheeles Experiment, legte die Papierstreifen dabei aber *jenseits* des violetten Bereichs aus, wo kein Licht zu sehen war. Wie er vermutet hatte, verdunkelten sich die Papierstreifen in diesem lichtlosen Bereich noch schneller als im violetten Licht. Dies war die Entdeckung ultravioletter Strahlen, wobei die lateinische Vorsilbe *ultra* »jenseits« bedeutet.

Infrarot- und Ultraviolettstrahlung treten genau am Rand des sichtbaren Spektrums auf. Die Maxwellschen Gleichungen legten nahe, daß es auch weit außerhalb dieser Grenzen Strahlung geben konnte. Wenn man eine solche Strahlung aufspüren konnte, hätte man die Maxwellschen Gleichungen damit nachhaltig gestützt, denn ohne sie hätte niemand die Existenz einer solchen Strahlung vermutet.

1888 benutzte der deutsche Physiker Heinrich Rudolf Hertz (1857–1894) als Nachweisgerät einen rechteckigen Draht mit einem Spalt darin. Er baute in seinem Labor einen oszillierenden elektrischen Stromkreis auf. Wenn der elektrische Strom oszillierte und sich erst hierhin, dann dorthin bewegte, sollte er elektromagnetische Strahlung aussenden, wobei die Strahlungswelle nach oben gehen sollte, während der Strom in die eine Richtung floß, und nach unten, wenn sich die Richtung änderte. Eine solche elektromagnetische Welle sollte eine sehr große Wellenlänge haben, denn selbst wenn der oszillierende elektrische Strom in jedem Bruchteil einer Sekunde die Richtung wechselte, konnte das Licht zwischen den Richtungswechseln ziemlich weit gelangen.

Hertz' rechteckiger Draht empfing elektrischen Strom, wenn ihn die elektromagnetische Welle kreuzte; der Spalt wurde dabei von einem Funken überbrückt. Hertz hatte seinen zündenden Funken. Als er seinen rechteckigen Draht außerdem im Raum hin- und herbewegte, schlug immer dann ein Funke über, wenn die Welle sehr hoch oder sehr niedrig war; dazwischen gab es keine Funkenentladung. Auf diese Weise konnte er die Welle aufzeichnen und ihre Länge bestimmen.

Hertz hatte etwas entdeckt, was später als Radiowellen bezeichnet werden sollte: Wellen, die weit jenseits der Infrarotstrahlung liegen und Wellenlängen in der Größenordnung von Zentimetern bis zu Kilometern haben können.

Danach stellte niemand mehr die Maxwellschen Gleichungen in Frage. Wenn es einen lichtfortpflanzenden Äther gab, beförderte er ebenso Elektrizität und Magnetismus. Gab es noch einen weiteren Äther, so lediglich für die Schwerkraft.

1895 wurde übrigens eine elektromagnetische Strahlung entdeckt, die weit jenseits von Ultraviolett lag und eine extrem kurze Wellenlänge hatte; dazu kommen wir aber später, nachdem wir uns noch ein paar andere Dinge angesehen haben.

Die Teilung der Energie

Elektrizität, Magnetismus, Licht und Schwerkraft sind allesamt Erscheinungsformen von Energie, wenn man unter Energie all das versteht, mit dem sich Arbeit verrichten läßt. Diese Energieformen erscheinen natürlich untereinander sehr verschieden, aber eine Form kann in eine andere umgewandelt werden. Wie wir bereits gesehen haben, kann Elektrizität in Magnetismus und umgekehrt Magnetismus in Elektrizität verwandelt werden, und ein schwingendes elektromagnetisches Feld kann Licht erzeugen. Die Schwerkraft kann Wasser dazu bringen, daß es hinabstürzt und damit eine Turbine antreibt, die wiederum einen Stromleiter vermittels magnetischer Kraftlinien zur Elektrizitätsgewinnung zwingt. Wechselseitige Umwandlungsprozesse von Energie und Arbeit bezeichnen das Feld der Thermodynamik.

Eine solche Umwandlung ist aber niemals hundertprozentig wirksam; bei dem Vorgang geht immer Energie verloren. Die verlorene Energie verschwindet jedoch nicht einfach, sondern tritt als Wärme auf, die eine weitere Form von Energie darstellt. Wenn man Wärme mit einbezieht, geht Energie weder jemals vollständig verloren, noch entsteht sie einfach aus dem Nichts. Mit anderen Worten: Die Gesamtmenge der Energie im Universum scheint konstant zu sein.

So lautet auch der Energieerhaltungssatz bzw. der erste Hauptsatz der Thermodynamik, der 1847 von dem deutschen Physiker Hermann Ludwig Ferdinand von Helmholtz (1821–1894) überzeugend dargelegt wurde.

In gewisser Weise ist Wärme die grundlegendste Energieform, denn während jede andere Energieform *restlos* in Wärme verwandelt werden kann, läßt sich Wärme nicht vollständig in eine andere Energieform umwandeln. Aus

diesem Grund ist Wärme auch die am besten geeignete Energieform für das Studium der Thermodynamik; das Wort stammt übrigens aus dem Griechischen und bedeutet »Bewegung von Wärme«.
Nachdem der britische Ingenieur James Watt (1736–1819) im Jahre 1769 die erste wirklich funktionstüchtige Dampfmaschine erfunden hatte, haben Wissenschaftler das Phänomen Wärme genau unter die Lupe genommen. Sobald man den Energieerhaltungssatz begriffen hatte, betrieb man die Erforschung der Wärme sogar noch intensiver.
Nach der Erfindung der Dampfmaschine gab es zwei Theorien über das Wesen von Wärme. Einige Wissenschaftler hielten sie für eine Art feine Flüssigkeit, die von einem Stückchen Materie zum nächsten wandern konnte. Andere glaubten, es handle sich dabei um eine Form von Bewegung, bei der sich Atome und Moleküle bewegten oder schwangen.
Die letztere Vermutung, d. h. die kinetische Theorie der Wärme (»kinetisch« stammt von dem griechischen Wort für Bewegung), erwies sich in den 60er Jahren des 19. Jahrhunderts als zutreffend, nachdem Maxwell und der österreichische Physiker Ludwig Eduard Boltzmann (1844–1906) sie auch mathematisch ausgearbeitet hatten. Sie zeigten, daß sich alles, was über Wärme bekannt war, zufriedenstellend interpretieren ließ, wenn man von Atomen und Molekülen ausging, die sich bewegten oder vibrierten. Bei Gasen etwa ist die durchschnittliche Geschwindigkeit der Bewegung oder Vibration der Atome und Moleküle, aus denen alles besteht, das Maß ihrer Temperatur, wenn man gleichzeitig die Masse der Atome und Moleküle berücksichtigt. Die totale kinetische Energie (die sowohl Masse als auch Geschwindigkeit einbezieht) all dieser sich bewegenden Teilchen ist die Gesamtwärme der Substanz.
Je kälter ein Objekt wird, desto langsamer wird natürlich die

Bewegung seiner Atome und Moleküle. Wenn es kalt genug wird, erreicht die kinetische Energie der Teilchen einen Tiefstand. Es kann dann nicht mehr kälter werden, so daß sich die Temperatur auf dem absoluten Nullpunkt befindet. Vorgetragen und erläutert wurde diese Annahme erstmals 1848 von dem britischen Mathematiker William Thomson (1824–1907), der jedoch besser unter seinem späteren Titel Lord Kelvin bekannt ist. Die Zahl der Celsiusgrade über dem absoluten Nullpunkt ist die absolute Temperatur einer Substanz. Wenn der absolute Nullpunkt bei –273,15 °C liegt, entspricht 0 °C damit 273,15 °K (für Kelvin).

Jeder Körper, der eine höhere Temperatur als seine Umgebung aufweist, neigt zum Verlust von Wärme in Form von elektromagnetischer Strahlung. Je höher die Temperatur liegt, desto stärker ist die Strahlung. 1879 berechnete der österreichische Physiker Joseph Stefan (1835–1893) dies ganz genau. Er wies nach, daß die Gesamtstrahlung mit der vierten Potenz der absoluten Temperatur zunahm. Wenn man die absolute Temperatur also verdoppelt, beispielsweise von 300 K auf 600 K (d. h. von 27 °C auf 327 °C), dann nimmt die Gesamtstrahlung um 2 x 2 x 2 x 2 zu bzw. versechzehnfacht sich.

Bereits früher, um 1860, hatte der deutsche Physiker Gustav Robert Kirchhoff (1824–1887) aufgezeigt, daß jede Substanz, deren Temperatur niedriger als die ihrer Umgebung liegt, Licht bestimmter Wellenlängen absorbiert und diese dann wieder abstrahlt, wenn ihre Temperatur über die ihrer Umgebung steigt. Wenn eine Substanz alle Wellenlängen von Licht absorbiert (ein »schwarzer Körper«, da er keine Wellenlänge reflektiert), wird er dementsprechend bei Erwärmung auch alle Wellenlängen wieder abgeben.

Kein Körper absorbiert tatsächlich alle Wellenlängen von Licht – im herkömmlichen Sinn des Wortes, aber ein Objekt mit einem kleinen Loch schafft dies annähernd. Die gesamte Strahlung, die in das Loch hineinfällt, findet kaum wieder heraus und wird schließlich im Inneren absorbiert. Wenn ein solches Objekt also erwärmt wird, sollte Hohlraumstrahlung (bzw. schwarze Strahlung) – mit allen Wellenlängen – aus dem Loch strömen.

Diese Vorstellung wurde erstmals in den 90er Jahren des letzten Jahrhunderts von dem deutschen Physiker Wilhelm Wien (1864–1928) vorgetragen. Als er eine derartige Hohlraumstrahlung untersuchte, entdeckte er erwartungsgemäß, daß eine große Bandbreite an Strahlung ausgesendet wurde und die sehr langen und sehr kurzen Wellenlängen relativ selten vorkamen, während die häufigsten Wellenlängen irgendwo dazwischen lagen. Wien stellte fest, daß sich dieser Gipfel bei einem Anstieg der Temperatur kontinuierlich zu den kürzeren Wellenlängen hin verlagerte. 1895 gab er diese Entdeckung bekannt.

Die Gesetze Stefans (das Stefan-Boltzmannsche Strahlungsgesetz) und Wiens (das Wiensche Strahlungsgesetz) decken sich mit unserer Erfahrung. Nehmen wir an, ein Gegenstand habe eine etwas höhere Temperatur als unser Körper. Wenn wir unsere Hand in die Nähe des Objekts bringen, spüren wir, wie etwas Wärme abgestrahlt wird. Wenn die Temperatur des Objekts steigt, macht sich die Strahlung deutlicher bemerkbar; die Hauptstrahlung hat dann eine kürzere Wellenlänge. Ein Kessel mit kochendem Wasser gibt eine beträchtliche Wärme ab, die wir spüren können, wenn sich unsere Hand in der Nähe befindet. Wird die Temperatur noch weiter erhöht, verbreitet der Gegenstand schließlich Strahlung von einer Wellenlänge, die kurz genug ist, um von unserer Netzhaut als Licht wahrgenommen zu werden. Zunächst sehen wir rotes Licht, denn es besitzt die größte Wellenlänge und wird als erstes ausgesendet. Der Gegenstand ist dann rotglühend. Natürlich befindet sich der größte Teil der abgegebenen Strahlung noch im Infrarotbereich, aber den winzigen Bruchteil, der im sichtbaren Bereich des Spektrums abgestrahlt wird, nehmen wir mit den Augen wahr.

Bei einer weiteren Erhöhung der Temperatur glüht der Gegenstand immer heller. Auch die Farbe ändert sich, wenn zunehmend mehr kurzwelliges Licht ausgestrahlt wird. Falls der Gegenstand noch wärmer wird, nimmt gleichzeitig seine Helligkeit weiter zu; die Farbe macht eine weitere Veränderung durch, und immer mehr und kürzere Wellenlängen von Licht werden emittiert. Die Glut wird zunehmend orange und danach gelb. Wenn etwas schließlich so heiß wie die Oberfläche der Sonne wird, ist es schon weißglühend; die Hauptmenge der Strahlung liegt dann tatsächlich im sichtbaren Bereich des Lichts. Wird es noch heißer, ist es blauweiß. Wenn es zuletzt noch heller wird (und wir annehmen, daß wir es ansehen könnten, ohne im selben Augenblick unsere Augen zu zerstören), liegt der größte Teil der Strahlung im ultravioletten Bereich.

Diese fortschreitende Intensivierung der Wärme bzw. des Lichts stellte für die Wissenschaftler des 19. Jahrhunderts ein Problem dar, denn es war schwierig, in dem Muster der Hohlraumstrahlung eine Ordnung zu erkennen. Gegen Ende der 90er Jahre des 19. Jahrhunderts vermutete der britische Physiker John William Strutt (1842–1919), der spätere Lord Raleigh, jede Wellenlänge habe die gleiche Chance, in Form von Hohlraumstrahlung emittiert zu werden. Auf der Grundlage dieser Annahme stellte er eine Gleichung auf, die recht gut zeigte, wie die Intensität der Strahlung zunahm, wenn man von sehr langen zu kürzeren Wellenlängen überging. Diese Gleichung konnte aber nicht erklären, warum beim Übergang zu noch kürzeren Wellenlängen auf den Gipfel ein Abfall folgte.

Statt dessen legte die Gleichung nahe, daß die Intensität in Abhängigkeit von einer Verkürzung der Wellenlängen ohne Einschränkung weiter zunehmen sollte. Das bedeutete, daß jeder Körper vor allem kürzere Wellenlängen aussenden sollte, um seine gesamte Wärme in einer heftigen Emission aus Violett, Ultraviolett und dem Bereich jenseits davon abzugeben. Dies wird bisweilen als Ultraviolettkatastrophe bezeichnet; doch nachdem sie ausbleibt, muß etwas mit Raleighs Überlegungen nicht stimmen. Wien selbst stellte eine Gleichung auf, die der tatsächlichen Verteilung kurzer Wellenlängen bei der Hohlraumstrahlung entsprach, aber sie deckte sich nicht mit den langen Wellenlängen. Es schien, als könnten die Physiker zwar jede der beiden Hälften des Strahlungsbereichs, nicht aber den Gesamtbereich erklären.

Das Problem wurde von dem deutschen Physiker Max Karl Ernst Ludwig Planck (1858–1947) aufgegriffen. Er glaubte, es könne etwas mit Raleighs Annahme nicht stimmen, daß jede Wellenlänge die gleiche Chance habe, in Form von Hohlraumstrahlung ausgesendet zu werden. Möglicherweise besaß eine Wellenlänge, je kürzer sie war, eine desto geringere Chance, emittiert zu werden.

Eine Möglichkeit, dies plausibel erscheinen zu lassen, besteht in der Annahme, Energie sei nicht kontinuierlich und lasse sich nicht beliebig lange in immer kleinere Teile zerlegen. (Bis in Plancks Zeit hinein wurde die Stetigkeit von Energie von den Physikern einfach vorausgesetzt. Niemand fragte sich, ob Energie nicht ähnlich wie Materie aus winzigen Teilchen bestand, die man nicht weiter aufspalten konnte.)

Planck nahm an, daß der Grundbaustein der Energie immer größer wurde, wenn die Wellenlänge kleiner wurde. Das hieß, die Strahlung nahm bei einer bestimmten Temperatur an Intensität zu, wenn die Wellenlängen kürzer wurden, genau wie Raleighs Gleichung es angab. Doch schließlich erhöhte die zunehmende Größe der Energieeinheit für noch kürzere Wellenlängen die Schwierigkeit, genügend Energie an einen Punkt zu bekommen, um sie abzustrahlen. Es käme zu einem Gipfel; mit der weiteren Verkürzung der Wellenlänge ginge tatsächlich eine Verminderung der Strahlung einher.

Wenn sich die Temperatur erhöhte und die Wärme zunahm, wurde es einfacher, die größeren Energieeinheiten abzustrahlen; der Höhepunkt verlagerte sich dann zu den kürzeren Wellenlängen hin, genau wie es das Wiensche Strahlungsgesetz vorschrieb. Kurz: Die Einbeziehung der von Planck postulierten Energieeinheiten konnte das Problem der Hohlraumstrahlung vollständig lösen.

Planck nannte diese Energieeinheiten Quanten, was auf die lateinische Bezeichnung für »wieviel« *(quantum)* zurückgeht. Was bei der Lösung des Rätsels der Hohlraumstrahlung letztendlich aber zählte, war die Frage, wieviel Energie in den Quanten von Strahlen unterschiedlicher Wellenlänge steckt.

Im Jahre 1900 stellte Planck seine Quantentheorie und zugleich die erst durch sie möglich gewordene Gleichung für Hohlraumstrahlung vor (die sich sowohl bei langen als auch bei kurzen Wellenlängen mit den tatsächlichen Beobachtungen deckte). Diese Theorie erwies sich später als so bedeutend – weit bedeutender, als Planck es sich damals selbst vorstellen konnte –, daß heute die gesamte Physik vor 1900 als klassische und die nach 1900 als moderne Physik bezeichnet wird. Für seine Arbeit zur Hohlraumstrahlung erhielt Wien 1911 den Nobelpreis; Planck wurde 1918 damit ausgezeichnet.

3. Elektronen

Die Teilung der Elektrizität

Die frühen Experimente mit Elektrizität wurden an Objekten mit einer ziemlich geringen elektrischen Ladung durchgeführt. Doch 1746 erfand der holländische Physiker Pieter van Musschenbroek (1692–1761), der damals an der Universität von Leiden lehrte, die sogenannte Leidener Flasche, in die man eine große Menge elektrischer Ladung pumpen konnte.

Je größer die Ladung ist, desto größer ist auch der Druck zur Entladung. Wenn eine Leidener Flasche mit einem anderen Gegenstand in Berührung gebracht wird, fließt die Elektrizität in diesen Gegenstand, und die Flasche entlädt sich. (Kommt ein Mensch damit in Berührung, so erhält er einen mit Sicherheit schmerzhaften Stromstoß.)

Wenn eine Leidener Flasche eine hinreichend große elektrische Ladung enthält, braucht kein direkter Kontakt hergestellt zu werden. In diesem Fall muß man die Flasche nur in die Nähe eines Gegenstands bringen, der sie entladen kann; die elektrische Ladung springt dann von der Flasche auf den anderen Gegenstand über und überbrückt die dazwischenliegende Luft.

Das Ergebnis sind ein Lichtblitz und ein Knistern. Das Licht ist nicht die Elektrizität selbst; vielmehr erhitzt die Elektrizität – was immer sie sein mag – die Luft, wenn sie durch diese hindurchgeht. Die Luft wird dann kurzfristig heiß genug, um Licht abzustrahlen. Aufgrund der Erwärmung dehnt sich die Luft außerdem aus. Wenn die Entladung abgeschlossen ist, zieht sich die Luft wieder zusammen und erzeugt so das knisternde Geräusch.

Einige Forscher erkannten eine Ähnlichkeit zwischen dem Licht und dem Knistern bei der Entladung einer Leidener Flasche und dem Blitz und Donner bei einem Sturm. Waren Blitz und Donner vielleicht die Entladung einer gigantischen »Leidener Flasche« in den Wolken?

1752 erbrachte Benjamin Franklin den Beweis dafür, indem er während eines Gewitters einen Drachen steigen ließ und so die Ladung des Blitzes über eine Schnur in eine ungeladene Leidener Flasche fließen ließ. Die Ladung der Flasche zeigte, daß die Elektrizität vom Himmel die gleichen Eigenschaften wie Elektrizität hatte, die auf der Erde erzeugt wurde.

Aber was ist mit der Elektrizität selbst, die sich in dem geladenen Gegenstand oder in dem von der erhitzten Luft erzeugten Licht birgt? Eine Möglichkeit bestünde darin, die Elektrizität durch ein Vakuum hindurch zu entladen, um herauszufinden, wie die reine Elektrizität aussah. Bereits 1706 gelang einem englischen Physiker, der mit geladenen Objekten arbeitete, die weit weniger intensiv waren als eine Leidener Flasche, eine Entladung durch ein ausgepumptes Gefäß; dabei erhielt er Licht.

Damals war es aber noch nicht möglich, ein Gefäß vollständig zu evakuieren. Ein Rest Luft blieb doch darin, und dieser reichte aus, um aufzuglühen, wenn Elektrizität hindurchfloß. Das war aber nicht die Elektrizität selbst. Um reine Elektrizität zu erhalten, waren zwei Dinge nötig. Das eine war ein Gefäß, das so gut ausgepumpt war, daß die darin verbliebenen Spuren von Luft nicht ausreichten, um die Elektrizität zu stören. Das andere war ein Verfahren, um

Elektrizität in größerer Menge durch ein gutes Vakuum zu zwingen. Eine Leidener Flasche mochte sich vielleicht dafür eignen, aber ihre Entladung dauerte nur einen Augenblick lang. Gab es eine Möglichkeit, die Elektrizität über einen längeren Zeitraum fließen zu lassen?

Das zweite Problem wurde 1800 von dem italienischen Physiker Alessandro Giuseppe Volta (1745–1827) gelöst. Er zeigte, daß man Elektrizität erzeugen konnte, wenn zwei verschiedene Metalle gleichzeitig in eine Salzlösung getaucht wurden. Dies wurde von einer chemischen Reaktion begleitet; solange diese Reaktion andauerte, wurde ständig Elektrizität produziert. Wenn ein Teil der Elektrizität durch einen Draht abgezogen wurde, floß sie so lange durch den Draht, wie sie durch chemische Reaktion erzeugt wurde.

Auf diese Weise wurde es möglich, anstatt einer nur stationären elektrischen Ladung einen elektrischen Strom zu erhalten. Um einen starken Stromfluß zu erzeugen, setzte Volta eine Reihe von Kombinationen zweier Metalle ein, zwischen denen sich Salzwasser befand. Jede Anordnung ähnlicher Gegenstände wird als Batterie bezeichnet; Volta hatte eine elektrische Batterie erfunden.

Sobald Volta seine Entdeckung bekanntgegeben hatte, begannen Wissenschaftler damit, größere und bessere Batterien zu konstruieren; nicht einmal eine Generation später entwickelte Faraday eine Methode, um elektrischen Strom viel billiger durch Verbrennung von Brennstoffen zu erzeugen. Damit war es kein Problem mehr, einen elektrischen Strom zu produzieren, der stark genug war, durch ein gutes Vakuum zu dringen – falls ein gutes Vakuum vorhanden war.

Für ein solches Vakuum sorgte der deutsche Erfinder Johann Heinrich Wilhelm Geißler (1814–1879), der 1855 eine Luftpumpe entwickelte, die gegenüber allen vorher benutzten Pumpen eine deutliche Verbesserung darstellte. Anstatt mechanische Vorrichtungen mit beweglichen Teilen zu verwenden, setzte Geißler nur steigendes und fallendes Quecksilber ein. Das Quecksilber schloß bei jeder Veränderung des Pegels ein wenig Luft ein und entfernte sie. Es war ein langsamer Vorgang, aber als diese Quecksilberluftpumpe fertig war, konnte man bereits 99,9 Prozent der Luft aus einem Gefäß entfernen.

Geißler war ein ausgezeichneter Glasbläser. Er fertigte Gefäße an, in denen an den gegenüberliegenden Enden zwei Metallstücke eingeschlossen waren; diese Gefäße wurden evakuiert. Solche Gefäße wurden von Geißlers Freund und Mitarbeiter, dem deutschen Physiker Julius Plücker (1801–1868), als Geißlersche Röhren bezeichnet. Plücker verband die beiden in der Röhre eingeschlossenen Metallstücke mit den entgegengesetzten Polen eines stromerzeugenden Geräts (Spannungswelle). Eines dieser Metallstücke (Elektroden) wurde deshalb positiv geladen und als Anode bezeichnet, während die andere negativ geladen wurde und die Bezeichnung Kathode erhielt.

Diese Begriffe wurden zuerst von Faraday benutzt. Das Wort für die positiv geladene Anode stammt aus dem Griechischen und bedeutet »Hinaufweg«, die Bezeichnung für die negativ geladene Kathode entsprechend »Hinabweg«. Seit der Zeit Benjamin Franklins glaubte man, Strom fließe von positiv nach negativ, d. h. von der Anode (höher) zur Kathode (tiefer), ebenso wie Wasser von einem höheren Punkt zu einem tieferen fließt.

Plücker schickte durch das Vakuum einer Geißlerschen Röhre Strom, wobei nunmehr nicht genug Luft vorhanden war, um ein sichtbares Glühen zu erzeugen – aber es gab trotzdem ein Glimmen. Es handelte sich um ein grünliches Glimmen in der Nähe der Kathode, das *immer* nur bei der

1

2

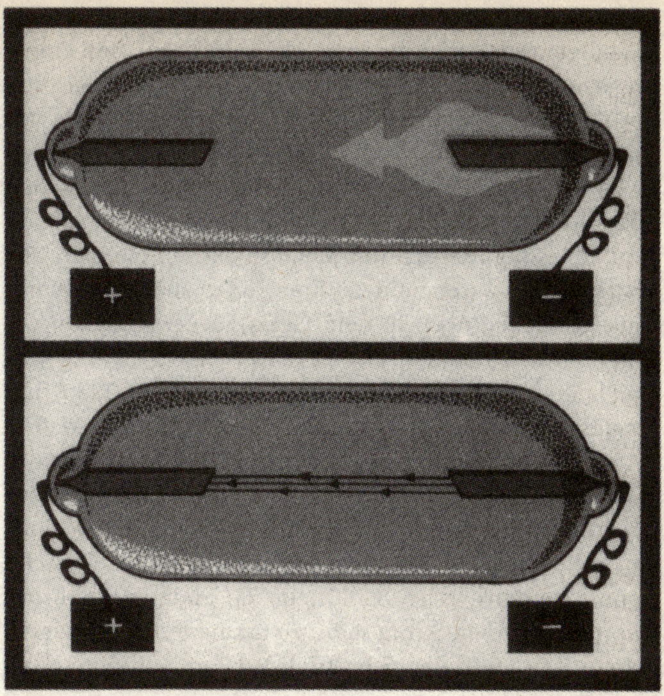

1858 berichtete Julius Plücker von einem grünlichen Glühen um die negativ geladene Kathode in einer fast evakuierten Geißlerschen Röhre. Dies war der erste Hinweis darauf, daß Benjamin Franklins Vermutung über die Richtung des Stromflusses falsch sein könnte.
2. 1876 behauptete Eugen Goldstein, das Glühen hänge mit dem Strom selbst zusammen. Den Stoff, der das Vakuum überbrückte, nannte er *Kathodenstrahlen*. Elektrischer Strom fließt von der Kathode zur Anode.

Kathode auftrat. 1858 veröffentlichte Plücker seine Beobachtungen; sie waren der erste Hinweis darauf, daß Franklin vielleicht falsch geraten hatte und der Strom nicht von der Anode zur Kathode, sondern von der Kathode zur Anode floß.

Konnte dieses grünliche Glimmen den reinen elektrischen Strom selbst darstellen? Plücker war sich nicht sicher. Er glaubte, es könnte sich um Metallstückchen handeln, die abgebrochen waren und glühten, oder auch um feinste Gasstreifen, die noch in dem Gefäß zurückgeblieben waren.

Der deutsche Physiker Eugen Goldstein (1850–1930) untersuchte das Phänomen sorgfältig und stellte fest, daß es keine Rolle spielte, welches Gas in dem Gefäß war, bevor es abgepumpt wurde. Genausowenig kam es darauf an, aus welchem Metall Anode und Kathode bestanden. Das einzige, was sich in allen Fällen deckte, war der elektrische Strom. Deshalb vertrat Goldstein die Meinung, daß das Glimmen mit dem Strom selbst zu tun hatte. 1876 bezeichnete er den Stoff, der sich durch Vakuum ausbreitete, als Kathodenstrahlen.

Dieser Name implizierte, daß der Strom von der Kathode abgegeben wurde und zur Anode wanderte. Das Glas glühte an der Anodenseite der Röhre tatsächlich so, als ob es von den Kathodenstrahlen getroffen und unter Strom gesetzt würde.

1869 zeigte der deutsche Physiker Johann Wilhelm Hittorf (1824–1914), ein ehemaliger Student von Plücker, daß ein fester Gegenstand, der vor der Kathode in die Röhre eingeschlossen war, einen Schatten auf das Glimmen an der Anode warf. Ganz eindeutig bewegte sich etwas von der Kathode weg, wobei ein Teil davon durch den Gegenstand aufgehalten wurde.

Der englische Physiker William Crookes (1832–1919) entwickelte noch bessere Geräte zur Herstellung eines Vakuums und konstruierte 1878 eine Röhre, in der im Vergleich zu Geißlerschen Röhren nur $^1/_{75\,000}$ der Luftmenge verblieb. Alle derartigen Röhren sollten später unter dem Begriff Kathodenstrahlröhren zusammengefaßt werden. Da sich die Kathodenstrahlen nun deutlicher zeigten, konnte Crookes demonstrieren, daß sie sich auf geraden Bahnen bewegten und sich mit ihrer Hilfe sogar ein kleines Rädchen zum Drehen bringen ließ.

Aber was floß eigentlich aus den Kathoden? Bestanden die Kathodenstrahlen aus Teilchen oder aus Wellen? Beide Möglichkeiten fanden Befürworter bei den Wissenschaftlern, so daß es zu einer Art Neuauflage des Streits zwischen Newton und Huygens über das Licht kam. Im Falle der Kathodenstrahlen waren die Argumente zugunsten der Teilchenhypothese ungefähr dieselben wie beim Licht; das Hauptargument lautete, die Kathodenstrahlen würden einen klar umrissenen Schatten werfen.

Die Tatsache, daß beim Licht das Teilchenmodell eine entscheidende Niederlage erlitten hatte, ließ jedoch eine Reihe von Wissenschaftlern zögern, die nicht wieder auf der Verliererseite stehen wollten. (Generälen macht man oft den Vorwurf, sie seien immer für den vergangenen Krieg gerüstet. Wissenschaftler sind auch nur Menschen und erinnern sich an frühere Schlachten, so daß sie mitunter dazu neigen, alte Erfahrungen auf neue Erscheinungen anzuwenden.)

Die Wellentheorie von Kathodenstrahlen wurde am stärksten von Hertz, dem Entdecker der Radiowellen, unterstützt. 1892 wies er nach, daß Kathodenstrahlen sehr dünne Metallschichten durchdringen konnten. Es erschien ihm unwahrscheinlich, daß Teilchen dazu in der Lage sein sollten; doch bei Wellen war das natürlich möglich, denn wenn die Metallschichten dünn genug waren, konnten sogar Lichtwellen sie durchdringen.

Hertz' Schüler Philipp Eduard Anton von Lenard (1862–1947) versah eine Kathodenstrahlröhre sogar mit einem schmalen »Fenster« aus Aluminium. Die Kathodenstrahlen konnten durch das Fenster sprühen und ins Freie gelangen. Wenn es sich bei den Kathodenstrahlen um Wellen von ganz geringer Länge handelte, würden sie sich auf einer geraden Bahn bewegen und, genau wie Lichtwellen, scharfe Schatten werfen. Anfang der 90er Jahre des 19. Jahrhunderts gewann die Wellentheorie der Kathodenstrahlen deshalb für eine Weile die Oberhand.

Wenn die Kathodenstrahlen aber von der negativ geladenen Kathode ausgingen, trugen sie dann nicht vielleicht eine negative elektrische Ladung? Falls dies zutraf, konnte es durchaus ein Hinweis darauf sein, daß Kathodenstrahlen keine Wellen waren, denn keine zu dieser Zeit bekannte Welle trug eine noch so kleine elektrische Ladung. Und wenn Kathodenstrahlen eine elektrische Ladung transportierten, sollten sie durch ein elektrisches Feld beeinflußbar sein.

1883 überprüfte Hertz die Hypothese. Er schickte Kathodenstrahlen zwischen zwei parallelen Metallplatten hindurch, von denen die eine positiv und die andere negativ geladen war. Falls die Kathodenstrahlen geladen wären, sollten sie von ihrer geradlinigen Bahn abweichen, was sie aber nicht taten. Hertz schloß daraus, daß sie ungeladen waren, und dies sprach ebenfalls für die Wellentheorie.

Was Hertz aber nicht bemerkte, war die Tatsache, daß sich die Kathodenstrahlen viel schneller ausbreiten, als er erwartet hatte; sie waren also bereits über die Platten hinaus, bevor sie überhaupt merklich abweichen konnten. Das hätte man in den Griff bekommen können, wenn die Platten ausreichend stark geladen gewesen wären, aber das war nicht der Fall. Die Kombination aus schnellen Kathodenstrahlen und schwach geladenen Platten ließ die Abweichung von der geraden Bahn nicht sichtbar werden, so daß Hertz' Schlußfolgerung nicht zutraf. (Wissenschaftliche Experimente sind nicht immer das letzte Wort. Ein bestimmtes Experiment, und sei es noch so ehrlich und intelligent durchgeführt, kann aus einer Vielzahl von Gründen zum falschen Ergebnis führen. Deshalb ist es wichtig, daß Experimente von anderen Wissenschaftlern überprüft werden, die dafür andere Instrumente, andere Bedingungen und, wenn möglich, sogar andere Ideen verwenden.)

So zeigte 1895 Perrin (der im darauffolgenden Jahrzehnt die Realität von Atomen demonstrieren sollte), daß Kathodenstrahlen eine große negative Ladung abgeben konnten, wenn sie auf einen Zylinder trafen. Es war schwer vorstellbar, wie Kathodenstrahlen eine negative Ladung von der Kathode zu dem Zylinder befördern sollten, ohne unterwegs selbst Träger der negativen Ladung zu sein. Dies stellte Hertz' Ergebnis nachhaltig in Frage.

Daraufhin beschloß der britische Physiker Joseph John Thomson (1856–1940), Hertz' Experiment mit den elektrisch geladenen Platten zu wiederholen. Thomson hatte den Vorteil, daß er wußte, wie schnell Kathodenstrahlen sich fortpflanzten. 1894 schätzte er, daß sie sich mit einer Geschwindigkeit von 200 km/s ausbreiteten. Wichtiger noch: Er hatte eine besser ausgepumpte Vakuumröhre zur Verfügung als vor ihm Hertz; außerdem verwendete er elektrisch geladene Platten mit einer beträchtlich stärkeren Ladung.

1897 schickte Thomson Kathodenstrahlen zwischen seinen geladenen Platten hindurch und stellte fest, daß das elektrische Feld eine bestimmte Krümmung von der negativ geladenen Platte weg zur positiv geladenen Platte hin bewirkte. Das überzeugte ihn und auch seine Kollegen davon, daß Kathodenstrahlen aus beschleunigten Kathodenstrahlteilchen bestanden, von denen jedes eine negative elektrische Ladung trug.

In diesem Fall lautete das Urteil umgekehrt als beim Licht. Dort hatten die Wellen die Teilchen ausgestochen. Bei den Kathodenstrahlen siegten die Teilchen über die Wellen. (Wie wir allerdings noch sehen werden, war keiner der beiden Siege absolut. Es kommt in der Wissenschaft häufig vor, daß die Wahl zwischen zwei Alternativen nicht so eindeutig ist, wie es zunächst den Anschein hat.)

Kathodenstrahlteilchen

Das Ausmaß, in dem ein geladenes Teilchen von einem elektrischen Feld abgelenkt wird, hängt von drei Faktoren ab: der Größe der von dem Teilchen transportierten elektrischen Ladung, seiner Geschwindigkeit und seiner Masse. Die Ablenkung eines geladenen Teilchens durch ein *magnetisches* Feld hängt von den gleichen drei Faktoren ab, aber in einer anderen Weise als bei der Ablenkung durch ein elektrisches Feld. Hätte Thomson beide Arten der Ablenkung gemessen, so könnte man aus den beiden Messungen das Verhältnis der Ladung zur Masse der Teilchen berechnen. Danach könnte man, wenn die Größe der elektrischen Ladung der Teilchen bekannt ist, auch ihre Masse ausrechnen.

Es war nicht ganz unmöglich, die elektrische Ladung zu errechnen. Faraday hatte sich ausführlich damit beschäftigt, auf welche Weise elektrischer Strom chemische Reaktionen hervorrief, und 1832 die nach ihm benannten Gesetze der Elektrolyse aufgestellt. Anhand dieser Gesetze und genauer Messungen der Menge an Elektrizität, die notwendig war, die Abscheidung einer bestimmten Menge an Metall aus einer Lösung seiner Verbindungen zu bewirken, konnte man die Größe der elektrischen Ladung berechnen, die zur Abscheidung eines einzigen Metallatoms notwendig war.

Man schien also allen Grund zu der Annahme zu haben, daß es sich bei der elektrischen Ladung, die an der chemischen Veränderung eines einzelnen Atoms beteiligt war, gleichzeitig um die kleinste elektrische Ladung überhaupt handeln könne. Daher lag auch die Vermutung nahe, daß ein Kathodenstrahlteilchen Träger dieser kleinsten elektrischen Ladung sei. Mit anderen Worten: Ein Kathodenstrahlteilchen wäre für die Elektrizität das gleiche wie ein Atom für die Materie oder – wie gerade herausgefunden wurde – wie ein Quant für die Energie.

Ausgehend von dieser Annahme sowie den gemessenen Abweichungen der Kathodenstrahlteilchen durch ein elektrisches und magnetisches Feld bekannter Stärke, konnte Thomson die Masse eines einzelnen Kathodenstrahlteilchens berechnen. Er tat dies auch und erhielt für diese Leistung 1906 den Nobelpreis.

Die Ergebnisse waren überraschend. Was Atome von Materie angeht, war das zu Thomsons Zeit (wie auch heute) kleinste bekannte Atom das Wasserstoffatom. Man ist sich inzwischen sogar recht sicher, daß ein gewöhnliches Wasserstoffatom das kleinste Atom ist, das es überhaupt geben kann. Das Kathodenstrahlteilchen sollte dagegen eine Masse besitzen, die weit geringer war als die eines Atoms. Seine Masse beträgt nur $^1/_{1837}$ der Masse der kleinsten Atome.

Ein Jahrhundert lang waren sich die Wissenschaftler sehr

sicher, daß Atome die kleinsten Dinge überhaupt seien und ein einzelnes Atom das kleinste »Etwas« mit Masse darstelle. Nun wurde diese Ansicht erschüttert oder mußte zumindest modifiziert werden, doch die notwendige Korrektur brauchte nicht unbedingt sehr groß auszufallen. Nach den Experimenten Thomsons konnte man argumentieren, daß Atome immer noch die kleinsten Teile von *Materie* seien, die existieren können. Elektrizität dagegen, konnte man behaupten, sei nicht Materie, sondern eine Form von Energie, die viel feiner sei als Materie. Von diesem Standpunkt aus sollte es nicht weiter überraschen, daß die Kathodenstrahlteilchen, die man als »Elektrizitätsatome« betrachten konnte, viel kleiner waren als Materieatome.

Vielleicht war die »Kleinheit« der Kathodenstrahlteilchen dafür verantwortlich, daß elektrischer Strom durch Materie fließen konnte und die Teilchen sogar dünne Metallschichten durchdrangen. Letzteres wurde als gewichtiges Indiz dafür gewertet, daß es sich nicht um Teilchen handeln konnte, aber als das Phänomen zum ersten Mal beobachtet wurde, hatte man keine Vorstellung davon, *wie klein* die Teilchen waren. (Wenn eine wichtige Information fehlt, können Experimente selbst die besten Wissenschaftler in die Irre führen.)

Da das Kathodenstrahlteilchen viel kleiner als jedes Atom ist, bezeichnet man es als subatomares oder Elementarteilchen. Es war das erste Elementarteilchen, das überhaupt entdeckt wurde, aber es sollte nur der Anfang einer ganzen Flut von Teilchen sein, die unsere Vorstellung von der Struktur der Materie vollständig auf den Kopf stellten. Ihre Entdeckung erweiterte unser Wissen, revolutionierte unsere Technik und veränderte von Grund auf unsere Lebensweise. (Das Gebiet der Technik und unser Lebensstil sind nicht Gegenstand dieses Buches, aber die Tatsache verdient

erwähnt zu werden. Wie sehr wissenschaftliche Entdeckungen auch nach Elfenbeinturm aussehen mögen, besteht doch immer die Chance, daß sie auf vielfältige Weise tief in unser Leben eingreifen.)
Was wird als Kathodenstrahlteilchen bezeichnet? Wenn man etwas benennt, erweitert man noch nicht das Wissen darüber, aber es wird leichter, sich darauf zu beziehen und darüber zu diskutieren. 1891 hatte der irische Physiker George Johnston Stoney (1826–1911) vorgeschlagen, die kleinste elektrische Ladung, die man aus den Faradayschen Gesetzen ableiten konnte, Elektron zu nennen. Thomson gefiel der Name, aber er bezeichnete damit das Teilchen und nicht die elektrische Ladung, die es transportierte. Der Name wurde beibehalten und wurde selbst für die nichtwissenschaftliche Öffentlichkeit ein Begriff (man denke nur an all die elektronischen Geräte wie Fernseher und Plattenspieler, mit denen wir es zu tun haben). Man kann also festhalten, daß Thomson 1897 das Elektron entdeckte.

Röntgenstrahlen

Im vorhergehenden Kapitel erwähnte ich, daß irgendwann auch elektromagnetische Strahlung entdeckt wurde, die weit jenseits von Ultraviolett im kurzwelligen Bereich lag. Ich bin dabei nicht ins Detail gegangen, aber nun ist es an der Zeit, diese Strahlung zu behandeln.
In den 90er Jahren des 19. Jahrhunderts arbeitete der deutsche Physiker Wilhelm Conrad Röntgen auf seine ganz besondere Weise mit Kathodenstrahlen. Anders als Hertz oder Thomson interessierte ihn nicht ihre Beschaffenheit, sondern ihre Wirkung auf bestimmte Chemikalien. Wenn Kathodenstrahlen auf diese auftrafen, lumineszierten die

chemischen Stoffe; d. h. die chemischen Substanzen erhielten von den Kathodenstrahlen zunächst Energie, um diese anschließend wieder in Form von Strahlung als sichtbares Licht zu verlieren.
Einer der Stoffe, die beim Auftreffen von Kathodenstrahlen lumineszierten, war eine Verbindung namens Bariumtetrazyanoplatinat. Röntgen hatte in seinem Labor Papierstreifen, die mit dieser Verbindung überzogen waren.
Die Lumineszenz war recht schwach; um sie möglichst gut beobachten zu können, verdunkelte Röntgen deshalb den Raum und deckte die Experimentiervorrichtung mit Bogen aus schwarzem Karton ab. Er konnte so in einen vollständig dunklen, abgeschlossenen Raum blicken. Wenn er den elektrischen Strom anschaltete, durchliefen die Kathodenstrahlen die Röhre, durchdrangen die dünne Wand auf der anderen Seite, fielen auf chemisch beschichtetes Papier und lösten eine Lumineszenz aus, die er beobachten und erforschen konnte.
Am 5. November 1895 schaltete Röntgen den Strom ein und sah dabei aus dem Augenwinkel einen schwachen Lichtblitz *außerhalb* der Apparatur. Er blickte auf und stellte fest, daß einer der mit Bariumtetrazyanoplatinat beschichteten Bogen, der ein gutes Stück von der Vorrichtung entfernt war, lebhaft lumineszierte.
Röntgen stellte den Strom ab, und das beschichtete Papier verdunkelte sich. Er schaltete ihn an, und das Papier glühte erneut. Er brachte es in einen anderen Raum und ließ die Jalousien herunter, um den Raum zu verdunkeln. Als er die Kathodenstrahlröhre anschaltete, glühte das beschichtete Papier sogar im Nebenzimmer.
Röntgen glaubte, die Kathodenstrahlröhre produziere eine Strahlung, die nicht aus Kathodenstrahlen bestand und im Gegensatz zu dieser sogar Pappe und die Wand zwischen

den beiden Zimmern durchdringen konnte. Am 28. Dezember 1895 veröffentlichte er seinen ersten Bericht über diese neue Strahlung; da er keinerlei Vorstellung vom Wesen dieses neuartigen Phänomens hatte, nannte er sie X-Strahlen. Der Name wurde bis heute beibehalten. (Anm. d. Übersetzers: Während sich diese Bezeichnung international durchgesetzt hat, wird im deutschsprachigen Raum die Bezeichnung »Röntgenstrahlen« verwendet.) Röntgen erhielt 1901 einen Nobelpreis, als diese Auszeichnung zum ersten Mal überhaupt verliehen wurde.
Nun ergaben sich für die Röntgenstrahlen das gleiche Problem und die gleiche Unsicherheit wie zuvor schon für Licht und Kathodenstrahlen. Einige Physiker waren der Ansicht, Röntgenstrahlen seien Teilchenströme, andere hielten sie für Wellen. Von den letzteren glaubte wiederum ein Teil (darunter Röntgen selbst), es handle sich wie bei Schallwellen um Längswellen. Andere dagegen hielten sie wie die Lichtwellen für Querwellen. Wenn sie Querwellen waren, konnten sie eine Art elektromagnetische Strahlung darstellen, deren Wellenlängen viel kürzer als die von ultraviolettem Licht waren – ebenso wie die kurz zuvor entdeckten Radiowellen Wellenlängen hatten, die viel länger als die des infraroten Lichts waren.
Das Problem bestand darin, wie man sich zwischen den Alternativen entscheiden sollte. Licht wurde als Wellen identifiziert, weil es Interferenzerscheinungen aufwies. Um diese zu demonstrieren, ließ man Licht durch zwei dicht nebeneinanderliegende Schlitze fallen. Die Interferenz konnte noch deutlicher gemacht werden, indem man Beugungsgitter verwendete: Glasscheiben, in die dicht nebeneinander parallele Striche eingeritzt waren. Licht, das durch die Zwischenräume zwischen den Strichen fiel, erzeugte deutlich sichtbare Interferenzerscheinungen, die es

erlaubten, mit großer Genauigkeit die jeweilige Wellenlänge zu messen.
Doch je kürzer die Wellenlänge ist, desto kleiner müssen die Abstände zwischen den Ritzen sein. Beugungsgitter würden bei Röntgenstrahlen nicht funktionieren, wenn es sich dabei um Querwellen mit extrem kurzer Wellenlänge handelte. Dann kam der deutsche Physiker Max Theodor Felix von Laue (1879–1960) auf den Gedanken, daß es gar nicht nötig sei, sich an der Herstellung eines Beugungsgitters mit ungeheuer dicht nebeneinanderliegenden Ritzen zu versuchen. Die Natur hatte das schon vorher erledigt.
Kristalle bestehen aus Atomen und Molekülen einer Substanz, die in einem fast unendlich gleichmäßigen System angeordnet sind. Man kann dies sowohl an der Form von Kristallen ablesen als auch an ihrer Neigung, so in bestimmte Ebenen auseinanderzubrechen, daß sie ihre ursprüngliche Form beibehalten. Es ist, als würden sie »maserungsbedingt« entlang einer Ebene aufbrechen, die sich zwischen zwei nebeneinanderliegenden Schichten von Molekülatomen befindet. Warum sollten Röntgenstrahlen, fragte sich Laue, eigentlich nicht zwischen den Schichten durch die Kristalle hindurchdringen? Ein Kristall konnte als Beugungsgitter dienen, dessen Ritzen nicht weiter auseinander lagen als die Schichten seiner Atome, und dies wiederum konnte auf Röntgenstrahlen eine Interferenzwirkung haben.
Wenn Röntgenstrahlen durch ein Objekt geschickt werden, in dem Atome und Moleküle beliebig verstreut liegen, werden auch die Röntgenstrahlen willkürlich in alle Richtungen gestreut. Es kommt zu einem einheitlichen Schatteneffekt, der im Zentrum am stärksten ausgeprägt ist und sich nach außen hin in alle Richtungen abschwächt.
Werden Röntgenstrahlen hingegen durch einen Kristall

mit gleichmäßig angeordneten Schichten von Atomen und Molekülen geschickt, erzeugen sie Beugungsmuster; die Fotoplatte zeigt dann charakteristische Licht- und Schattenpunkte, die um das Zentrum herum ein symmetrisches Muster ergeben.

1912 führte Laue das Experiment mit den Röntgenstrahlen an einem Kristall aus Zinksulfid durch. Es funktionierte perfekt: Die Röntgenstrahlen verhielten sich genau so, wie man es von sehr kurzen Querwellen erwartete. Damit war die Frage geklärt. Laue erhielt für seine Arbeit 1914 den Nobelpreis.

Der britische Physiker William Henry Bragg (1862–1942) erkannte gemeinsam mit seinem Sohn William Lawrence Bragg (1890–1971), seinerzeit Physikstudent in Cambridge, daß man die Röntgenbeugung einsetzen konnte, um die tatsächliche Wellenlänge von Röntgenstrahlen zu bestimmen, wenn der Abstand zwischen den Atomschichten in dem für die Beugung verwendeten Kristall bekannt wäre. Dies gelang ihnen 1913, als sie zeigten, daß die Wellenlänge von Röntgenstrahlen irgendwo zwischen $^1/_{50}$ und $^1/_{50\,000}$ der Wellenlänge von sichtbarem Licht lag. Dafür teilten sie sich 1915 den Nobelpreis.

Elektronen und Atome

Wenn man sich einmal die Zeit nimmt, darüber nachzudenken, wird klar, daß Elektronen möglicherweise in der Materie existieren. Kehren wir noch einmal zu den frühen Untersuchungen der Elektrizität zurück, als man eine elektrische Ladung einfach dadurch aufbaute, daß man an einem Glasstab oder an einem Stück Bernstein rieb. Funktionierte dies nicht deshalb, weil Elektronen vom geriebenen zum reibenden Objekt oder umgekehrt wanderten? Jeder Stoff, der zusätzliche Elektronen erhält, sammelt eine negative Ladung an, während jeder Stoff, der einen Teil seiner Elektronen verliert, eine positive Ladung anhäuft. Falls dies so ist, müssen die Elektronen aber von Anfang an in der Materie vorhanden sein, damit sie in der einen oder anderen Richtung übertragen werden können.

Noch einmal: Ein elektrischer Strom könnte aus Elektronen bestehen, die sich durch das Material hindurchbewegen, in dem der Strom fließt. Wenn der elektrische Strom in einer Kathodenstrahlröhre die Kathode erreicht, sammeln sich dort somit Elektronen an (und verleihen ihr eine negative Ladung, was sie erst zu einer Kathode macht) und werden als Strom von Kathodenstrahlteilchen in das Vakuum gezwungen.

Der elektrische *Impuls* pflanzt sich mit Lichtgeschwindigkeit fort; wenn man also einen Draht von einem Telefon in New York zu einem Telefon in Los Angeles spannt, kann eine Stimme den Stromfluß in New York so modulieren, daß die Stimme $^1/_{60}$ Sekunde später in Los Angeles wiedergegeben wird. Die Elektronen selbst, die ja von Atom zu Atom hüpfen, bewegen sich dagegen viel langsamer.

Das gleiche geschieht, wenn man einen Damestein mit dem Finger gegen eine lange Reihe anderer Spielsteine schnippt. Wenn der erste Stein getroffen wird, fliegt der letzte am anderen Ende der Reihe fast im selben Augenblick davon. Die Steine dazwischen bewegen sich kaum, aber der Impuls des Zusammendrückens und Ausdehnens bewegt sich mit Schallgeschwindigkeit durch die Reihe und stößt den letzten Stein weg.

Es war zwar recht wahrscheinlich, daß Elektronen in der Materie vorkommen konnten, aber aus irgendwelchen Gründen nahm man als gegeben an, daß diese Elektrizitätsteilchen ganz für sich und unabhängig von Atomen existierten, die man sich damals ohne bestimmte Eigenschaften und als nicht weiter teilbar vorstellte.

Die im 19. Jahrhundert aus chemischen Experimenten gewonnenen Kenntnisse legten zweifellos nahe, daß Atome unteilbar seien; eine reine Vermutung war jedoch, daß sie keine besonderen Merkmale besäßen. Nun sind Wissenschaftler aber auch nur Menschen, und in der Wissenschaft ist es nicht anders als in anderen Bereichen des menschlichen Denkens: Wenn eine Annahme lange genug vertreten wurde, erhält sie mitunter das Gewicht eines universalen Gesetzes. Man vergißt, daß es sich nur um eine Vermutung handelt, und kann sich nur schwer mit dem Gedanken anfreunden, daß sie vielleicht falsch sein könnte.

Betrachten wir in diesem Zusammenhang einmal die Tatsache, daß elektrischer Strom durch manche Lösungen wandern kann, durch andere hingegen nicht. Dieses Phänomen wurde erstmals systematisch von Michael Faraday untersucht.

Eine Lösung aus Speisesalz (Natriumchlorid) leitet beispielsweise Elektrizität; Volta fand dies bereits heraus, als er die erste elektrische Batterie konstruierte. Natriumchlorid ist damit ein Elektrolyt. Von einer Zuckerlösung wird elektrischer Strom *nicht* geleitet; Zucker ist deshalb ein Nichtelektrolyt.

Aus seinen Experimenten zog Faraday den Schluß, daß etwas in der Lösung negative Ladungen in die eine und positive Ladungen in die andere Richtung transportierte. Er wußte nicht genau, was die Ladung transportierte, aber er konnte dem Phänomen einen Namen geben. Nach dem griechischen Wort für Wanderer nannte er die Ladungsträger »Ionen«.

In den 80er Jahren des 19. Jahrhunderts ging der junge

schwedische Chemiestudent Svante August Arrhenius (1859–1927) das Problem auf andere Weise an. Reines Wasser hat einen festen Gefrierpunkt bei 0 °C. Ist in dem Wasser ein Nichtelektrolyt gelöst (wie beispielsweise Zukker), so gefriert es bei einer Temperatur von etwas unter 0 °C. Je mehr Zucker in dem Wasser gelöst ist, desto niedriger liegt der Gefrierpunkt. Die Senkung des Gefrierpunkts ist nämlich proportional zur Anzahl der im Wasser gelösten Zuckermoleküle. Das gleiche gilt auch für andere Nichtelektrolyte. Eine bestimmte Anzahl von Molekülen eines beliebigen Nichtelektrolyts senkt den Gefrierpunkt einer Lösung um den gleichen Betrag.

Bei den Elektrolyten stellt sich die Situation anders dar. Wenn Natriumchlorid in Wasser gelöst wird, sinkt der Gefrierpunkt genau doppelt so stark, wie man es nach der Anzahl der in Lösung befindlichen Moleküle eigentlich erwarten würde. Warum ist das so?

Ein Molekül Natriumchlorid besteht aus einem Natrium- (Na) und einem Chloratom (Cl), so daß seine Formel NaCl lautet. Wenn Natriumchlorid in Wasser gelöst wird, schlug Arrhenius vor, wird es entweder zerfallen oder sich in die beiden Atome Na und Cl auflösen. Für jedes Molekül NaCl außerhalb der Lösung habe man zwei halbe sozusagen in Lösung befindliche Moleküle Na und Cl. Es gebe daher doppelt so viele Teilchen in der Lösung wie angenommen, so daß auch die Senkung des Gefrierpunkts doppelt so stark sei. (Moleküle aus mehr als zwei Atomen sollten in drei oder sogar vier Teile zerfallen und den Gefrierpunkt drei- oder sogar viermal so stark sinken lassen wie erwartet.)

Ein gewöhnliches Zuckermolekül besteht aus 12 Kohlenstoff-, 22 Wasserstoff- und 11 Sauerstoffatomen, was insgesamt 45 Atome ergibt. Wenn sich Zucker in Wasser löst, zerfällt er aber nicht in Atome, sondern bleibt in seiner

1 2

3

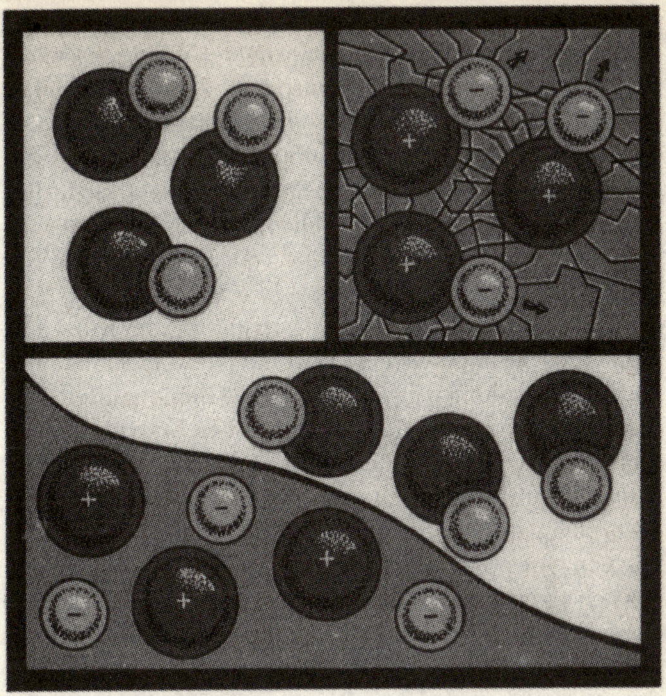

1. und 2. Wenn normales Kochsalz, also Natriumchlorid (NaCl), in Wasser gelöst wird, spaltet es sich in positiv geladene Natriumionen (Na^+) und negativ geladene Chloridionen (Cl^-) auf.
3. Atome innerhalb und außerhalb der Lösung.

molekularen Form erhalten. Somit gibt es in der Lösung genau die erwartete Anzahl von Molekülen; der Gefrierpunkt wird ebenfalls nur im erwarteten Umfang gesenkt.
Wenn sich Natriumchlorid aufspaltet, kann es sich aber nicht in normale Natrium- und Chloratome teilen. Die Eigenschaften von Natrium- und Chloratomen sind bekannt und lassen sich in einer Salzlösung nicht wiederfinden. Es muß etwas vor sich gehen, was das Natrium und Chlor aus gelöstem Natriumchlorid von gewöhnlichem Natrium und Chlor unterscheidet.
Für Arrhenius bestand die Antwort darin, daß jeder aufgespaltene Bestandteil des Natriumchloridmoleküls eine elektrische Ladung trug und daß dies die Ionen waren, von denen Faraday gesprochen hatte. Aus den Ergebnissen des Experiments, bei dem elektrischer Strom durch eine Natriumchloridlösung geleitet wurde, konnte man leicht folgern, daß jedes durch Aufspaltung entstandene Natriumteilchen eine positive Ladung trug und ein Natriumion war, das sich als Na^+ symbolisieren ließ, während jedes Chlorteilchen eine negative Ladung trug und ein Chloridion war (geschrieben als Cl^-). Erst die Tatsache, daß sich eine Flüssigkeit in solche geladenen Bestandteile aufspaltete, machte sie zu einem Elektrolyten, der elektrischen Strom leitete. Natriumionen und Chloridionen hatten ganz andere Eigenschaften als ungeladene Natrium- und Chloratome. Das ist auch der Grund dafür, daß eine Salzlösung eine harmlose Substanz ist, während Natrium und Chlor beide lebensgefährlich sind. Nichtelektrolyte wie Zucker, die nicht aufgespalten werden, besitzen auch keine geladenen Bestandteile, die eine elektrische Ladung tragen können, und leiten deshalb auch keinen elektrischen Strom.
1884 formulierte Arrhenius die Theorie der elektrolytischen Dissoziation in seiner Doktorarbeit. Der Prüfungs-

ausschuß konnte sich nicht für die Arbeit erwärmen, denn man wollte keine Theorie akzeptieren, in der von elektrisch geladenen Atomen die Rede war. Wie konnten Atome eine elektrische Ladung tragen, wenn sie doch weder besondere Eigenschaften besaßen noch zur Veränderung fähig waren? (Die Prüfer waren Gefangene dieser Annahme.)

Der Ausschuß konnte die Doktorarbeit praktisch nicht ablehnen, weil sie absolut schlüssig argumentierte und dabei viele Dinge erklärte, die auf andere Weise nicht zu lösen waren. Trotzdem wurde die Arbeit nur mit der schlechtesten Notenstufe angenommen, die vergeben werden konnte.

Als J. J. Thomson 13 Jahre später das Elektron entdeckte, wurde plötzlich offenkundig, daß Atome möglicherweise in der Lage waren, ein oder zwei zusätzliche Elektronen zu tragen oder ein oder zwei von denen zu verlieren, die sie normalerweise aufwiesen. Mit jedem Jahr kam es zu neuen Entdeckungen, die diese Möglichkeit immer wahrscheinlicher machten. 1903 erhielt Arrhenius einen Nobelpreis für genau die Theorie, die ihm 19 Jahre zuvor nur ganz knapp zum Doktortitel verholfen hatte.

Natürlich war es nicht restlos befriedigend, das Vorhandensein von Elektronen in Atomen nur vom Verhalten der Elektrolyten abzuleiten. Gab es eine Möglichkeit, Elektronen in Atomen direkt zu beobachten? Konnte man Elektronen beispielsweise aus Atomen herausschlagen und sie so nachweisen?

1887, als Hertz gerade mit dem Detektor experimentierte, mit dem er im folgenden Jahr die Existenz von Radiowellen beweisen sollte, gab es jedesmal einen Funken, wenn Elektrizität den Spalt an seinem Gerät überbrückte. Allerdings beobachtete er dabei etwas Merkwürdiges: Der Funke sprang immer dann leichter über, wenn Licht auf den Spalt fiel.

Da offensichtlich Licht eine Wirkung auf die elektrische Entladung haben mußte, wurde dies später als photoelektrischer Effekt oder kurz Photoeffekt bezeichnet; die Vorsilbe *photo-* kommt aus dem Griechischen und bedeutet »Licht«.

Bereits im folgenden Jahr, 1888, fand mit Wilhelm Hallwachs (1859–1922) ein anderer deutscher Physiker heraus, daß der Photoeffekt auf die beiden Arten elektrischer Ladung unterschiedlich wirkte. Ein Stück des Metalls Zink, das negativ geladen war, verlor diese Ladung, wenn es ultraviolettem Licht ausgesetzt wurde. War das gleiche Stück Zink aber positiv geladen, so wurde es von ultravioletter Strahlung nicht im geringsten beeinflußt und behielt seine Ladung. Hierfür gab es so lange keine einfache Erklärung, bis Thomson das Elektron entdeckte und die Vermutung aufkam, Elektronen könnten in der Materie vorhanden sein.

In diesem Falle sprang deshalb ein Funke über, weil Elektronen aus einer der Metallspitzen am Spalt herausgelöst wurden. Wenn Licht auf irgendeine Weise bewirkte, daß Elektronen ausgestoßen wurden, kam es leichter zur Funkenbildung. Ein negativ geladenes Stück Zink besaß also einen Überschuß an Elektronen; falls das Licht nun dafür sorgte, daß Elektronen ausgestoßen wurden, verlor das Zink seine Ladung. Zink mit einer positiven Ladung wies dagegen einen Mangel an Elektronen auf; da man aber von Licht nicht erwarten konnte, daß es Elektronen lieferte und diesen Mangel ausglich, blieb die positive Ladung unangetastet.

Zumindest erklärte man sich die frühen Beobachtungen des Photoeffekts so einfach. Doch für Wissenschaftler ist es eine empfehlenswerte Vorsichtsmaßnahme, sich nicht allzu schnell auf die einfache Erklärung zu stürzen. Manchmal gerät man dabei in eine Falle (wenn man beispielsweise meint, Kathodenstrahlen könnten nicht aus Teilchen bestehen, weil sie durch eine dünne Metallschicht dringen).

Nur weil Elektronen aus Materie herausgelöst werden, bedeutet das noch lange nicht, daß sie zwangsläufig von Anfang an in der Materie vorkommen. Einstein zeigte 1905 als Teil seiner speziellen Relativitätstheorie, daß Masse eine Form von Energie ist. Masse kann in Energie umgewandelt werden und Energie umgekehrt in Masse.

Licht enthielt Energie. War es somit möglich, daß Lichtenergie, die auf Metall auftraf, unter bestimmten Bedingungen in einen winzigen Bruchteil von Masse – ein Elektron – umgewandelt wurde, das ein Stückchen von der negativen Ladung des Metalls wegtrug? Auf diese Weise würden Elektronen auftauchen, die nie ein Bestandteil des Metalls gewesen waren.

Einsteins Theorie besagt aber nicht nur, daß sich Masse und Energie wechselseitig ineinander umwandeln lassen. Sie stellt eine einfache Gleichung auf, die zeigt, wieviel Masse in wieviel Energie und umkehrt umgewandelt werden kann. Aus ihr ergibt sich, daß sich selbst eine geringe Masse in eine beträchtliche Energiemenge umwandeln läßt und umgekehrt eine gewaltige Menge an Energie nötig ist, um auch nur wenig Masse zu erhalten.

Das Elektron ist ein besonders kleines Stückchen Masse, aber wie man bald herausfinden sollte, ist die zu seiner Erzeugung notwendige Energiemenge in ultravioletten Strahlen trotzdem nicht vorhanden. Der Photoeffekt kann also nicht das Ergebnis der Erzeugung von Elektronen aus Energie sein; er muß vielmehr vom Austreten der Elektronen herrühren, die in den Metallatomen bereits vorhanden sind.

Es bedarf weit weniger Energie, ein bereits vorhandenes Elektron herauszulösen, als es völlig neu zu erzeugen. Hier erwies sich damit die einfachere Lösung als richtig (es ist doch wirklich erfreulich, daß in der Wissenschaft auch das mitunter vorkommt).

Natürlich war es immer noch möglich, daß es sich bei dem, was aus dem Metall austrat, nicht um Elektronen handelte. Es konnten irgendwelche andersartigen negativ geladenen Teilchen sein. Doch 1899 ließ Thomson magnetische und elektrische Felder auf die austretenden Teilchen einwirken und fand heraus, daß sie die gleiche Masse und die gleiche elektrische Ladung wie Elektronen hatten. Nachdem diese beiden Eigenschaften übereinstimmten, gab es keinen Zweifel mehr, daß photoelektrische Teilchen Elektronen waren; auch seither hat man nichts gefunden, was diese Meinung ins Wanken gebracht hätte.

Elektronen und Quanten

1902 untersuchte Philipp Lenard den Photoeffekt und konnte dabei nachweisen, daß Elektronen auch dann immer die gleichen Eigenschaften aufwiesen, wenn sie von unterschiedlichen Metallen ausgestoßen wurden. Mit anderen Worten: Auch wenn es viele verschiedene Atome gab, waren sie doch alle mit nur einer einzigen Elektronenart verbunden. Da Wissenschaftler die Einfachheit schätzen, gab diese Neuigkeit Anlaß zur Hoffnung.

Andererseits entdeckte Lenard, daß Licht nicht immer gleich war, wenn es einen Photoeffekt induzierte. Oft kam es vor, daß rotes Licht nicht zu einem Austreten von Elektronen führte und auch eine Intensivierung des Lichts nichts half. Völlig unabhängig von der Stärke des Lichts kamen keine Elektronen zum Vorschein.

Wurde ein bestimmtes Metall aber Licht immer kürzerer Wellenlängen ausgesetzt, so kam man irgendwann an einen

Punkt, von dem an Elektronen ausgestoßen wurden. Die Wellenlänge, bei der dies geschieht, bezeichnet man als Schwellenwert.

Am Schwellenwert bewegen sich die austretenden Elektronen äußerst langsam; es wirkt so, als ob das Licht gerade genug Energie besitze, um sie herauszulösen, seine Wirkung dann aber erschöpft sei. Wenn das Licht am Schwellenwert verstärkt wird, werden mehr Elektronen ausgestoßen, aber sie bewegen sich immer noch sehr langsam.

Wird das Metall einem Licht ausgesetzt, dessen Wellenlänge immer kürzer als die des Schwellenwerts wird, so treten die Elektronen mit immer größerer Geschwindigkeit aus. Die Geschwindigkeit der Elektronen hängt von der Wellenlänge ab, während sich die Zahl der austretenden Elektronen nach der Stärke des Lichts richtet. Unterschiedliche Metalle haben auch verschiedene Schwellenwerte, gerade so, als ob einige Metalle Elektronen nicht so fest binden könnten wie andere.

Lenard fand dafür keine Erklärung; als sich J. J. Thomson darum bemühte, erging es ihm genauso. Die herkömmliche (d. h. klassische) Physik des 19. Jahrhunderts half nicht weiter. Als dann doch eine Lösung gefunden wurde, war dies der Quantentheorie zu verdanken, die fünf Jahre zuvor von Planck entwickelt worden war.

Planck hatte angenommen, daß die elektromagnetische Strahlung in Quanten von bestimmter Größe auftrete; je kürzer die Wellenlänge war, desto größer sollte auch der Energiegehalt des Quants sein.

Außerdem gilt: Je kürzer die Wellenlänge ist, desto größer ist die Anzahl der Wellen, die in einer Sekunde von der Strahlung erzeugt werden können. Die Zahl der Strahlungswellen pro Sekunde bezeichnet man als Frequenz. Je kürzer die Wellenlänge ist, desto höher ist also die Fre-

quenz. Somit kann man sagen, daß die Größe eines Quants proportional zu seiner Frequenz ist.
Bis 1905 war der Quantenbegriff nur in Zusammenhang mit der Hohlraumstrahlung verwendet worden. War es nicht vielleicht ein mathematischer Trick, der ausschließlich dieses Phänomen erklären konnte? Existierten Quanten *wirklich?*
Einstein, dessen theoretische Arbeit aus dem Jahre 1905 es wenige Jahre später ermöglichte, die Existenz von Atomen zu beweisen, befaßte sich im gleichen Jahr mit dem neuen Problem der Realität von Quanten.
Einstein war auch der erste, der die Quantentheorie ernst nahm und sie nicht nur für eine bequeme Methode hielt, lediglich das Problem der schwarzen Strahlung in den Griff zu bekommen. Er war zu der Annahme bereit, daß Energie immer und unter allen Bedingungen in Form von Quanten auftrat; damit mußten bei allen Problemen, die mit Energie zu tun hatten – und nicht nur bei der schwarzen Strahlung –, Quanten in die Überlegung einbezogen werden.
Das hieß, daß Strahlung in Quantenform existierte, wenn sie auf Materie auftraf. Sie traf als Quanten auf, und wenn sie absorbiert wurde, dann ebenfalls in Quantenform. In jedem Augenblick und an jeder Stelle wird immer ein ganzes Quant absorbiert – nicht mehr und nicht weniger.
Wenn das auftreffende Licht eine große Wellenlänge und eine niedrige Frequenz besitzt, sind die Quanten energiearm. Wird ein derartiges Quant absorbiert, so enthält es womöglich einfach nicht genug Energie, um ein Elektron aus einem bestimmten Atom herauszulösen. In einem solchen Fall wird das Quant als Wärme absorbiert; das Elektron schwingt dann möglicherweise schneller als zuvor, aber es spaltet sich nicht ab. Ist die Zufuhr an derartigen Quanten groß genug, kann ein Stoff zwar so viel Wärme absorbieren,

daß er schmilzt, aber niemals absorbiert ein einzelnes Atom genügend Wärme, um ein Elektron freizusetzen.

Wenn die Wellenlänge ab- und die Frequenz zunimmt, enthält das Quant mehr Energie, so daß am Schwellenwert gerade genug davon vorhanden ist, um ein Elektron herauszulösen. Es ist aber keine überschüssige Energie vorhanden, die als Bewegungsenergie in Erscheinung treten könnte; das Elektron bewegt sich deshalb nur sehr langsam.

Bei einer noch kürzeren Wellenlänge und noch energiereicheren Quanten ist genug zusätzliche Energie vorhanden, um ein Elektron mit beträchtlicher Geschwindigkeit herauszulösen. Je kürzer die Wellenlänge und je energiereicher die Quanten sind, desto schneller ist die Bewegung.

Je nach Beschaffenheit des Atoms sind die Elektronen zunächst fester oder lockerer gebunden und benötigen zu einer Ablösung entsprechend auch größere oder kleinere Quanten. Der Schwellenwert ist damit für jedes Element verschieden.

Die Quantentheorie konnte all das einleuchtend erklären, was man beim Photoeffekt beobachtet hatte. Dies war sehr beeindruckend. Wenn sich eine Theorie, die eigentlich zur Erklärung eines bestimmten Phänomens entwickelt worden war, auch für die Erklärung eines anderen Phänomens eignet, das mit dem ersten anscheinend in keinem Zusammenhang steht, dann ist es sehr verlockend, diese Theorie als Abbild der Realität zu übernehmen. (Hier sieht man ein Beispiel für den Nutzen einer Theorie, die völlig unterschiedliche Arten von Beobachtungen erklärt. Ohne die Quantentheorie könnte niemand den Zusammenhang zwischen schwarzer Strahlung und dem Photoeffekt erkennen – von anderen Erscheinungen ganz zu schweigen.) Für seine Arbeit über diesen Zusammenhang erhielt Einstein 1921 den Nobelpreis.

Wellen und Teilchen

Wenn Licht in Quanten vorkommt und sich alle Quanten einzeln schnell durch den Raum bewegen, verhalten sie sich in dieser Hinsicht wie Teilchen. Das Quant wurde sogar nach seinem Teilchenaspekt benannt. Wegen des Elektrons enden die meisten Teilchen auf -on; deshalb bezeichnete 1928 der amerikanische Physiker Arthur Holly Compton (1892–1962) ein solches sich schnell bewegendes Quant als Photon, abgeleitet von dem griechischen Wort für »Licht«.

Compton erfand diesen Namen zu Recht, denn 1923 zeigte er, daß sich Strahlen *tatsächlich* wie Teilchen verhielten – nicht nur, weil sie einzelne Teile von etwas waren, sondern weil sie sich so *verhielten*, wie es Teilchen taten. Je kürzer die Wellenlänge und je energiereicher die Quanten wurden, desto wahrscheinlicher war es auch, daß sie Eigenschaften aufwiesen, die normalerweise für Teilchen und nicht für Wellen als charakteristisch galten.

Compton untersuchte, wie Röntgenstrahlen von Kristallen gestreut wurden, und bemerkte dabei, daß bei einigen Röntgenstrahlen während der Streuung die Wellenlänge zunahm. Daraus ließ sich schließen, daß ein Teil der Energie des Röntgenquants an ein Elektron in dem Kristall abgegeben wurde. Compton glaubte, der Effekt komme durch Teilchen zustande – wie bei einer Billardkugel, die eine andere trifft, wobei die eine Kugel Energie verliert und die andere sie gewinnt. Als er eine mathematische Beziehung herstellte, die den Vorgang präzise beschrieb, entdeckte er, daß es sich tatsächlich so zu verhalten schien. Heute wird dies als Compton-Effekt bezeichnet.

Somit stellte sich heraus, daß zweieinhalb Jahrhunderte vorher sowohl Huygens als auch Newton jeweils im Besitz der halben Wahrheit gewesen waren. Licht bestand aus etwas, das sowohl Teilchen als auch Welle war. Das kann verwirrend sein. In der gewöhnlichen Welt, die uns umgibt, gibt es Wellen (wie etwa Wasserwellen) und Teilchen (wie z. B. Sandkörner), aber darüber herrscht Klarheit: Wellen sind Wellen, und Teilchen sind Teilchen.

Das Problem ist, daß Licht keine Ähnlichkeit mit den gewöhnlichen Dingen um uns herum hat und sich nicht in Kategorien pressen läßt, die nach den gleichen Kriterien aufgestellt werden. Wenn Licht auf eine bestimmte Weise untersucht wird, zeigt es Interferenzerscheinungen, wie es Wasserwellen tun. Bei einem anderen Untersuchungsansatz zeigen sich dagegen Energieübertragungen wie bei zusammenstoßenden Billardkugeln. Keine Beobachtung kann jedoch zeigen, daß Licht sich gleichzeitig wie eine Welle und wie ein Teilchen verhält. Man kann Licht entweder als das eine oder als das andere untersuchen, niemals aber als beides gleichzeitig.

So rätselhaft ist das hingegen gar nicht. Stellen Sie sich vor, Sie betrachten eine leere Eiswaffel von der Seite, so daß das breite Ende oben und die Spitze unten ist. Dann sieht die Silhouette wie ein Dreieck aus. Wenn Sie die Waffel danach so halten, daß Sie direkt auf die breite Öffnung blicken und die Spitze von Ihnen wegzeigt, wirkt die Silhouette wie ein Kreis. Falls dies die beiden einzigen Perspektiven sind, aus denen Sie die Eiswaffel betrachten können, dann können Sie die Tüte *entweder* nur als Kreis *oder* nur als Dreieck, niemals aber als beides zugleich wahrnehmen.

Sie könnten nun fragen, welche zweidimensionale Form die Waffel *wirklich* hat, aber die Antwort müßte lauten: »Es kommt auf den Blickwinkel an.« Auf dieselbe Weise könnte man darüber spekulieren, ob Licht nun in Wirklichkeit eine Welle oder ein Teilchen ist, aber erneut wäre die

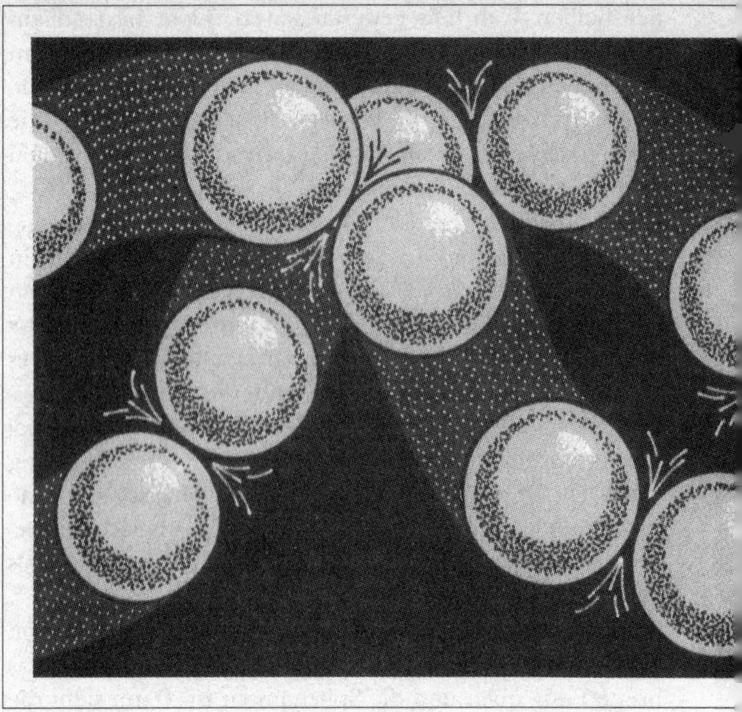

1923 entdeckte Arthur Holly Compton, daß sich Röntgenstrahlen wie Teilchen verhalten und Energie verlieren, wenn sie von Kristallen gestreut werden. Ein Röntgenstrahl verhält sich wie eine Billardkugel, die eine andere trifft und dabei Energie verliert, die die andere

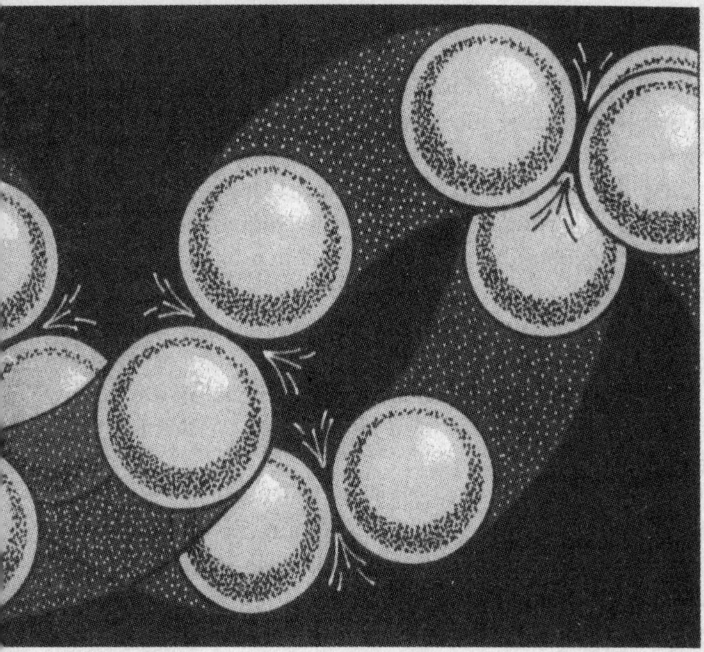

aufnimmt. Je kürzer die Wellenlänge und je energiereicher die Quanten sind, desto wahrscheinlicher weist der Strahl Eigenschaften auf, die eher für Teilchen als für Wellen charakteristisch sind.

Antwort: »Es kommt darauf an, wie man es jeweils betrachtet.«
Ein bedeutender Nebeneffekt der Teilchennatur des Lichts war, daß sie den lichtfortpflanzenden Äther überflüssig machte. Nachdem er ein Jahrhundert lang in der Vorstellung von Naturwissenschaftlern existiert und während dieser Zeit die Notwendigkeit, ihn zu erklären, zu immer größerer Verwirrung geführt hatte, verschwand er so, als ob es ihn nie gegeben hätte – und tatsächlich hatte es ihn ja auch nie gegeben.
Wenn etwas, das zunächst wie eine Welle erschienen war, nun mit einem Teilchenaspekt aufwartete, war es dann nicht ebenso möglich, daß etwas, das zunächst wie ein Teilchen erschienen war, nun doch einen Wellenaspekt aufzuweisen hatte?
Auf diese Möglichkeit wies 1924 der französische Physiker Louis Victor de Broglie (1892–1987) hin. Er verwendete Einsteins Gleichung, die Masse zu Energie in Beziehung setzte, und Plancks Gleichung, die die Größe eines Quants mit der Frequenz verknüpfte, um zu zeigen, daß sich jedes Teilchen zugleich wie eine Welle von einer bestimmten Länge verhalten sollte.
1925 untersuchte der amerikanische Physiker Clinton Joseph Davisson (1881–1958) das Abprallen der Elektronen von einer metallischen Auftreffplatte aus Nickel in einer Vakuumröhre. Aus Versehen zerbrach die Röhre, so daß das erhitzte Nickel mit Luftsauerstoff reagierte und die Oberfläche der Platte Rost ansetzte. Um diese Schicht zu entfernen, mußte Davisson das Nickel für längere Zeit erhitzen. Danach stellte sich heraus, daß sich die elektronenreflektierenden Eigenschaften des Nickels verändert hatten: Die Oberfläche hatte vor dem Mißgeschick aus vielen winzigen Kristallen bestanden, danach waren es nur noch ein paar große.

Davisson, der de Broglies Theorie kannte, hielt es für sinnvoll, noch weiter zu gehen und eine Nickeloberfläche aus einem einzigen Kristall herzustellen. Vielleicht war es auf diese Weise möglich, den Wellenaspekt eines Elektrons zu zeigen. Er lenkte einen Elektronenstrom auf die Einkristalloberfläche und stellte fest, daß die Elektronen nicht nur reflektiert, sondern auch gebeugt wurden und zudem Interferenzerscheinungen aufwiesen. Elektronen hatten tatsächlich einen Wellenaspekt.

Ebenfalls 1925 lenkte der britische Physiker George Paget Thomson (1892–1975), der einzige Sohn von J. J. Thomson, schnelle Elektronen durch sehr dünne Goldschichten; auch er bemerkte Beugungseffekte. De Broglie erhielt 1929 den Nobelpreis für seine Theorie der Elektronenwellen, während Davisson und G. P. Thomson sich 1937 einen Nobelpreis dafür teilten, daß sie de Broglies Theorie bewiesen hatten. Nebenbei bemerkt, sind Elektronenwellen keine elektromagnetischen Wellen, sondern »Materiewellen«. Heute sind die Physiker davon überzeugt, daß wirklich alles sowohl einen Teilchen- als auch einen Wellenaspekt hat, wenn auch nicht unbedingt im gleichen Maße. Je massereicher ein Teilchen ist, desto mehr steht der Teilchenaspekt im Vordergrund und desto schwieriger ist die Beobachtung des Wellenaspekts. Eine Billardkugel (oder die Erde selbst) hat einen Wellenaspekt, aber die Wellenlänge ist so kurz, daß sich dieser Aspekt aller Wahrscheinlichkeit nach niemals beobachten läßt. Es ist zwar theoretisch bekannt, daß er existiert, aber das ist auch schon alles. Selbst ein Sandkorn besitzt einen Wellenaspekt, der vermutlich zu klein ist, um noch wahrnehmbar zu sein. Ein Elektron hat dagegen eine so geringe Masse, daß sich sein Wellenaspekt leicht beobachten läßt, wenn man ein entsprechendes Experiment durchführt.

In gleicher Weise gilt: Je energieärmer eine Welle ist, desto deutlicher kommt ihr Wellenaspekt zum Vorschein, aber desto schwieriger ist ihr Teilchenaspekt zu beobachten. Eine Wasserwelle ist so schwach (wenn man nur ein einziges Wassermolekül betrachtet), daß ihr Teilchenaspekt aller Wahrscheinlichkeit nach kaum zu bemerken ist. Das gleiche gilt auch für eine Schallwelle, wenngleich die Physiker den Teilchenaspekt der Schallwellen als Phononen bezeichnen (nach dem griechischen Wort für »Schall«).
Selbst elektromagnetische Strahlung läßt sich in ihrem Teilchenaspekt schwer beobachten, wenn die Quanten (wie etwa bei Radiowellen) sehr klein sind. Nur wenn – wie z. B. bei Röntgenstrahlen – die Quanten groß und die Wellenlängen winzig klein werden, kann man den Teilchenaspekt leicht feststellen.
Einstein zeigte, daß das Gravitationsfeld genau wie ein elektromagnetisches Feld Wellen aussenden sollte. Das Gravitationsfeld ist aber bei weitem nicht so stark wie das elektromagnetische Feld, so daß Gravitationswellen äußerst schwach sind; der Nachweis ihres Teilchenaspekts stellt deshalb ein fast hoffnungsloses Unterfangen dar. Trotzdem sprechen die Physiker davon, daß Gravitationswellen aus beschleunigten Gravitonen bestehen.
Nur weil in unserer normalen Umgebung Teilchen so massereich und Wellen so energiearm sind, schließen sich die beiden Erscheinungen in unserer Vorstellungswelt gegenseitig aus. In der Welt der Atome und der Elementarteilchen verschwindet diese Ausschließlichkeit.
Mitunter steht die Wissenschaft in dem Ruf, sie komme zu paradoxen Ergebnissen und widerspreche dem gesunden Menschenverstand. Doch man sollte nicht vergessen, daß unser Urteil häufig auf den sehr beschränkten Beobachtungen basiert, die wir in unserer Umwelt machen. Sich gegen

den gesunden Menschenverstand zu stellen bedeutet manchmal, eine besser fundierte und zutreffendere Sicht des Universums zu wählen. (Bedenken Sie, daß uns der »gesunde Menschenverstand« auch einmal eingeredet hat, die Erde sei flach und werde von der Sonne umkreist.)

4. Atomkerne

Die Erforschung des Atoms

Durch die Vermutung, Elektronen könnten mit Atomen verbunden sein, ergab sich ein Problem. Elektronen trugen eine negative elektrische Ladung, aber Atome waren elektrisch neutral. Das bedeutete, daß es irgendwo im Atom eine positive elektrische Ladung geben mußte, die die Ladung des Elektrons neutralisierte.

War dies der Fall, so mußte, wenn Elektronen aus einem Atom entfernt wurden, der Rest eine positive Ladung tragen. Wenn man Elektronen zu einem Atom hinzufügte, mußte das Atom mit den überschüssigen Elektronen negativ geladen sein. Dies würde auch die negativen Ionen von Faraday und Arrhenius erklären.

J. J. Thomson ging 1898 als erster von einer Atomstruktur aus, die die elektrische Ladung mit einbezog. Er übernahm die bereits ein Jahrhundert lang vertretene These, das Atom sei eine winzige Kugel ohne Eigenschaften, ergänzte diese Vorstellung aber um die der positiven elektrischen Ladung. Nach Thomson waren in dieses positiv geladene Atom genügend Elektronen (wie Rosinen in einen Kuchen) eingebettet, um die Ladung zu neutralisieren.

In Thomsons Vorstellung von der Atomstruktur war das Atom nach wie vor etwas Festes. Wenn man deshalb viele Atome dicht aneinanderreihte, so daß sie sich berührten, links und rechts, oben und unten, innen und außen, mußte der auf diese Weise entstehende Festkörper genau das sein, was der Name bereits andeutet: *fest.*

Und dennoch konnte es sich nicht so verhalten. Lenard hatte bereits 1903 bemerkt, daß die beschleunigten Elektronen eines Kathodenstrahls durch eine dünne Metallschicht schlüpften. Dies schien nahezulegen, daß ein Atom wenigstens teilweise aus leerem Raum bestand. Lenard vertrat die Ansicht, ein Atom bestehe aus einer Wolke kleiner Teilchen, die sich aus Elektronen und positiv geladenen Teilchen von ähnlicher Größe zusammensetzte. Jeweils ein positives und ein negatives Teilchen umkreisten einander und ergäben ein Paar, das insgesamt neutral sei. Ein großer Haufen solcher Paare könne dann ein Atom bilden, aber zwischen und in diesen Paaren gebe es leeren Raum, den kleine Objekte (wie etwa schnelle Elektronen) leicht passieren könnten.

Falls diese Theorie aber stimmte, dann sollte ein Atom beide Arten von Teilchen gleich leicht verlieren können. Wenn Metall negativ geladene Elektronen ausstieß, sobald man es Licht aussetzte, warum traten dann nicht – wenigstens ab und zu – auch positiv geladene Teilchen aus? Und wenn schnelle Elektronen eine Kathode der Kraft eines elektrischen Stroms aussetzten, warum kamen dann bei der Anode keine schnellen positiv geladenen Teilchen zum Vorschein? Falls die positiv geladenen Teilchen existierten, mußten sie sich von Elektronen offensichtlich grundlegend unterscheiden und – aus irgendeinem Grund – viel weniger beweglicher als Elektronen sein.

1904 erklärte der japanische Physiker Hantaro Nagaoka (1865–1950), der positive Teil des Atoms nehme (im Gegensatz zur Annahme Thomsons) nicht den gesamten Raum ein und beanspruche (im Gegensatz zur Annahme Lenards) weniger Platz als die Elektronen. Nagaoka bot einen Kompromiß an: Der positiv geladene Teil eines Atoms liege im Atomzentrum und sei kleiner als das Gesamtatom; er sei von kreisenden Elektronen umgeben, die von der elektromagnetischen Anziehung gehalten würden, ähnlich wie die Planeten, die die Sonne umkreisten und von der Gravitationskraft auf ihrer Bahn gehalten wurden. Nagaokas Hypothese lieferte ein unter normalen Bedingungen neutrales Atom, erlaubte die Erzeugung von positiven und negativen Ionen und ließ freien Raum, den beschleunigte Elektronen passieren konnten. Darüber hinaus erklärte sie, warum sich Elektronen im Gegensatz zu positiv geladenen Teilchen so leicht aus Atomen herauslösen ließen. Schließlich befanden sich die Elektronen im äußeren Bereich des Atoms, während sich der positiv geladene Teil im geschützten Zentrum befand.

Trotzdem wurde keine dieser Thesen wirklich anerkannt. Sie waren alle spekulativ und nicht zwingend. Was man benötigte, war ein unmittelbarer Hinweis auf die innere Struktur des Atoms. Ein solcher direkter Beweis ließ sich aber, wie es schien, nicht so leicht erbringen. Wie sollte jemand das Innere eines so kleinen Gegenstands wie das eines Atoms erforschen können? Und doch existierte ein derartiges Gerät zur Erforschung von Atomen bereits, als Thomson, Lenard und Nagaoka ihre Vermutungen aufstellten. Die Geschichte seiner Entdeckung liest sich wie folgt.

Sobald Röntgen die nach ihm benannte Strahlung entdeckt hatte, beeilten sich andere Physiker, sie zu erforschen. Viele von ihnen stellten sich die Frage, ob man sie anderswo finden konnte, an Stellen, wo sie nur deshalb nicht entdeckt worden war, weil niemand daran gedacht hatte, dort nach ihr zu suchen.

Der französische Physiker Antoine Henri Becquerel (1852–1908) war besonders an fluoreszierenden Verbindungen interessiert. Diese Substanzen absorbieren Sonnenlicht (oder andere energiereiche Strahlung) und geben die Energie anschließend in Form von wenigen, ganz bestimmten Wellenlängen wieder ab. Fluoreszenz hat eine große Ähnlichkeit mit Phosphoreszenz. Der Unterschied besteht lediglich darin, daß fluoreszierende Stoffe aufhören, Licht auszusenden, wenn sie keiner energiereichen Strahlung mehr ausgesetzt sind, während phosphoreszierende Stoffe auch danach noch einige Zeit Licht abgeben.

Becquerel fragte sich, ob fluoreszierende Stoffe neben sichtbarem Licht auch Röntgenstrahlen emittierten. Um dies auszuprobieren, wollte er Fotoplatten in schwarzes Papier einwickeln und das Paket mit einem Kristall aus einer fluoreszierenden Substanz darauf in die Sonne stellen. Das Sonnenlicht würde ebensowenig wie das fluoreszierende Licht, das der Kristall abgab, durch das schwarze Papier dringen. Sollte der Kristall jedoch Röntgenstrahlen abgeben, so würden diese das schwarze Papier durchdringen und die Fotoplatte verschleiern.

Die benutzten Kristalle bestanden aus Kaliumuranylsulfat, einem bekannten fluoreszierenden Material. Jedes Molekül dieser Verbindung enthielt ein Atom des Metalls Uran.

Am 25. Februar 1896 führte Becquerel sein Experiment durch: Der Film war natürlich verschleiert. Er kam zu dem Schluß, daß der Kristall tatsächlich Röntgenstrahlen abgab. Um sicherzugehen, traf er Vorbereitungen, das Experiment mit einem neuen Film zu wiederholen. An den folgenden Tagen war es jedoch bewölkt. Becquerel packte den Film zusammen mit dem schwarzen Papierumschlag und dem Kristall darauf in eine Schublade und wartete auf Sonnenschein.

Am 1. März hatte Becquerel keine Ruhe mehr. Um etwas tun zu können, wollte er den Film entwickeln und damit sichergehen, daß bei Fehlen von Fluoreszenz nichts durch das dunkle Papier drang. Zu seinem Erstaunen drang etwas hindurch, und das nicht zu knapp. Die Platte war stark verschleiert. Die Kristalle mußten eine Strahlung abgeben, die weder von der Sonne abhing noch etwas mit Fluoreszenz zu tun hatte. Becquerel kümmerte sich nicht mehr weiter um die Sonne, sondern untersuchte statt dessen die Strahlung.

Schnell merkte er, daß die vom Kaliumuranylsulfat abgegebene Strahlung vom Uranatom ausging, denn andere uranhaltige Verbindungen gaben selbst dann noch eine ähnliche Strahlung ab, wenn sie nicht fluoreszierten. 1898 zeigte die polnisch-französische Physikerin Marie Curie (1867–1934), daß auch ein anderes Metall, nämlich Thorium, Strahlung abgab. Sie bezeichnete dieses Verhalten von Uran und Thorium als Radioaktivität. Sowohl Becquerel als auch Curie vermuteten, daß mehr als nur eine Strahlungsart beteiligt war.

1899 untersuchte der in Neuseeland geborene Physiker Ernest Rutherford (1871–1937), wie radioaktive Strahlung durch Aluminiumplatten drang. Er fand heraus, daß ein Teil der Strahlung von $^1/_{500}$ cm starkem Aluminium aufgehalten wurde, während für den Rest eine beträchtlich dickere Platte notwendig war. Nach den beiden ersten Buchstaben des griechischen Alphabets bezeichnete Rutherford die erste Art der Strahlung als Alpha- und die zweite als Betastrahlen. Eine dritte Art, die durchdringendste von allen, wurde 1900 von dem französischen Physiker Paul Ulrich Villard (1860–1934) entdeckt und entsprechend Gammastrahlen genannt.

Schon bald darauf wurden diese verschiedenen Strahlungen quantitativ bestimmt. Die Betastrahlen wurden so durch ein Magnetfeld abgelenkt, daß sie eindeutig als negativ geladene Teilchen identifiziert werden konnten. 1900 bestimmte Becquerel die Masse und Größe der Ladung dieser Teilchen, wobei sich herausstellte, daß Betastrahlen ähnlich wie Kathodenstrahlen aus schnellen Elektronen bestanden. Aus diesem Grund wird ein schnelles Elektron mitunter auch als Betateilchen bezeichnet.

Gammastrahlen wurden nicht durch ein Magnetfeld abgelenkt, was darauf schließen ließ, daß sie keine elektrische Ladung trugen. Rutherford vermutete, daß Gammastrahlen elektromagnetisch sein könnten, und lenkte einige durch einen Kristall. Die Existenz eines Beugungsmusters bewies eine sehr große Ähnlichkeit mit Röntgenstrahlen, nur besaßen sie noch kürzere Wellenlängen.

Die Alphastrahlen dagegen wurden von einem Magneten so abgelenkt, daß sie als positiv geladene Teilchen erkennbar waren. Konnten dies die positiv geladenen Teilchen sein, von denen Lenard glaubte, daß sie zusammen mit Elektronen Atome ergaben?

Nein. Lenard hatte sich vorgestellt, daß die positiv geladenen Teilchen – mit Ausnahme ihrer Ladung – eher die Eigenschaften von Elektronen aufweisen würden. Die Alphateilchen unterschieden sich dagegen auch in anderer Hinsicht als ihrer elektrischen Ladung sehr deutlich von Elektronen. 1906 zeigte Rutherford, daß das Alphateilchen viel schwerer als ein Elektron ist – genau 7344mal, wie wir heute wissen.

Sobald Rutherford herausgefunden hatte, daß die Alphateilchen besonders massereich waren, erschienen sie ihm für die Erforschung des Atoms hervorragend geeignet. Wenn ein Strom von Alphateilchen auf eine dünne Metallschicht auftraf, würden sie diese auch durchdringen; die Art des Durchgangs würde nützliche Informationen liefern.

Rutherford legte eine radioaktive Substanz in eine Bleikiste mit einem Loch darin. Die Strahlung wurde zwar vom Blei aufgehalten, doch ein dünner Strahl fiel durch das Loch und traf auf eine dünne Goldschicht. Hinter dem Gold befand sich eine Fotoplatte, die von allen Alphateilchen verschleiert wurde, die durch das Gold hindurchdrangen. Die extrem dünne Goldschicht war halb durchlässig, aber Atome sind so winzig, daß sie dennoch 20 000 Goldatome stark war. Trotzdem schossen die Alphateilchen hindurch, als wären diese 20 000 Atome einfach nicht vorhanden. Sie verschleierten die Fotoplatte genau an der Stelle, die auch verschleiert worden wäre, wenn keine Goldschicht existiert hätte.

Aber doch nicht ganz. Rutherford bemerkte, daß ein paar Alphateilchen abgelenkt wurden. Um den dunklen Mittelpunkt herum war die Fotoplatte durch einen feinen Schleier eingetrübt. Mit zunehmender Entfernung löste sich der Schleier zwar rasch auf, verschwand aber nicht völlig; von etwa 8000 Alphateilchen wurde eines um 90 Grad oder mehr abgelenkt. Ab und zu schien ein Alphateilchen auf etwas aufzutreffen und direkt zurückzuprallen.

Um dies zu erklären, entwickelte Rutherford 1911 sein Modell von der Atomstruktur. Im Atom, erklärte er, sei fast die gesamte Masse in einem kleinen, positiv geladenen Körper im Mittelpunkt konzentriert. Im Außenbereich des Atoms, fast über den gesamten Raum verteilt, den das Atom einnahm, gebe es ausschließlich Elektronen. Diese Vorstellung hatte Ähnlichkeit mit Nagaokas Atomstruktur, nur war der positiv geladene Körper im Zentrum in Rutherfords Modell viel kleiner und viel massereicher.

Außerdem verfügte Rutherford, anders als Nagaoka, über experimentelle Beobachtungen. Die Alphateilchen drangen durch den Elektronenbereich des Atoms wie durch leeren Raum hindurch, weil sie viel massereicher als Elektronen waren. Wenn sich das Alphateilchen dem massereichen, positiv geladenen Körper in der Mitte näherte, wurde es (selbst positiv geladen) abgelenkt. Aus dem Grad der Ablenkung konnte Rutherford die Größe des Kerns berechnen; Nagaoka hatte keine derartigen Hinweise zur Verfügung.

Rutherford wird dieser Fortschritt also ganz zu Recht zugeschrieben. Der Körper im Zentrum wird als Atomkern (lat. *nucleus*) bezeichnet, weil er an einen kleinen Kern in einer verhältnismäßig großen Schale erinnert.

Das Atommodell Rutherfords mit einem Kern erwies sich als absolut zufriedenstellend, auch wenn im letzten Dreivierteljahrhundert noch viele Einzelheiten ergänzt wurden. Für diese Leistung und andere Arbeiten erhielt Rutherford 1908 den Nobelpreis. (Er wurde ihm im Fachgebiet Chemie verliehen, was ihm aber mißfiel, denn er betrachtete sich selbstverständlich als Physiker.)

Positiv geladene Teilchen

Der Kern enthält zwischen 99,945 und 99,975 Prozent der Masse eines Atoms. Aus diesem Grund war die Erforschung des Kerns eine vordringliche Aufgabe. Man könnte fast sagen, der Kern sei das »eigentliche« Atom. Was man im 19. Jahrhundert für Atome gehalten hatte, bestand fast nur aus leerem Raum – oder zumindest aus Raum, der mit den höchst unstofflichen Teilchen bzw. Wellen der Elektronen ausgefüllt war. Vielleicht war der Kern dieses winzige, runde, feste und unteilbare Stückchen Materie, das Leukipp und Demokrit sich vorgestellt hatten.

Trotz seiner Masse ist der Kern winzig klein; sein Durchmesser beträgt nur $^1/_{100\,000}$ des Durchmessers eines Atoms. Aus diesem Grund wird er ebenso als Elementarteilchen betrachtet wie das Elektron.

Der Atomkern muß eine positive elektrische Ladung tragen, die groß genug ist, um die Ladung aller normalerweise in einem bestimmten Atom vorhandenen Elektronen zu neutralisieren. Doch die Geschichte dieser positiv geladenen Elementarteilchen beginnt nicht erst mit Rutherford.

Goldstein, der den Begriff *Kathodenstrahl* geprägt hatte, wollte Spuren jeglicher Art von Strahlung entdecken, die in die umgekehrte Richtung ging. Er konnte keine derartige Strahlung nachweisen, die von einer Anode ausging. Doch 1886 kam ihm der Gedanke, eine Kathode zu entwickeln, die eine Strahlung in die andere Richtung erlauben würde. Er versuchte dies mit Hilfe einer perforierten Kathode zu erreichen, die kleine Löcher (oder »Kanäle«) aufwies. Wenn eine solche Kathode inmitten einer evakuierten Röhre eingeschlossen und ein elektrischer Strom hindurchgeschickt wurde, bildeten sich Kathodenstrahlen. Trotzdem könnte eine positiv geladene Strahlung, die in der Nähe der Kathode entsprang, durch die Kanäle hindurchgelangen und sich in die entgegengesetzte Richtung bewegen. Genau dies beobachtete Goldstein, der diese neue Strahlung *Kanalstrahlen* nannte.

1895 sammelte Perrin einige dieser Kanalstrahlen auf einem Objekt, das er ihnen in ihre Bahn stellte; er zeigte, daß das Objekt auf diese Weise eine positive elektrische Ladung erhielt. 1907 schlug J. J. Thomson deshalb vor, sie als positive (Ionen-)Strahlen zu bezeichnen.

1898 setzte Wien diese Strahlen Magnet- und elektrischen Feldern aus. Er stellte fest, daß die Teilchen, aus denen Kanalstrahlen sich zusammensetzen, viel massereicher als Elektronen waren. Sie waren tatsächlich genauso schwer wie

Der positiv geladene Kern enthält zwar beinahe die gesamte Masse des Atoms, aber er besitzt nur $^1/_{100\,000}$ seines Durchmessers.

Atome. Zudem hing die Masse der Kanalstrahlenteilchen von den Gasspuren ab, die noch in der evakuierten Röhre vorhanden waren. Wenn es sich dabei um Wasserstoff handelte, dann besaßen die Kanalstrahlenteilchen die Masse eines Wasserstoffatoms; im Falle von Sauerstoff hatten sie dementsprechend die Masse eines Sauerstoffatoms usw.

Sobald Rutherfords grundlegende Theorie des Atomkerns akzeptiert wurde, begriff man sofort, worum es sich bei den Kanalstrahlenteilchen handelte. Die schnellen Elektronen der Kathodenstrahlen kollidierten mit den Streuatomen in der Kathodenstrahlröhre – mit Wasserstoff, Sauerstoff, Stickstoff oder einer anderen Substanz. Die Elektronen waren nicht massereich genug, um die Atomkerne zu stören, und trafen diese sowieso nur höchst selten. Dagegen trafen sie andere Elektronen und sprengten sie aus dem Atom heraus. Die Atome ohne ihre Elektronen waren also Kerne mit einer positiven elektrischen Ladung und bewegten sich in umgekehrter Richtung wie die Kathodenstrahlteilchen fort.

Bereits 1903 hatte Rutherford bemerkt, daß Alphateilchen in ihren Eigenschaften eine große Ähnlichkeit mit Kanalstrahlenteilchen aufwiesen. 1908 war er sich dann sicher, daß ein Alphateilchen ungefähr genauso massereich wie ein Heliumatom war. Es drängte sich der Eindruck auf, es müsse ein Zusammenhang zwischen Alphateilchen und Helium bestehen, weil Uranminerale, die ständig Alphateilchen erzeugten, mit der gleichen Regelmäßigkeit kleine Mengen Helium zu enthalten schienen.

1909 legte Rutherford etwas radioaktives Material in einen doppelwandigen Glasbehälter. Die innere Glaswand war recht dünn, die äußere dagegen beträchtlich dicker. Zwischen den beiden Wänden befand sich ein Vakuum.

Die von dem radioaktiven Material ausgestoßenen Alphateilchen konnten die dünne Innenwand durchdringen, aber nicht die dicke Außenwand. Die Alphateilchen wurden somit in dem Raum zwischen den beiden Wänden eingeschlossen. Nach einigen Tagen hatten sich die Teilchen in dem Zwischenraum in einer Menge angesammelt, die eine Untersuchung möglich machte; dabei entdeckte man Helium. Damit stand fest, daß Alphateilchen Heliumkerne waren. Andere positive Ionenstrahlen waren Kerne anderer Atomarten.

Kanalstrahlenteilchen unterschieden sich von Elektronen unter anderem dadurch, daß alle Elektronen die gleiche Masse und die gleiche elektrische Ladung hatten, während Kanalstrahlenteilchen verschiedene Massen und Ladungen aufwiesen. Natürlich überlegten die Physiker, ob sie die Kanalstrahlenteilchen irgendwie in kleinere Teile aufbrechen konnten, um vielleicht auf ein ganz kleines positives Teilchen zu stoßen, das nicht größer als ein Elektron war.

Rutherford gehörte zu denen, die nach einem solchen winzigen »positiven Elektron« suchten, es aber nicht fanden. Das kleinste positiv geladene Teilchen, das er finden konnte, wog so viel wie ein Wasserstoffatom und mußte ein Wasserstoffkern sein. 1914 kam Rutherford zu dem Schluß, daß es sich dabei um das kleinste positiv geladene Teilchen handelte, das existieren konnte. Es besitzt eine elektrische Ladung, die genau der eines Elektrons entspricht (wenn auch positiv anstatt negativ), aber eine Masse, die – wie wir heute wissen – das 1836,11fache der Masse des Elektrons beträgt.

Rutherford bezeichnete dieses kleinste Kanalstrahlenteilchen als Proton (nach dem griechischen Wort für »erster«), denn hinsichtlich der Masse steht das Proton unter all diesen Teilchen an erster Stelle.

Ordnungszahlen

Die Kerne, die sich als Hauptbestandteile der Atome auffassen lassen, unterscheiden sich also in zwei Punkten: in ihrer Masse und in der Stärke ihrer positiven Ladung. Das bedeutet einen großen Fortschritt gegenüber dem früheren Wissensstand. Während des gesamten 19. Jahrhunderts wußte man nichts von den elektrischen Ladungen im Atom; das einzige bekannte Unterscheidungsmerkmal war die Masse. Die Masse allein konnte aber nicht völlig zufriedenstellen.
An früherer Stelle wurde bereits erwähnt, daß man ein Periodensystem aufstellen kann, wenn man die chemischen Elemente nach der Masse ihrer Atome (Atomgewicht) anordnet. Diese Tabelle ist so angelegt, daß Elemente mit ähnlichen Eigenschaften in die gleiche Spalte fallen.
Ein solches System, das nur auf dem Atomgewicht basiert, hat seine Schwächen. Die Größe des Unterschieds in der Masse verändert sich, je weiter man auf der Tabelle nach oben gelangt. Manchmal ist der Massenunterschied von einem Atom zum nächsten nur sehr gering, ein andermal fällt er wieder recht groß aus. In drei Fällen ist das Atomgewicht eines Elements sogar ein bißchen *größer* als das des nächsthöheren Elements.
Wenn die Masse das eigentliche Hauptkriterium wäre, müßte man die Reihenfolge der beiden Elemente in diesen drei Fällen umkehren. Man tut dies aber nicht, denn ansonsten fiele jedes dieser Elemente in eine Gruppe mit anderen Eigenschaften. Mendelejew, der als erster ein Periodensystem aufstellte, erschien es wichtiger, die Elemente in ihren Gruppen zu belassen, als sich strikt an die Reihenfolge der zunehmenden Atommasse zu halten. Spätere Chemiker folgten ihm darin.
Mit der Atommasse als einzigem Kriterium ließe sich außer-

dem niemals vorhersagen, ob ein Element entdeckt werden könnte, dessen Atomgewicht zwischen zwei bereits bekannten Elementen liegt. Erst in den 90er Jahren des 19. Jahrhunderts wurde eine ganze Gruppe von bis dahin unbekannten Elementen entdeckt, so daß die Periodentafel um eine weitere Spalte ergänzt werden mußte. Man konnte die verwirrenden Aspekte des Periodensystems jedoch eliminieren, falls es gelang, das neu entdeckte, zusätzliche Kriterium zur Unterscheidung von Atomen in den Griff zu bekommen: die Stärke der positiven Ladung des Atomkerns.

Die Möglichkeit dazu ergab sich durch die Röntgenstrahlen. (Als die Röntgenstrahlen entdeckt wurden, konnte man noch nicht wissen, daß sie im Zusammenhang mit dem Periodensystem hilfreich sein würden. Doch alles Wissen steht miteinander im Zusammenhang. Wenn ein Licht aufleuchtet und eine Ecke eines Zimmers erhellt, trägt es dazu bei, daß das gesamte Zimmer heller wird. Immer wieder haben wissenschaftliche Entdeckungen Antworten auf Probleme gegeben, bei denen keine offensichtliche Verbindung zu den Phänomenen bestand, die die Entdeckung herbeigeführt hatten.)

Die von Röntgen entdeckten Strahlen wurden erzeugt, wenn Kathodenstrahlen auf das Glas einer Vakuumröhre auftrafen. Die schnellen Elektronen wurden plötzlich verlangsamt, wobei kinetische Energie verlorenging. Eine derartige Energie kann niemals wirklich verlorengehen, sondern lediglich in eine andere Energieform umgewandelt werden – in diesem Fall in elektromagnetische Strahlung. Die in einem bestimmten Augenblick »verlorene« Energie war dabei so groß, daß ungewöhnlich energiereiche Photonen erzeugt wurden und die Strahlung in Form von Röntgenstrahlen emittiert wurde.

Sobald dies klar wurde, erkannte man rasch, daß die schnellen Elektronen noch stärker abgebremst würden, wenn man ihnen ein noch dichteres Material, das aus massereicheren Atomen als Glas bestand, in die Bahn stellte. Dann würden Röntgenstrahlen mit noch kürzerer Wellenlänge und noch höherer Energie entstehen. Es war naheliegend, für diesen Zweck verschiedene Metallplatten zu verwenden. Diese wurden gegenüber der Kathode am entgegengesetzten Ende der Röhre angebracht, wo die schnellen Elektronen aufprallten. Solche Metallplatten wurden als Antikathoden bezeichnet, wobei *anti-* vom dem griechischen Wort für »gegen« stammt. (Normalerweise wird gegenüber der Kathode eine Anode installiert, aber um für die Antikathode Platz zu lassen, wird die Anode hier an der Seite der Röhre plaziert.)

1911 bemerkte der englische Physiker Charles Glover Barkla (1877–1944), daß alle Röntgenstrahlen, die von einem bestimmten Metall erzeugt wurden, zumeist genau gleich weit in Substanzen eindrangen. Jedes Metall erzeugte Röntgenstrahlen mit einer ganz spezifischen Durchschlagskraft. Als man später Röntgenstrahlen als elektromagnetische Strahlung identifizierte, wurde dies so interpretiert, daß jedes Metall Röntgenstrahlen einer bestimmten Wellenlänge erzeuge. Barkla sprach in diesem Zusammenhang von Röntgenstrahlen, die für ein bestimmtes Metall charakteristisch sind.

Er fand auch heraus, daß von einer Antikathode aus einem bestimmten Metall mitunter zwei verschiedene Arten von Röntgenstrahlen erzeugt wurden, von denen jede ihre eigene Eindringtiefe besaß, die sich ansonsten aber kaum voneinander unterschieden. Er bezeichnete die tiefer eindringenden Strahlen als *K*-Serie und die weniger tief eindringenden als *L*-Serie. Später entdeckte man, daß in einigen

Fällen noch weniger tief eindringende Strahlen erzeugt wurden; die zu ihrer Bezeichnung verwendeten Buchstaben folgten dem Alphabet: *M*-Serie, *N*-Serie usw. Barkla erhielt für seine Arbeit 1917 den Nobelpreis.

Barklas Arbeit wurde von einem Studenten Rutherfords weitergeführt, dem englischen Physiker Henry Gwen-Jeffreys Moseley (1887–1915). 1913 untersuchte er mit großer Sorgfalt die charakteristischen Röntgenstrahlen, wobei er die gerade von den Braggs entdeckte Röntgenbeugung von Kristallen verwendete.

Moseley fand heraus, daß die Wellenlänge der erzeugten Röntgenstrahlen kontinuierlich abnahm, wenn er sich auf der Liste der Elemente im Periodensystem nach oben bewegte. Je größer die Masse der Atome in der Antikathode war, desto kürzer wurde gleichzeitig die Wellenlänge der Röntgenstrahlen. Überdies war die Veränderung der Wellenlänge viel regelmäßiger als die Veränderung der Atommasse.

Die Physiker hatten keinen Zweifel daran, daß die Verlangsamung von Elektronen hauptsächlich durch die Größe der positiven Ladung des Atomkerns bewirkt wurde. Dies war ein Hinweis darauf, daß die Größe der Ladung gleichmäßiger anstieg als die Masse des Atomkerns, wenn man sich im Periodensystem nach oben bewegte.

Moseley vertrat die Theorie, daß die Größe der Ladung mit jedem Schritt auf der Tabelle um 1 stieg. Das erste Element, Wasserstoff, hatte somit als Kern ein Proton mit der Ladung +1. Helium, das zweite Element, besaß einen Kern (das Alphateilchen) mit der Ladung +2. Das dritte Element, Lithium, hatte die Ladung +3, und so weiter bis zum Uran mit dem bis dahin schwersten bekannten Atom, das eine Kernladung von +92 aufwies.

Moseley bezeichnete die Größe der Kernladung als Ordnungszahl (engl. *atomic number*) des Elements. Sie sollte sich als grundlegender erweisen als das Atomgewicht. Tatsächlich löste die Ordnungszahl (oder Kernladungszahl) viele Probleme des Periodensystems, als die Ideen Moseleys von nachfolgenden Physikern verfeinert und erweitert wurden.

In den Fällen, wo im Periodensystem ein Element mit einer etwas größeren Atommasse vor dem nächsthöheren Element rangiert, kommt dies nicht mehr vor, wenn man statt dessen die Ordnungszahlen zugrunde legt. Ein Element, das aus der Reihe zu tanzen scheint, weil es ein höheres Atomgewicht als das folgende Element hat, besitzt nämlich doch eine niedrigere Ordnungszahl. Ordnet man alle Element entsprechend ihrer Ordnungszahl an, so kommt auch jedes in die richtige Gruppe; Verschiebungen sind somit nicht mehr notwendig. Wenn dann zwei benachbarte Elemente Kernladungszahlen aufweisen, die um 1 voneinander differieren, kann es dazwischen kein noch unentdecktes Element geben.

Es wurde bald deutlich, daß jede negative elektrische Ladung das genaue Vielfache der Ladung eines Elektrons ist, während jede positive elektrische Ladung das genaue Vielfache der Ladung eines Protons ist. Es sind Kernladungen von +16 und +17, aber nicht von +16,4 oder +16,837 möglich.

Wenn ein Element im Periodensystem fehlt und man die Lücke von einem Element zum nächsten überspringt, ist die Änderung der Wellenlänge der charakteristischen Röntgenstrahlen doppelt so groß wie erwartet, was ein sicherer Hinweis auf ein dazwischen existierendes Element ist.

Als Moseley das System der Ordnungszahlen entwickelte, wies die Tabelle sieben Lücken auf, die alle für noch unentdeckte Elemente standen. 1948 wurde die letzte Lücke geschlossen. Physiker konnten auch Atome erzeugen, deren Ordnungszahl größer als 92 ist (wie, soll später noch erklärt werden). Heute sind alle Elemente von der Ordnungszahl 1 bis zur Ordnungszahl 106 bekannt. (Moseley hätte für seine Arbeit auf diesem Gebiet innerhalb weniger Jahre fast sicher den Nobelpreis erhalten, aber er fiel 1915 im 1. Weltkrieg bei Gallipoli in der Türkei.)

Die Ordnungszahl gibt die Größe der positiven Ladung des Kerns an. Da ein normales Atom insgesamt elektrisch neutral ist, muß es in den äußeren Bereichen des Atoms je ein Elektron für jede positive Ladung im Kern geben. Ein normales Wasserstoffatom, dessen Kern die Ladung +1 aufweist, muß demnach ein Elektron besitzen. Mit einer Kernladung von +2 braucht jedes Heliumatom zwei Elektronen ; Sauerstoff, dessen Kernladung +8 beträgt, muß acht Elektronen haben, während Uran mit einer Kernladung von +92 auch 92 Elektronen benötigt usw. Kurz gesagt: Die Ordnungszahl spiegelt nicht nur die Größe der Kernladung, sondern ebenso die Anzahl der Elektronen in einem normalen Atom wider.

Es erscheint plausibel, daß chemische Reaktionen immer dann ablaufen, wenn Atome – entweder einzeln oder als Teil von Molekülen – miteinander kollidieren. Dabei spielen sich die Zusammenstöße in erster Linie zwischen den Elektronen zweier Atome ab. Die Atomkerne befinden sich, hinter den Elektronen versteckt, weit ab im Zentrum und zeigen keinerlei Neigung, an chemischen Reaktionen teilzunehmen oder sie gar entscheidend zu beeinflussen.

Dies ist nicht nur plausibel (die Dinge sind nicht zwangsläufig so, nur weil sie sinnvoll erscheinen), sondern es ergibt sich auch aus Arrhenius' Theorie der elektrolytischen Dissoziation (Aufspaltung in Ionen). Die Bildung von Ionen scheint das Ergebnis der Übertragung eines oder mehrerer Elektronen von einem Atom zu einem anderen zu sein.

Im Falle eines Moleküls wie Zucker werden anscheinend keine Ionen gebildet. Statt dessen hängen die Atome innerhalb des Moleküls einfach zusammen – vielleicht, weil sie gemeinsame Elektronen besitzen, so daß sie sich nicht leicht voneinander trennen können und als Atome unversehrt bleiben. Es scheint jedoch Fälle zu geben, in denen der Austausch von Elektronen der stabilere Zustand ist, während es in anderen Fällen gemeinsame Elektronen sind. Aber warum ist dies so?

Einen Hinweis darauf liefert eine Gruppe von sechs Elementen, deren Atome nicht dazu neigen, Elektronen zu übertragen oder gemeinsam zu haben, sondern immer Einzelatome bleiben. Die drei leichtesten Atome in der Gruppe – Helium, Neon und Argon – übertragen oder teilen sich niemals Elektronen; zumindest haben Chemiker dies noch nie beobachten können. Die drei schwersten – Krypton, Xenon und Radon – haben Elektronen unter bestimmten Extrembedingungen gemeinsam, aber in keiner sehr festen Bindung.

Diese sechs Elemente werden als Edelgase bezeichnet (»edel«, weil sie zurückhaltend sind und mit der breiten Masse in der Regel nichts zu tun haben wollen). Der Grund für das »Edle« an diesen Elementen läßt sich am ehesten verstehen, wenn man sich vorstellt, daß Elektronen in konzentrischen Schalen um einen Atomkern angeordnet sind, eine um die andere. Wenn man sich vom Kern entfernt, ist jede Elektronenschale naturgemäß größer als die vorhergehende und enthält mehr Elektronen. Ein Heliumatom also besitzt zwei Elektronen, die die innerste Schale auszufüllen scheinen. Dies ist nicht überraschend, weil die dem Kern am nächsten liegende Schale auch die kleinste ist und deshalb die wenigsten Elektronen halten kann.

Die amerikanischen Chemiker Gilbert Newton Lewis (1875–1946) und Irving Langmuir (1881–1957) haben ab 1916 unabhängig voneinander Theorien über Schalen und über Elektronenübertragung bzw. gemeinsame Elektronen entwickelt, weil diese Erscheinungen das chemische Verhalten so gut erklären konnten. (Dieses Gebiet wurde in späteren Jahrzehnten noch viel detaillierter behandelt, aber dazu kommen wir später.)

Die einzelnen Schalen sind mit den von Barkla entdeckten Serien charakteristischer Röntgenstrahlung verbunden. Die K-Serie der Röntgenstrahlen dringt am tiefsten ein und scheint von der dem Kern am nächsten liegenden Elektronenschale auszugehen. Diese erste Elektronenschale wird deshalb als K-Schale bezeichnet.

Nach dem gleichen Prinzip wird die unmittelbar darauffolgende Schale als L-Schale bezeichnet, weil in ihr die weniger tief eindringenden Röntgenstrahlen der L-Serie ihren Ursprung haben dürften. Auf die L-Schale folgen die M-Schale, die N-Schale usw.

Vielleicht sind Heliumatome deshalb edel und können Elektronen weder übertragen noch gemeinsam haben (und sich deshalb auch an keinen chemischen Reaktionen beteiligen), weil eine vollständig besetzte Schale besonders stabil ist. Sowohl ein gemeinsames Elektron als auch die Übertragung eines Elektrons würde die Stabilität des Zustands verringern, doch ein stabiler Zustand wird niemals grundlos aufgegeben. (Man benötigt immer Energie, um etwas absichtlich zu destabilisieren, während eine Stabilisierung ganz von selbst vor sich geht. Diese Eigenschaften haben mit dem sogenannten Zweiten Hauptsatz der Thermodynamik zu tun.)

Das nächste Edelgas ist Neon, dessen Atome zehn Elektronen enthalten. Die ersten beiden besetzen die K-Schale und die nächsten acht die L-Schale, die größer ist und mehr Elektronen aufnehmen kann. Die Elektronenkonfiguration von Neon ist damit 2, 8. Dank seiner vollbesetzten und stabilen L-Schale ist Neon ein Edelgas.

Auf Neon folgt Argon, dessen Atome 18 Elektronen aufweisen. Sie sind folgendermaßen angeordnet: zwei in der K-Schale, acht in der L-Schale und acht in der M-Schale, d. h. 2, 8, 8. Die M-Schale ist größer als die L-Schale und kann deshalb mehr als acht Elektronen aufnehmen; es ist sogar für 18 Elektronen Platz. Acht Elektronen in der äußersten Schale ergeben jedoch (wieviel sie auch immer aufnehmen kann) eine besonders stabile Konfiguration, was Argon zu einem Edelgas macht.

Danach kommt Krypton mit 36 Elektronen in der Anordnung 2, 8, 18, 8, darauf Xenon mit 54 Elektronen in der Anordnung 2, 8, 18, 18, 8 und schließlich Radon mit 86 Elektronen in der Anordnung 2, 8, 18, 32, 18, 8.

Anscheinend treten Atome miteinander in Wechselbeziehung, um nach Möglichkeit eine Edelgaskonfiguration der Elektronen zu erreichen. Die elf Elektronen von Natrium sind 2, 8, 1 angeordnet. Das elfte Elektron ist das einzige in der M-Schale und wird leicht abgegeben. In diesem Falle wird das Natriumatom zu einem Natriumion mit genau einer positiven Ladung, weil die Kernladung von +11 durch nur 10 Elektronen im äußeren Bereich nicht vollständig neutralisiert wird. (Man beachte, daß die Abgabe eines Elektrons Natrium *nicht* in Neon umwandelt, das ebenfalls über 10 Elektronen verfügt. Was im Hinblick auf die Identität des Atoms zählt, ist die Kernladung, nicht die Elektronenzahl.)

Andererseits besitzt Chlor 17 Elektronen, die 2, 8, 7 ange-

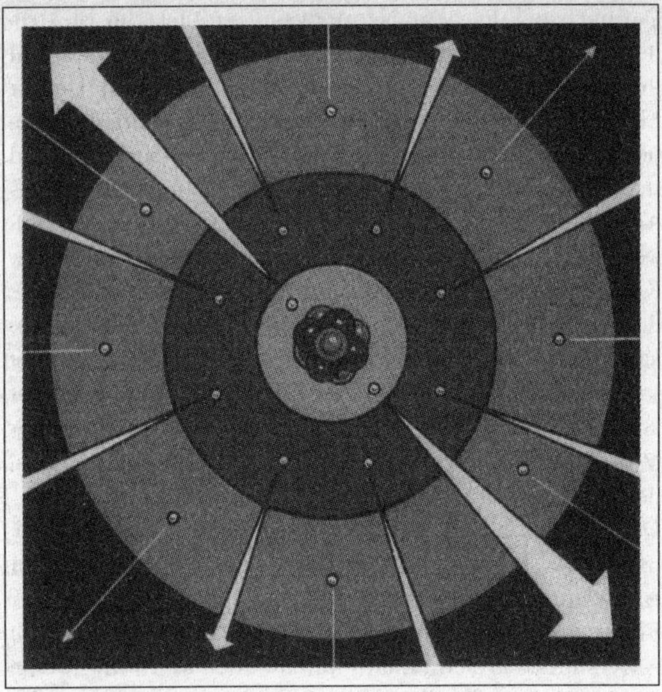

Die innere K-Schale, die mittlere L-Schale und die äußere M-Schale von Elektronen beim Edelgas Argon. Dargestellt ist hier die relative Stärke von Röntgenstrahlen, die beim Auftreffen von Kathodenstrahlen von den verschiedenen Schalen erzeugt werden.

ordnet sind. Es benötigt ein weiteres Elektron, um die Edelgaskonfiguration zu erreichen. Deshalb neigt es dazu, ein Elektron aufzunehmen und zu einem negativ geladenen Chloridion mit 18 Elektronen zu werden, die die Kernladung von +17 mehr als nur ausgleichen.

Aus diesem Grund reagieren Natrium- und Chloratome leicht miteinander. Die Übertragung eines Elektrons ergibt Natrium- und Chloridionen, die sich aneinander heften, weil sich negative und positive Ladungen anziehen. Wenn sich Salz in Wasser auflöst, sind die Ionen weniger fest gebunden und können aneinander vorbeischlüpfen. Auf diese Weise leitet eine solche Lösung einen elektrischen Strom.

Zwei Chloratome gelangen zu einer anderen Art von stabiler Konfiguration, wenn beide je ein Elektron zu einem gemeinsamen »Pool« beisteuern. Jedes Atom hat in seiner äußersten Schale sechs Elektronen, die ausschließlich ihm gehören, und zwei Elektronen, die es sich mit dem anderen Atom teilt. Jede äußerste Schale ist voll besetzt und stabil, wenn die beiden Atome miteinander in Verbindung bleiben, so daß sie das Elektronenpaar gemeinsam haben können. Die beiden Chloratome ergeben zusammen ein Chlormolekül aus zwei Atomen (Cl_2), das stabiler ist, als es zwei einzelne Chloratome wären.

Durch den Umgang mit der Anordnung von Elektronen in Atomen stellten die Chemiker fest, daß sie verstanden, warum das Periodensystem so aufgebaut ist, wie es ist – auf der Grundlage von chemischen Reaktionen, die von der Anordnung der Elektronen in der äußersten Schale abhängen. Die Chemiker begriffen nun, daß sie mit Hilfe der Anordnung der Elektronen viele chemische Reaktionen erklären konnten, die sie vorher einfach hingenommen hatten, ohne den Grund dafür zu kennen.

Bis dahin genügt es, wenn man die Elektronen als winzige, feste Teilchen annimmt, die in geometrischen Anordnungen vorkommen. Eine solche Auffassung ist aber unzureichend für eine Erklärung der Spektrallinien, die ebenfalls alle Elemente voneinander unterscheiden.

Spektrallinien

Nachdem Newton die Existenz des Lichtspektrums demonstriert hatte, wurde es von vielen Wissenschaftlern genau untersucht. Wenn man Sonnenlicht beispielsweise erst durch einen schmalen Schlitz und anschließend durch ein Prisma fallen läßt, produziert jede Wellenlänge ein Bild von diesem Schlitz in einer bestimmten charakteristischen Farbe. Die Wellenlängen reihen sich sehr dicht aneinander und scheinen (wie bei einem Regenbogen) ein gleichmäßiges Band der Farbveränderung zu ergeben. Was aber, wenn einige Wellenlängen aus irgendeinem Grund fehlen? In diesem Fall gibt es Stellen im Spektrum, die kein Farbbild durch den Schlitz erzeugen; dann erstreckt sich eine dunkle Linie über das Spektrum.

1802 beobachtete der britische Chemiker William Hyde Wollaston (1766–1828) solche dunklen Linien, aber er verfolgte dieses Phänomen nicht weiter. Auch sonst befaßte sich die nächsten Jahre niemand damit.

1814 jedoch stellte der deutsche Optiker Joseph von Fraunhofer (1787–1826) hervorragende Prismen und andere optische Geräte her und konnte damit Spektren erzeugen, die schärfer als alle bis dahin produzierten waren. In dem Spektrum bemerkte er sofort Hunderte dunkler Linien. Sorgfältig notierte er ihre Position und Stärke und wies nach, daß dieselben Linien immer auf die gleiche Stelle fielen, ob sie nun vom Licht der Sonne, des Mondes oder der Planeten stammten. (Natürlich handelt es sich bei dem vom Mond und von den Planeten abgegebenen Licht um reflektiertes Sonnenlicht, weshalb diese Erkenntnis vielleicht nicht weiter überrascht.)

Von da an wurden die sogenannten Fraunhoferschen Linien gründlich untersucht, aber man hielt sie für kaum mehr als eine Kuriosität, bis Kirchhoff 1859 ein entscheidender Durchbruch gelang.

Kirchhoff entdeckte, daß bestimmte Elemente, wenn man sie erhitzte, kein kontinuierliches Spektrum erzeugten, wie es das Sonnenlicht tat. Statt dessen strahlten sie Licht in getrennten Wellenlängen ab, so daß das Spektrum aus einer Reihe heller Linien bestand, die von dunklen Streifen unterbrochen waren. Wurde Sonnenlicht durch den relativ kühlen Dampf eines bestimmten Elements geschickt, so absorbierte der Dampf nur die Wellenlängen, die er abgab, wenn er selbst Strahlung emittierte. Außerdem emittierte (bei Erwärmung) oder absorbierte (in kaltem Zustand) jedes Element seine eigenen, charakteristischen Wellenlängen. Auf diese Weise konnte man die in einem bestimmten Mineral vorhandenen Elemente bestimmen, indem man die Wellenlängen untersuchte, die bei einer starken Erhitzung des Minerals abgegeben wurden. Bis dahin unbekannte Elemente konnten durch das Auftreten von Wellenlängen entdeckt werden, die keines der bekannten Elemente abgab. Die in der Sonne und in anderen Sternen vorhandenen Elemente ließen sich anhand der dunklen Linien in ihren Spektren identifizieren.

All dies machte die Spektrallinien für Chemiker und Astronomen außerordentlich wichtig, aber niemand konnte sagen, warum verschiedene Elemente unterschiedliche Wellenlängen emittierten bzw. absorbierten. Einen Schritt zur

Lösung dieses Rätsels unternahm der schweizerische Physiker Johann Jakob Balmer (1825–1898). Ihn interessierte ganz besonders das Spektrum von glühendem Wasserstoff, das einfacher als das Spektrum von anderen Elementen zu sein schien (logischerweise, denn Wasserstoff war das leichteste und vermutlich auch einfachste Element).

Das Wasserstoffspektrum besteht aus einer Reihe von Linien, die sich mit abnehmender Wellenlänge immer dichter drängen. 1885 stellte Balmer eine Formel für die Wellenlängen dieser Linien auf, die ein Symbol enthielt, das durch die aufeinanderfolgenden Quadratzahlen ersetzt werden konnte: 1, 4, 9, 16 usw. Auf diese Weise konnte man die aufeinanderfolgenden Wellenlängen der Linien im Wasserstoffspektrum berechnen. Dies erklärte zwar noch nicht, warum die Linien gerade dort lagen, wo sie sich befanden, aber zumindest zeigte es eine große Regelmäßigkeit der Linien, die sich irgendwie in der Struktur des Atoms widerspiegeln mußte. Es gab kein Weiterkommen, solange nicht mehr über den Aufbau der Atome bekannt war. Sehen wir uns an, wie dies gelang.

Nachdem die Physiker akzeptiert hatten, daß das Atom einen Kern und Schalen besitzt, mußten sie sich überlegen, was die Elektronen an ihrem Platz hält. Wenn Elektronen negativ und der Kern positiv geladen sind und wenn gegensätzliche Ladungen einander anziehen, stellt sich doch die Frage, warum die Elektronen nicht in den Kern stürzen. Man könnte diese Frage genausogut im Hinblick auf die Erde stellen: Warum stürzt sie nicht in die Sonne, wenn sich die beiden doch anziehen? Im Falle der Erde lautet die Antwort, daß sie sich auf einer Umlaufbahn befindet. Sie stürzt tatsächlich auf die Sonne zu, aber ihre zusätzliche Bewegung im rechten Winkel zu diesem Fall hält sie beständig auf ihrer Umlaufbahn.

Man neigte deshalb zu der Vorstellung, das Atom sei so etwas wie ein winziges Sonnensystem, in dem die Elektronen um den Kern jagen. Die Sache hat aber einen Haken. Aufgrund der elektromagnetischen Theorie war bekannt (und wurde beobachtet), daß ein auf diese Weise kreisendes elektrisch geladenes Objekt elektromagnetische Strahlung abgeben und dabei Energie verlieren würde. Durch den Verlust an Energie würde es sich spiralförmig nach innen bewegen und schließlich in den Kern stürzen.
Auf die gleiche Weise gibt die Erde auf ihrer Umlaufbahn um die Sonne Gravitationsstrahlung ab und verliert dabei Energie, so daß sie sich auf einer spiralförmigen Bahn auf die Sonne zu bewegt. Die Gravitation ist aber viel schwächer als die elektromagnetische Kraft; die Energiemenge, die der Erde auf diese Weise verlorengeht, ist deshalb extrem gering. Die Erde kann also noch Milliarden Jahre um die Sonne kreisen, ohne ihr dabei merklich näher zu kommen.
Im Gegensatz dazu verliert ein Elektron, das dem weit stärkeren elektromagnetischen Feld unterliegt, so viel Energie in Form von Strahlung, daß sein Sturz in den Kern scheinbar nicht lange aufzuhalten wäre – und doch ist dies nicht der Fall. Atome sind unendlich lange Zeit stabil, wobei ihre Elektronen in den äußeren Bereichen verbleiben.
Dieses Problem wurde von dem dänischen Physiker Niels Henrik David Bohr (1885–1962) aufgegriffen. Er hielt es für wenig sinnvoll, zu behaupten, ein Elektron gebe beim Umkreisen des Atoms Energie ab, wenn es dies ganz eindeutig nicht tat. Er beharrte auf der Feststellung, daß ein Elektron *keine* Energie abstrahlte, solange es auf seiner Kreisbahn blieb.
Wasserstoff emittierte aber Energie, wenn man ihn erhitzte – und er absorbierte sie, wenn er kalt war. Er gab bestimmte

Wellenlängen ab, die mit Balmers Gleichung übereinstimmten, und absorbierte die gleichen Wellenlängen. Um dies zu erklären, schlug Bohr 1913 vor, daß das Elektron in dem Wasserstoffatom eine ganze Reihe von Bahnen mit unterschiedlichen Entfernungen zum Kern einnehmen könne. Wann immer es sich auf einer bestimmten Bahn befand und wie groß diese auch sein mochte, nahm es weder Energie auf, noch verlor es Energie. Wenn das Elektron aber seine Bahn wechselte, absorbierte es entweder Energie, falls es sich vom Kern entfernte, oder es gab Energie ab, falls es sich näher zum Kern hin bewegte.

Doch warum sollte sich ein Elektron zunächst auf einer bestimmten Bahn bewegen, dann Energie aufnehmen und ganz plötzlich nach außen in die nächst größere Bahn schießen, sich dabei aber nie zufällig auf einer Bahn zwischen den beiden befinden? Bohr erkannte, daß dies etwas mit der Quantentheorie zu tun haben mußte. Wenn das Atom nur mit Quanten einer bestimmten Größe umgehen konnte, konnte es auch nur Licht einer bestimmten Wellenlänge aufnehmen, und dieses würde das Elektron automatisch auf die nächst äußere Bahn befördern.

Bohr erstellte einige Berechnungen, die aufzeigten, wie man sich eine Reihe erlaubter Bahnen vorstellen konnte, die zur Absorption bzw. Emission von Quanten einer bestimmten Größe (und damit von Strahlung einer bestimmten Wellenlänge) führten, die die besonderen Wellenlängen der Linien im Wasserstoffspektrum lückenlos erklären konnten.

Bohr zeigte auf, daß man die Atomstruktur nicht ausschließlich mit Hilfe der klassischen Physik beschreiben konnte; man mußte sich dazu der Quantentheorie bedienen. Für diese Leistung erhielt er 1922 den Nobelpreis.

Für eines der Glieder seiner Formel mußte Bohr ganze

1 2 3

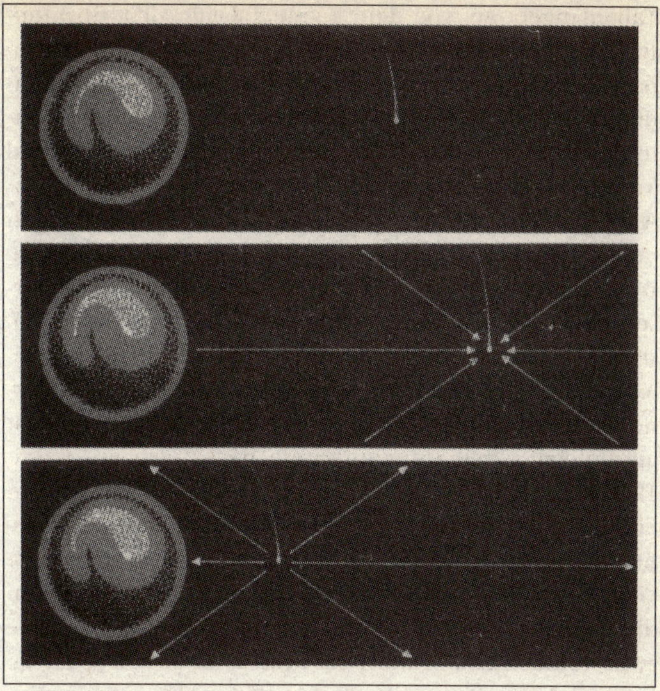

1. Wenn ein Elektron auf einer bestimmten Bahn bleibt, gewinnt es weder Energie noch verliert es welche.
2. Wechselt es auf eine höhere Bahn, nimmt es Energie auf.
3. Es gibt Energie ab, wenn es sich näher zum Kern hin bewegt.

Zahlen einsetzen, von denen jede für eine Gruppe unterschiedlicher Spektrallinien stand. Die Notwendigkeit ganzer Zahlen ergab sich aus der Tatsache, daß auch Quanten nur als ganze Zahlen beteiligt waren; Bruchteile von Quanten waren nicht möglich. Die in die Formel eingesetzte Zahl wurde aus diesem Grund als Quantenzahl bezeichnet.

Auch wenn Bohrs Formel die Zahlen für die Wellenlängen der Spektrallinien lieferte, konnte sie nicht alles erklären. Bei der Untersuchung der Spektrallinien mit immer besseren Instrumenten kam heraus, daß jede Linie eine Feinstruktur aufwies – eine Anzahl sehr dicht gedrängter schmälerer Linien. Es war, als bestünde jede von Bohrs Elektronenbahnen aus einer Gruppe von Bahnen, die sich äußerst geringfügig voneinander unterschieden.

1916 wies der deutsche Physiker Arnold Johannes Wilhelm Sommerfeld (1868–1951) darauf hin, daß Bohrs Elektronenbahnen alle kreisförmig waren. Sie könnten aber auch elliptisch sein, und zwar in unterschiedlichem Grad. Um diese neuen Bahnen zu berücksichtigen, mußte man eine zweite Quantenzahl einführen. Diese konnte jede beliebige ganze Zahl von 0 bis zu Bohrs Quantenzahl weniger 1 sein. Wenn Bohrs Quantenzahl (oder Hauptquantenzahl) 1 ist, die niedrigste Zahl, die möglich ist, kann Sommerfelds Quantenzahl (Drehimpuls- oder Nebenquantenzahl) nur 0 sein. Ist die Hauptquantenzahl 2, so kann die Nebenquantenzahl entweder 0 oder 1 sein usw. Unter Berücksichtigung beider Quantenzahlen läßt sich die Feinstruktur der Spektrallinien ausdrücken.

Weitere Komplikationen blieben jedoch nicht aus. Falls sich die Atome in einem Magnetfeld befinden, spalten sich scheinbar einzelne Linien in feinere Bestandteile auf. Sowohl Bohr als auch Sommerfeld stellten sich vor, daß die Elektronenbahnen (ob nun kreisförmig oder elliptisch) alle in einer einzigen Ebene lagen, so daß der Kern und alle denkbaren Bahnen ein System ergaben, das so flach war wie ein Blatt Papier. Die Elektronenbahnen konnten jedoch auch geneigt sein, so daß alle Bahnen zusammen symmetrisch im dreidimensionalen Raum verteilt waren und das Atom eine Kugelform besaß. Dies ist plausibel, weil sich Atome in vielerlei Hinsicht wie winzige Kugeln verhalten.

Um dem dreidimensionalen System von Elektronenbahnen gerecht zu werden, mußte eine dritte Quantenzahl hinzugefügt werden: die Magnetquantenzahl. Sie kann jeden positiven ganzen Wert von 0 bis zur Größe der Hauptquantenzahl und jeden negativen ganzen Wert der gleichen Größe haben. Ist die Hauptquantenzahl 3, so kann die Magnetquantenzahl –3, –2, –1, 0, +1, +2 oder +3 sein.

Wenn man schon drei Dimensionen berücksichtigte, sollte eigentlich nichts mehr weiter zu tun sein. Trotzdem waren bestimmte Eigenschaften der Spektrallinien immer noch verwirrend, so daß der österreichisch-schweizerische Physiker Wolfgang Pauli (1900–1958) noch eine weitere Quantenzahl hinzunahm. Sie sollte für den Eigendrehimpuls oder Spin des Elektrons auf seiner Achse stehen. Dieser Spin konnte in die eine oder andere Richtung gehen, entsprechend oder entgegen dem Uhrzeigersinn. Um die Berechnungen mit den Beobachtungen der Spektrallinien in Einklang zu bringen, mußte die Spinquantenzahl entweder $+^1/_2$ oder $-^1/_2$ betragen.

Pauli zeigte weiterhin, daß es in einer Atomhülle keine zwei Elektronen geben konnte, die in allen vier Quantenzahlen übereinstimmten. Dies wird als Ausschließungsprinzip oder Pauli-Verbot bezeichnet, denn sobald ein Elektron seine vier Quantenzahlen hat, ist jedes andere Elektron von der

Bahn ausgeschlossen, die durch diese Zahlen definiert wird. Hierfür erhielt Pauli 1945 einen Nobelpreis. (Mitunter muß ein Wissenschaftler 20 oder in seltenen Fällen sogar 50 Jahre auf den Nobelpreis warten. Es dauert ab und zu einige Zeit, bis eine Entdeckung als wirklich bedeutend erkannt wird. Wenn man sofort Auszeichnungen für etwas verleihen würde, das wichtig zu sein *scheint*, würden viele für Entdeckungen vergeben, die sich später als belanglos oder sogar falsch herausstellen.)

Ein detailliertes mathematisches System, das mit Hilfe der vier Quantenzahlen und des Pauli-Verbots die Verteilung der Elektronen in einer Atomhülle beschreibt, wurde 1926 von dem italienischen Physiker Enrico Fermi (1901–1954) und 1927 von dem britischen Physiker Paul Adrien Maurice Dirac (1902–1984) entwickelt. Dieses System wird als Fermi-Dirac-Statistik (oder nur als Fermi-Statistik) bezeichnet und gilt für jedes Teilchen mit einem Spin $+^1/_2$ oder $-^1/_2$. Solche Teilchen werden zu Ehren Fermis unter dem Begriff Fermionen zusammengefaßt. Das Elektron ist ebenso ein Beispiel für ein Fermion wie das Proton.

Es gibt Teilchen mit einem Teilchenspin 0, 1 oder 2. (Das Photon hat beispielsweise einen Spin 1, das Graviton einen Spin 2.) Das Pauli-Verbot gilt nicht für diese Teilchen, deren Verteilungsweise 1924 von dem indischen Physiker Satyendra Nath Bose (1894–1974) errechnet wurde. Einstein lobte die Arbeit Boses und ergänzte sie 1925, woraus ein als Bose-Einstein-Statistik (oder zumeist nur als Bose-Statistik) bezeichnetes System hervorging; nach Bose wird jedes Teilchen mit einem ganzzahligen Spin oder einem Spin 0 Boson genannt.

Bohrs Elektronenbahnen stellten zwar einen gewaltigen Fortschritt dar, völlig befriedigend waren sie aber dennoch nicht. Noch immer bestand das Bild von den Elektronen als

Teilchen, die sich in Bewegung befanden und auf ihren Bahnen um den Kern herum sausten. Falls dies so ist, gibt es aber nach wie vor keine eindeutige Erklärung dafür, warum das Elektron keine Strahlung aussendet und nicht spiralförmig in den Kern stürzt. Natürlich kann man einfach behaupten, daß ein Elektron keine Strahlung emittiert, solange es sich auf seiner Bahn befindet, aber warum tut es das nicht? Genauso zwingend ist das Argument, ein Elektron könne nur Quanten einer bestimmten Größe abgeben. Aber warum? Irgend etwas fehlt noch.

Der deutsche Physiker Werner Karl Heisenberg (1901–1976) glaubte, es werde ständig Probleme geben, wenn man sich die Atomstruktur in den Denkkategorien des Alltagslebens vorzustellen versuche. Vertraute Dinge – Planeten auf ihrer Umlaufbahn um die Sonne oder aufeinanderprallende Billardkugeln – besitzen im Vergleich zu Atomen eine gewaltige Masse; die winzigen Quanten, aus denen sich die Energie zusammensetzt, sind zu klein, um eine wahrnehmbare Wirkung auf solche Objekte auszuüben. All unsere geistigen Bilder entstammen somit einer quantenlosen Welt. Bei der Beschäftigung mit Atomen, Elektronen und Strahlung haben wir es dagegen mit einer Welt zu tun, in der Quanteneffekte eine Rolle spielen, so daß unsere Vorstellungskraft versagt. (In gewisser Weise sagt das System der Quantentheorie aus, daß das Weltall nicht völlig glatt ist, sondern körnig. Es ist wie ein Foto in der Zeitung, das nur deshalb gleichmäßig wirkt, weil die winzigen schwarzen und weißen Punkte, aus denen es sich zusammensetzt, zu klein für unser Auge sind, als daß es sie erkennt. Wenn wir das Bild ausreichend vergrößern, versagt unsere Vorstellung von der normalen Welt; wir sehen nur noch Punkte, die kein erkennbares Bild mehr ergeben.)

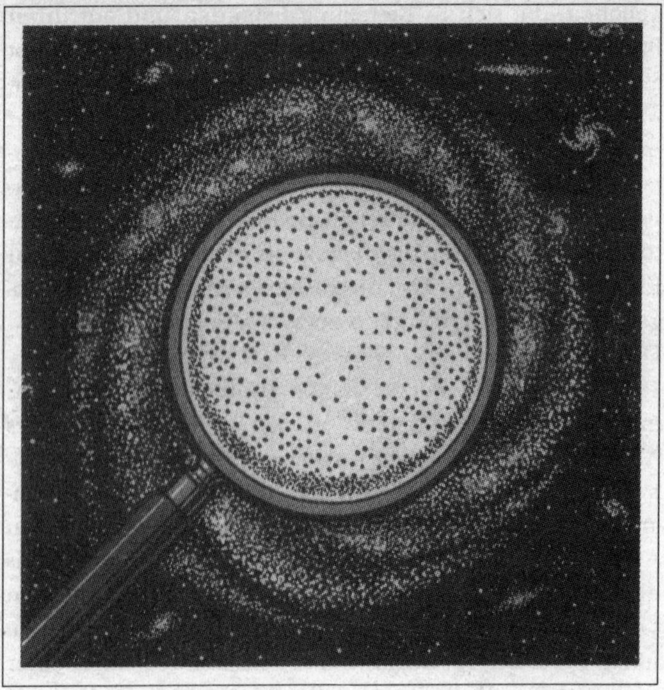

Bei der denkbar stärksten Vergrößerung erscheint das Material des Universums nicht gleichförmig, sondern körnig.

Beim Umgang mit der Welt der Quanteneffekte versagen unsere konventionellen Vorstellungen. Wenn man das Elektron nicht als Teilchen, sondern als Welle betrachtet, könnte man es sich als gewellten Ring um den Kern denken.

Heisenberg meinte, man solle nur die aus Spektren gewonnenen Werte hernehmen und sie so verarbeiten, daß Physiker damit numerische Antworten geben könnten, die im Zusammenhang mit dem Verhalten von Atomen nützlich sind, anstatt zu versuchen, das Verhalten als Kreisbahnen, Ellipsen, Neigungen, Spins und dergleichen mehr zu interpretieren. 1925 entwickelte Heisenberg zu diesem Zweck die sogenannte Matrizenmechanik; sie wird so bezeichnet, weil sie sich des mathematischen Systems der Matrix bedient.

Im gleichen Jahr hatte Davisson jedoch die Existenz von Elektronenwellen bewiesen; der österreichische Physiker Erwin Schrödinger (1887–1961) kam daraufhin auf den Gedanken, daß diese Wellen das Wesen der Elektronenbahnen erklären könnten.

Wenn man das Elektron als Welle und nicht als Teilchen betrachtet, kann man sich eine Umlaufbahn um den Kern vorstellen, die aus ganzzahligen Wellenlängen bestehen muß. Wenn man sich weiterhin vorstellt, daß man die Welle auf ihrem Weg um den Kern verfolgt, macht sie kehrt und läuft zurück, so daß sie eine »Bahn« bildet, die wie ein gewellter Ring um den Kern aussieht. Die kleinste Bahn besteht dann aus dem Auf und Ab einer einzigen Wellenlänge. Das Elektron kann nicht spiralförmig in das Proton stürzen, weil es keine Bahn einnehmen kann, die kürzer als eine einzige Welle ist. Alle anderen Umlaufbahnen haben eine solche Entfernung und Form, daß eine ganzzahlige Menge von Wellen in die Bahn paßt. Aus diesem Grund können Bahnen nur in einer bestimmten Entfernung sowie mit einer bestimmten elliptischen Form, einer bestimmten Neigung und einem bestimmten Spin vorkommen.

Schrödinger stellte 1926 ein mathematisches Verfahren vor, das Probleme durch die Einbeziehung von Elektronenwellen löste. Sein System wird als Wellenmechanik bezeichnet. Auch Dirac steuerte einiges zur Entwicklung des Verfahrens bei, für das er und Schrödinger sich 1933 den Nobelpreis teilten.

Schließlich stellte sich heraus, daß die Wellenmechanik und die Matrizenmechanik gleichwertig sind; sie führen zu den gleichen Ergebnissen. Das mathematische System wird deshalb einfach als Quantenmechanik bezeichnet. Nach weiteren Verbesserungen und Verfeinerungen hat sich das System als absolut ausreichend für die Behandlung von Elektronen und ganz allgemein von Phänomenen im Bereich der Elementarteilchen erwiesen.

1939 wandte der amerikanische Chemiker Linus Carl Pauling (geb. 1901) die Prinzipien der Quantenmechanik darauf an, wie Atome Elektronen übertragen und sich teilen. Dies ersetzte das ältere Teilchensystem von Langmuir und Lewis; es war ausgereifter und erklärte vieles, was dem älteren System verschlossen blieb. Pauling erhielt dafür 1954 den Nobelpreis.

Bereits früher, 1927, hatte Heisenberg demonstriert, daß es nicht einmal im Prinzip möglich war, bestimmte Arten von Messung mit absoluter Genauigkeit durchzuführen. Schuld daran war die durch die Quantenmechanik implizierte körnige Konsistenz des Universums. Stellen Sie sich beispielsweise vor, Sie würden versuchen, die genaue Position eines Teilchens und gleichzeitig seine genaue Bewegungsgröße (seine Masse multipliziert mit seiner Geschwindigkeit) zu bestimmen. Jedes Instrument zur Messung der Position würde die Geschwindigkeit des Teilchens und damit seine Bewegungsggröße verändern. Und jedes Instrument zur Messung des Impulses würde die Position des Teilchens verändern. Das beste Ergebnis wäre noch, die Kombination von Position und Impuls mit einer winzigen

Unschärfe zu erhalten, mit einer kleinen, aber nicht vermeidbaren Ungenauigkeit. Wenn beide Größen mit dem absoluten Minimum an Unsicherheit gemessen werden, das sich erreichen läßt, ergibt die Unbestimmtheit der Position, multipliziert mit der Unbestimmtheit des Impulses, einen Wert, der eng mit einer Grundkonstante der Quantentheorie verbunden ist.

Heisenbergs Unbestimmtheitsprinzip bzw. Unschärferelation besagt auch, daß man Zeit und Energiegehalt nicht gleichzeitig und exakt bestimmen kann. Für diese Arbeit erhielt Heisenberg 1932 den Nobelpreis. Die Unschärferelation ist eine sehr wichtige Entdeckung, die viel von dem erklären kann, was in der Teilchenphysik andernfalls im dunkeln bliebe. Trotzdem blieben viele Physiker auf Distanz, denn die Theorie erweckte den Eindruck, als gebe es im Universum ein gewisses Element der Beliebigkeit, das sich niemals ausräumen lasse. Einstein beispielsweise akzeptierte die Unschärferelation nie und hielt die Quantenmechanik aus diesem Grund stets für eine unvollständige Theorie.

Doch es beseitigt die Unschärferelation nicht, wenn man sie nur eingeschränkt akzeptiert. Darüber hinaus scheint die Unschärferelation das Universum so zu beschreiben, wie es *ist*; sich dagegen aufzulehnen ist zwecklos.

Bohrs Vorstellung von den Elektronenbahnen schien ein Elektronenteilchen zu beschreiben, dessen Ort und Bewegung in jedem Augenblick bekannt sein konnte und sollte. Schrödingers viel praktikablerer Rückgriff auf Wellen leistet dies *nicht*. Eine Elektronenwelle bewegt sich auf und ab, und irgendwo darin befindet sich das Elektron in seinem Teilchenaspekt. Man kann allerdings nicht genau angeben, wo sich das Teilchen gerade aufhält. In gewisser Hinsicht befindet es sich überall entlang der Welle. Die Höhe der

Welle verrät uns die Wahrscheinlichkeit, daß es sich in einem bestimmten Augenblick gerade dort befindet, aber es *muß* nicht dort sein. Auf diese Weise stellt die Quantenmechanik gerade Wahrscheinlichkeit und Unbestimmtheit in den Vordergrund – und dies scheint dem Charakter des Universums tatsächlich zu entsprechen.

Da sich die Quantentheorie mit Dingen befaßt, die weit entfernt sind von dem, war wir im normalen Leben gewohnt sind, sprechen die Wissenschaftler auch von »Quanten-Rätsel«. Einige ihrer Aspekte erscheinen so paradox, daß sich die Wissenschaftler einfach nicht einig werden konnten, was das alles zu bedeuten habe. Vielleicht werden eines Tages neue Entdeckungen, neue Theorien und neue Gedanken klären, was heute noch hoffnungslos mysteriös erscheint.

Das Spiel der Wissenschaft hört also niemals auf, denn sobald alte Probleme gelöst sind, entstehen neue. Aber wer wollte es anders haben? Die Lösung von allem wäre das Ende des Spiels, und meiner Meinung nach könnte nichts, was das Leben zu bieten hat, diesen intellektuellen Verlust aufwiegen.

5. Isotope

Kernenergie

Die Ausarbeitung der Einzelheiten der Elektronenverteilung war in gewisser Weise kein großes Problem. Alle Elektronen sind gleich; bis heute hat man keine Unterschiede zwischen ihnen entdecken können, ob sie nun in der einen oder anderen Atomart oder frei vorkommen. Atome unterscheiden sich in der Zahl der Elektronen, die sie besitzen, aber nicht in der Art ihrer Elektronen. Wie sieht es aber mit den Atomkernen aus? Sie unterscheiden sich von Atom zu Atom sowohl in der Masse als auch in der elektrischen Ladung. Handelt es sich dabei um viele verschiedene Arten von Einzelteilchen, für jedes Element eines, oder besitzen sie eine innere Struktur? Sind sie aus unterschiedlich vielen einfacheren Teilchen aufgebaut, und sind diese einfacheren Teilchen in allen Kernen von allen Elementen die gleichen? Sind dies überhaupt Fragen, auf die wir uns eine Antwort erhoffen dürfen? Schließlich handelt es sich bei den Atomkernen um winzige Objekte, die im innersten Zentrum des Atoms versteckt sind, teilweise sogar hinter mehreren Schichten von Elektronen. Wie kann man zu ihnen durchdringen und sie untersuchen?

Die ersten Hinweise auf die Kernstruktur kamen mit der Entdeckung der Radioaktivität, fünfzehn Jahre vor dem Nachweis der Existenz des Atomkerns. Im Zusammenhang mit Radioaktivität stellte sich natürlich sofort die Frage, woher diese ganze Energie kommen konnte. Uran schien unablässig Alpha- und Betastrahlen auszusenden, wobei die ersteren aus Strömen von Heliumkernen und die letzteren aus Strömen von Elektronen bestanden. All diese Teilchen bewegten sich extrem schnell, Alphateilchen mit ungefähr $^1/_{10}$ und Betateilchen mit ungefähr $^9/_{10}$ der Lichtgeschwindigkeit. Man benötigt eine beträchtliche Energiemenge, um sie aus dem Stillstand auf diese Geschwindigkeit zu bringen. (Schließlich bewegen sich die Uranatome nicht von Anfang an.) Darüber hinaus traten Gammastrahlen auf, die sogar noch viel energiereicher als Röntgenstrahlen waren.

Die Strahlung von Uran ist nicht nur ein kurzer Energieschub. Eine Probe dieses Metalls strahlt unendlich lange mit einer scheinbar konstanten Geschwindigkeit weiter, was ein ernstes Problem darstellte. Der Energieerhaltungssatz besagte, daß Energie nicht einfach aus dem Nichts entstehen könne, aber genau dies *schien* hier der Fall zu sein.

Natürlich hätte der Energieerhaltungssatz falsch oder nur unter bestimmten Bedingungen gültig sein können, aber dieses Gesetz wurde in allen Zweigen der Wissenschaft als so hilfreich empfunden, daß die Forscher es nicht einfach über Bord werfen wollten. Es herrschte allgemein die Überzeugung, daß man sich auf die Suche nach einer Erklärung für die Radioaktivität machen mußte, *ohne* dabei den Energieerhaltungssatz aufzugeben; die Aufgabe des Gesetzes sollte nur der allerletzte Ausweg sein. (Dies ist ein Beispiel für intelligenten Konservatismus bei Wissenschaftlern. Theorien oder Gesetze, die sich immer wieder bewährt hatten, sollten nicht leichtfertig fallengelassen werden. Man sollte – und würde – sie dann aufgeben, wenn es keine Alternative dazu gab, aber vorher mußte man sicherstellen, daß tatsächlich keine andere Möglichkeit bestand.)

Die Situation verschlechterte sich rasch in den Jahren, die

unmittelbar auf die Entdeckung der Radioaktivität folgten. Marie Curie und ihr Mann Pierre (1859–1906) experimentierten mit Pechblende, einem uranhaltigen Gestein, aus dem sie zu Forschungszwecken reine Uranproben gewinnen wollten. Zu ihrer Überraschung war die Pechblende stärker radioaktiv als eine Probe aus reinem Uran. Vielleicht enthielt sie noch radioaktivere Elemente als Uran. Da es bei einer herkömmlichen Analyse keinen Hinweis auf solche Elemente gab, mußten sie in sehr geringen Mengen vorkommen, aber *äußerst* radioaktiv sein.

1898 – nach langwieriger, zäher und mühsamer Arbeit, die mit Tonnen von Pechblende begonnen hatte und mit winzigen Prisen von radioaktivem Pulver endete – hatten die Curies zwei Elemente isoliert: Polonium (benannt nach Marie Curies polnischer Heimat) und Radium (benannt nach seiner Radioaktivität). Beide waren viel radioaktiver als Uran. Wenn man sich über die Energieemission beim Uran Gedanken machte, um wieviel mehr mußte man sich über Radium wundern, das fast die dreimillionenfache Energie abgab. 1901 maß Pierre Curie die von Radium abgestrahlte Energie und fand heraus, daß 1 Gramm Radium eine Energiemenge abgab, die 140 Kalorien pro Stunde entsprach. Das war an sich nicht viel, aber die Strahlung hielt Stunde um Stunde, unendlich lange an. Woher kam all diese Energie?

Einige Wissenschaftler überlegten, ob radioaktive Atome die Energie vielleicht ihrer Umgebung entzogen und sie in Strahlungsenergie umwandelten. Diese Hypothese widersprach aber dem Zweiten Hauptsatz der Thermodynamik, den die Wissenschaftler ebenso ungern aufgeben wollten wie den Ersten Hauptsatz (Energieerhaltungssatz).

1903 stellte Rutherford die Hypothese auf, alle Atome besäßen innerhalb ihrer Struktur eine große Menge an Energie. Normalerweise werde diese Energie nicht angezapft, so daß

man sich ihrer Existenz nicht bewußt sei. Die Radioaktivität sei jedoch ein spontaner Ausstoß eines kleinen Teils dieser Energie. Dies war eine gewagte Hypothese, aber sie regte die Vorstellungskraft der Öffentlichkeit an; man sprach von Atomenergie als einer neuen Energieform, die weit konzentrierter sei als alles zuvor Dagewesene. (Der englische Schriftsteller H. G. Wells schrieb in seinen Science-fiction-Erzählungen bereits über »Atombomben«, als es noch vierzig Jahre dauern sollte, bis sie Wirklichkeit wurden.)
Rutherfords Vorschlag hätte trotzdem so wirken können, als würde man ein Kaninchen aus einem Zylinder hervorzaubern. Nur zu *behaupten*, daß ein Atom Energie enthalte, erklärte überhaupt nichts. 1905 legte Einstein jedoch überzeugend dar, daß Masse eine hochkonzentrierte Form von Energie war. Wenn radioaktive Substanzen nur einen kleinen Teil ihrer Masse in Energie umwandelten, konnte man ohne weiteres die gesamte Energie erklären, die in Form von Radioaktivität freigesetzt wurde.
Seit der Entdeckung des Atomkerns war klar, daß der notwendige Verlust an Masse im Kern vor sich gehen mußte, denn schließlich konzentrierte sich dort fast die gesamte Masse eines Atoms. Die Energiequelle der Radioaktivität befand sich also im Kern, weshalb man schließlich immer häufiger von Kernenergie als von Atomenergie sprach.

Kernvarianten

Wenn die Energie der Radioaktivität von dem Massenverlust des Atomkerns herrührt, was geschieht dann mit diesem Kern? Erste Bruchstücke einer Antwort gab es bereits, bevor man wußte, daß der Atomkern die Energiequelle war oder daß überhaupt ein Atomkern existierte. (Es kommt häufig vor, daß wissenschaftliche Beobachtungen eine erste Erklärung liefern, noch bevor eine umfassende Theorie aufgestellt wird, die einem Zweig der Wissenschaft Ordnung und Klarheit verschafft. Solche frühen Beobachtungen sind oft schwer zu verstehen und bringen den Erkenntnisprozeß ohne die Theorie nur langsam voran. Sobald aber die Theorie entwickelt ist, fügen sich die früheren Beobachtungen schnell in sie ein. Man macht dann rasche Fortschritte, bis das Fehlen eines tieferen und umfassenderen Verständnisses eines anderen Aspekts der Wissenschaft wieder hemmend wirkt.)

Crookes, der 1900 mit Uranmetallen arbeitete, wollte das Material möglichst gründlich reinigen und unterzog es chemischen Verfahren, die offensichtliche Verunreinigungen abschieden. Zu seiner Überraschung bemerkte er, daß das gereinigte Uran fast überhaupt nicht radioaktiv war, während die Verunreinigungen deutliche Radioaktivität zeigten. Seiner Meinung nach war nicht das Uran radioaktiv, sondern etwas anderes, das als Verunreinigung darin vorkam.

Becquerel aber, der die Radioaktivität des Urans entdeckt hatte, war nicht bereit, sie so schnell fallenzulassen. (Wissenschaftler behandeln ihre Entdeckungen oft als ihre Kinder und verteidigen sie heftig gegen jeden Versuch, sie zu widerlegen. Das ist eine sehr menschliche Reaktion, auch wenn sie sich im Rückblick mitunter als falsch erweist. In diesem Fall sollte Becquerel aber recht behalten.) Becquerel zeigte, daß das nach Crookes' Methode gereinigte Uran in der Tat kaum Radioaktivität zeigte, doch wenn man es einige Zeit stehen ließ, erhielt es seine Radioaktivität wieder zurück.

1902 bewiesen Rutherford und ein Mitarbeiter, der britische Chemiker Frederick Soddy (1877–1956), daß dies auch für Thorium galt. Wenn das Metall gereinigt wurde, ging der größte Teil seiner Radioaktivität zwar verloren, kam aber nach einer Weile von selbst zurück. Rutherford und Soddy nahmen deshalb an, daß, wenn ein Uranatom radioaktive Strahlung abgab, sich seine Beschaffenheit veränderte und es zu einem Atom eines anderen Elements wurde, das noch radioaktiver war. Dieses neue radioaktive Element würde sich ebenfalls verändern. Uran selbst sei nicht besonders radioaktiv, aber seine Tochterelemente seien es. Wenn man Uran reinige und dabei die Tochterelemente und ihre Radioaktivität entferne, erscheine Uran zwar weit weniger radioaktiv als zuvor, aber es erzeuge langsam zusätzliche Mengen von Tochterelementen, so daß seine Radioaktivität zurückkehre und wieder die alte Stärke erreiche. Atome, die Radioaktivität durchliefen, machten anscheinend so etwas wie einen radioaktiven Zerfall durch. Diese Auffassung erwies sich schließlich als richtig. Sowohl Uran als auch Thorium zerfielen in andere Elemente, die selbst wieder zerfielen, bis schließlich ein nichtradioaktives Element herauskam. Auf diese Weise hatte man eine radioaktive Zerfallsreihe. Die Wissenschaftler machten sich auf die Suche nach diesen Zwischenelementen, die beim Zerfall von Uran und Thorium entstanden. Dazu gehörten unter anderem die schon früher von den Curies entdeckten Elemente Polonium und Radium. Man stellte auch fest, daß sowohl Uran als auch Thorium nach vielen Umwandlungen zu nichtradioaktivem Blei wurden.

Die Vorstellung eines radioaktiven Zerfalls wirkte auf die Wissenschaftler wie ein Schock. Schließlich war man seit der Zeit Leukipps und Demokrits davon ausgegangen, daß Atome unveränderlich seien – aber dies war nur eine Annahme gewesen. Nun können chemische Veränderungen Atomen tatsächlich nicht anhaben, aber Radioaktivität ist keine chemische Veränderung. An chemischen Veränderungen sind nur die äußersten Elektronen eines Atoms beteiligt. Das Atom kann vielleicht eine elektrische Ladung aufnehmen oder als Folge davon mit einem anderen Atom eine Bindung eingehen, aber seine wesentlichen Eigenschaften, die vom Kern abhängen, bleiben erhalten. Im Gegensatz dazu ist der Atomkern an der Radioaktivität sehr wohl beteiligt. Es handelt sich um eine Veränderung des Kerns. Wenn aber der Atomkern eine Veränderung durchläuft, ist es recht wahrscheinlich, daß sich bei diesem Vorgang eine Atomart in eine andere umwandelt.

(Ein Gesinnungswandel wie dieser bedeutet nun nicht, daß alle Chemiebücher zerrissen und ausgemustert werden müßten, als wären alle darin enthaltenen Informationen plötzlich wertlos. Die neue Perspektive erweitert nur das Wissen und liefert umfassendere und nützlichere Erklärungen. Lehrbücher des 20. Jahrhunderts müssen somit das Vorhandensein einer nuklearen Veränderung berücksichtigen, aber wenn sie wollen, können sie die *chemische* Veränderung immer noch wie vorher behandeln und Atome als unveränderlich betrachten – was sie im Hinblick auf die chemische Veränderung ja auch sind.)

Die Suche nach den radioaktiven Zwischenprodukten von Uran zu Blei sowie von Thorium zu Blei war erfolgreich – zu erfolgreich eigentlich. Viel zu viele wurden gefunden.

Die Ordnungszahl von Uran ist 92, die von Thorium 90. Die Ordnungszahl von Blei ist 82, und ein weiteres bekanntes Element, Wismut, besitzt die Ordnungszahl 83. Die noch unentdeckten Elemente am Ende des Periodensystems waren mit 84, 85, 86, 87, 88, 89 und 91 numeriert. Das sind zusammen sieben; abzüglich der beiden neu entdeckten Elemente Polonium (84) und Radium (88) blieben noch fünf. Zwischen Uran und Blei gab es außer den verbleibenden fünf Elementen keine weiteren mehr zu entdecken. Keine! Nach Moseleys 1914 geleisteter Arbeit war das ganz sicher.

Und doch hatte man zu Moseleys Zeit mehr als 30 Zwischenprodukte entdeckt. Jedes von ihnen war deutlich unterscheidbar, zumindest was ihre radioaktiven Eigenschaften anging. Manche gaben ein Alphateilchen ab, andere ein Betateilchen und wieder andere einen Gammastrahl mit oder ohne Alpha- oder Betateilchen. Selbst wenn zwei Zwischenprodukte beispielsweise jeweils ein Alphateilchen emittierten, tat das eine dies mit mehr Energie und schneller als das andere.

Soddy nahm sich dieses Problems an. Noch bevor das System der Ordnungszahlen ausgearbeitet worden war, hatte er 1912 und 1913 herausgefunden, daß bestimmte Zwischenprodukte die gleichen chemischen Eigenschaften hatten und nach einer Vermischung durch herkömmliche chemische Verfahren nicht mehr getrennt werden konnte. Es waren die gleichen Elemente, was bedeutete (wie man später begriff), daß sowohl ihre Elektronenkonfiguration als auch die positive Ladung ihrer Kerne identisch waren. Da sie sich aber in ihren radioaktiven Eigenschaften unterschieden, mußte es im Kern etwas anderes als die Ladung geben, das *nicht* gleich war.

Das Periodensystem basierte auf den chemischen Eigenschaften der Elemente. Wenn zwei verschiedene Atome in ihren chemischen Eigenschaften übereinstimmten und sich nur in ihren radioaktiven Eigenschaften unterschieden, waren sie demnach (chemisch) das gleiche Element und mußten im Periodensystem auf derselben Stelle stehen.

Soddy gab seine Ergebnisse 1913 bekannt und bezeichnete diese verschiedenen Arten von Atomen – die zum selben

Element gehörten und im Periodensystem den gleichen Platz einnahmen – als *Isotope* (nach griechischen Wörtern für »gleicher Ort«). 1921 erhielt er für seine Arbeit den Nobelpreis.

Dies war ein weiterer Rückschlag für lange gehegte Atomvorstellungen. Leukipp, Demokrit und Dalton hatten ausnahmslos angenommen, daß alle Atome eines bestimmten Elements identisch seien. Es hatte anscheinend keinerlei Beobachtungen gegeben, die das Gegenteil nahelegten – bis jetzt. Wissenschaftler, die mit radioaktiven Zwischenprodukten arbeiteten, fanden nicht weniger als fünf oder sechs Varianten eines Elements, die allesamt verschiedene radioaktive Eigenschaften aufwiesen.

Sobald 1914 das System der Ordnungszahlen deutlich wurde, konnte man auch in Einzelheiten erkennen, wie sich ein Atom in ein anderes umwandelte. So besitzt das Uranatom einen Kern mit einem Atomgewicht von 238 und einer Ordnungszahl von 92. Man bezeichnet es als ^{238}U. Bei seiner radioaktiven Umwandlung gibt es jedoch ein Alphateilchen ab, das selbst ein Atomgewicht von 4 und die Ordnungszahl 2 aufweist. Das Atomgewicht und die Ordnungszahl des Alphateilchens müssen von den entsprechenden Werten des Urankerns abgezogen werden. Was übrigbleibt, ist dann ein Kern mit einem Atomgewicht von 234 und einer Ordnungszahl +90. (Ein emittiertes Alphateilchen verringert immer das Atomgewicht des emittierenden Kerns um 4 und die Ordnungszahl um 2.)

Als Crookes diesen Zerfall des Urankerns entdeckte, nannte er das Produkt Uran X, womit er lediglich ausdrückte, daß er nicht die geringste Ahnung hatte, worum es sich handeln konnte. Aber nun konnte man anhand der bloßen Zahlen erkennen, daß es das neue Element Thorium war, dessen Atome ja schließlich alle die Ordnungszahl 90 besitzen.

Das herkömmliche, bekannte Thorium besitzt ein Atomgewicht von 232 und ist daher ^{232}Th. Das Zerfallsprodukt von Uran besitzt ein Atomgewicht von 234 und ist somit ^{234}Th. Dies ist ein Beispiel für zwei Isotope. Beide haben die Ordnungszahl 90 und damit zwangsläufig eine Kernladung von +90. Die beiden unterscheiden sich jedoch in ihrer Masse; ^{234}Th ist um zwei Einheiten schwerer als ^{232}Th.

Ist das wirklich so ein Unterschied? Chemisch auf jeden Fall nicht. Sowohl ^{232}Th als auch ^{234}Th besitzen bei einer Kernladung von +90 jeweils 90 Elektronen, die in beiden Fällen gleich angeordnet sind, so daß alle chemischen Eigenschaften identisch sind. Hinsichtlich der Radioaktivität gibt es aber einen Unterschied. Gewöhnliches Thorium 232, das in Mineralien vorkommt, gibt Alphateilchen ab, während Thorium 234, das Zerfallsprodukt von Uran, Betateilchen abgibt. Außerdem zerfallen die Atome von Thorium 234 etwa 200 Milliarden mal schneller als die Atome von Thorium 232. Das ist ein recht großer Unterschied.

Es gibt noch andere Thoriumisotope, die als Teil der einen oder anderen radioaktiven Zerfallsreihe auftreten. Dazu gehören ^{227}Th, ^{228}Th, ^{229}Th, ^{230}Th und ^{231}Th. Sie zerfallen alle auf unterschiedliche Weise und mit unterschiedlicher Geschwindigkeit, ausnahmslos aber viel schneller als ^{232}Th.

Doch zurück zu Thorium 234, das ja ein Betateilchen abgibt. Verändert es sich dadurch?

Ein Betateilchen ist ein Elektron. Es hat eine Ladung von –1; deshalb läßt sich seine Ordnungszahl als –1 auffassen. Seine Masse entspricht dem $^{1}/_{1837}$ eines Wasserstoffatoms oder beträgt ungefähr 0,00054. Diese Zahl ist so niedrig, daß man nicht weit daneben liegt, wenn man sie als ungefähr 0 einstuft. Das bedeutet: Wenn ein Kern ein Betateilchen emittiert, muß man vom Atomgewicht des Kerns 0

abziehen, so daß es unverändert bleibt. Von der Ordnungszahl des Kerns muß man dagegen –1 abziehen. Eine Subtraktion von –1 ist gleichbedeutend mit der Addition von +1, weshalb sich die Ordnungszahl um 1 *erhöht.* Der Kern von ^{234}Th mit einer Ordnungszahl von 90 und einem Atomgewicht von 234 verändert sich daher bei Abgabe eines Betateilchens zu einem Kern mit der Ordnungszahl 91 und einem Atomgewicht von 234. Das Element mit der Ordnungszahl 91 ist Protaktinium; isoliert wurde es erstmals 1917 von dem deutschen Chemiker Otto Hahn (1879–1969) und seiner Mitarbeiterin, der österreichischen Chemikerin Lise Meitner (1878–1968). Damit haben wir ^{234}Th, das sich zu ^{234}Pa umgewandelt hat.
Die Emission eines Gammastrahls durch einen Atomkern läßt den Kern unverändert. Der Gammastrahl besitzt weder Ladung noch Masse und hat damit sowohl eine Ordnungszahl als auch ein Atomgewicht von 0. Wenn ein Kern einen Gammastrahl abgibt, verliert er dabei nur Energie.
Sobald die Wissenschaftler herausgefunden hatten, wie jede der radioaktiven Strahlungen einen Atomkern veränderte, konnten sie auch die genaue Identität aller Zwischenprodukte einer radioaktiven Zerfallsreihe bestimmen.
Das Konzept von Isotopen ließ das Periodensystem unberührt. Jede Stelle im Periodensystem enthielt nur eine Atomart, soweit es die Ordnungszahl betraf. Im Hinblick auf die chemischen Eigenschaften spielte es keine Rolle, daß Isotope ein unterschiedliches Atomgewicht besaßen. Was es im Zusammenhang mit dem Aufbau und den Eigenschaften des Atomkerns bedeutete, dazu kommen wir noch.

Halbwertszeiten

Die verschiedenen Zwischenprodukte einer radioaktiven Zerfallsreihe zerfallen recht schnell. Beobachtet man eine bestimmte Menge eines dieser Zwischenprodukte, so wird man feststellen, daß die Häufigkeit des Zerfalls mit der Zeit abnimmt. Der Grund liegt auf der Hand. Wenn die Atome zerfallen, bleiben immer weniger Atome der ursprünglichen Spielart übrig, die zerfallen können, so daß man immer weniger Zerfallsprozesse beobachten kann.
Die Art und Weise, wie die Zerfallsgeschwindigkeit abnimmt, entspricht genau dem, was die Chemiker aufgrund eines Vorgangs erwarteten, den sie von vielen chemischen Reaktionen her kannten. Es handelt sich dabei um die sogenannte Reaktion erster Ordnung. Dies bedeutet, daß jedes radioaktive Atom einer bestimmten Spielart mit einer bestimmten Wahrscheinlichkeit zerfällt und daß sich diese Wahrscheinlichkeit im Lauf der Zeit nicht verändert. Wenn die Wahrscheinlichkeit eines Zerfalls an einem bestimmten Tag 50 Prozent beträgt und anschließend 100 Tage verstreichen, ohne daß das Atom zerfällt, ist die Wahrscheinlichkeit des Zerfalls auch am 101. Tag nicht größer. Dies entspricht der Situation beim Werfen einer Münze. Die Chance, daß die Kopf-Seite fällt, ist 1 : 2. Auch wenn man 100mal wirft und jedesmal Zahl erhält, ist die Wahrscheinlichkeit, beim 101. Wurf Kopf zu erhalten, trotzdem nur 1 : 2 – vorausgesetzt natürlich, daß die Münze nicht präpariert ist. Oft wird irrtümlich angenommen, die Chance, beim nächsten Versuch Kopf zu werfen, steige mit der Anzahl der Zahl-Würfe.
Man kann nicht vorhersagen, wann ein einzelnes Atom zerfällt, aber wenn man es mit einer großen Menge von Atomen zu tun hat, kann man berechnen, wie viele an einem Tag oder in einer Minute zerfallen werden. Man weiß nicht,

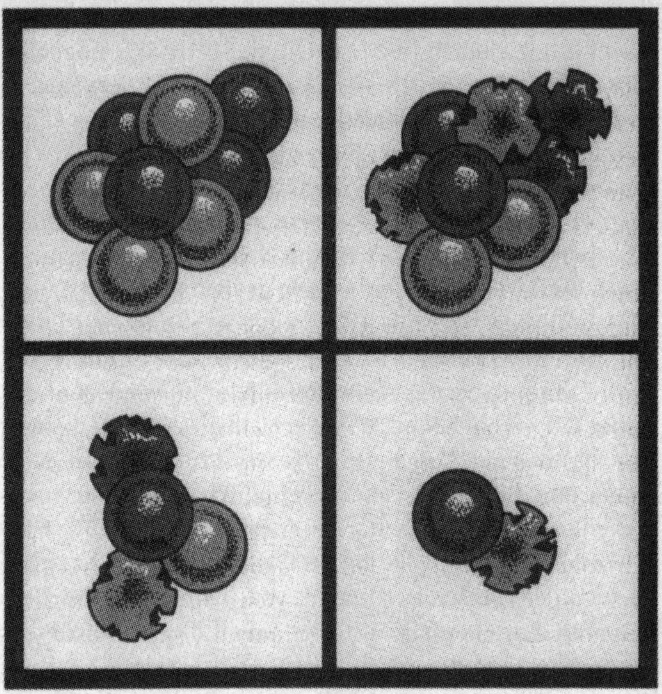

Halbwertszeit ist die durchschnittliche Zeitspanne, in der die Hälfte der Atome einer radioaktiven Substanz zerfällt.

welche Atome zerfallen werden, aber man kennt die Anzahl. Damit vergleichbar ist die Tatsache, daß Statistiker ungefähr vorhersagen können, wie viele Autofahrer an einem Ferienwochenende sterben werden, obwohl sie gleichzeitig keine Ahnung haben, wen es im Einzelfall trifft.
Auf diese Weise kann man auch den Zeitraum berechnen, nach dem die Hälfte aller Atome zerfallen sein wird. Bei den Reaktionen erster Ordnung dauert es immer gleich lange, bis die Hälfte einer beliebig großen Menge zerfallen ist. Wenn man also mit 120 g eines bestimmten Isotops beginnt und es ein Jahr dauert, bis die Hälfte davon zerfallen ist, dann dauert es ein weiteres Jahr, bis wiederum die Hälfte der verbliebenen Hälfte zerfallen ist. Anders ausgedrückt: Bei einer Ausgangsmenge von 120 g hat man nach einem Jahr noch 60 g, nach zwei Jahren noch 30 g, nach drei Jahren noch 15 g, nach vier Jahren noch 7,5 g usw. Theoretisch gelang man nie bei 0 an, aber zuletzt hat man nur noch ein einzelnes Atom, das nach einer nicht vorhersehbaren Zeit ebenfalls zerfällt – womit dieses radioaktive Isotop verschwunden ist.
In vielen Fällen können die Wissenschaftler tatsächlich die Alpha- oder Betateilchen zählen, die in einem bestimmten Zeitraum abgegeben werden. Aus dem Absinken dieser Zahl können sie die Zeitdauer berechnen, nach der die Hälfte der Isotope verschwunden sein wird. (Man hat verschiedene Verfahren entwickelt, um einzelne Alpha- oder Betateilchen nachzuweisen, aber in diesem Buch behandle ich wissenschaftliche Instrumente nur dann, wenn es notwendig ist. Ich konzentriere mich hier auf Ideen und Theorien.)
Das aus dem Zerfall von Uran hervorgehende Protaktiniumisotop ^{234}Pa verliert in ungefähr 70 Sekunden die Hälfte seiner Atome. Dies ist seine Halbwertszeit; der Begriff wurde 1904 von Ernest Rutherford eingeführt.

Wenn es ganz allein vorkäme, würde Protaktinium 234 natürlich selbst dann innerhalb kürzester Zeit verschwinden, wenn es anfangs in riesigen Mengen vorhanden wäre. Falls die gesamte Erde nur aus Protaktinium 234 bestünde – und unter der Voraussetzung, daß die Atome ruhig zerfallen könnten –, wäre diese riesige Menge in etwa drei Stunden aufgebraucht. (In Wirklichkeit würde dabei so viel Energie frei, daß die Erde wie eine gewaltige Bombe explodierte.)

Und dennoch kommt Protaktinium 234 im Erdboden vor und kann in sehr geringen Mengen isoliert werden. Warum ist es nicht *restlos* verschwunden? Die Antwort lautet, daß alle derartigen Atome, die bei der Entstehung der Erde existierten, ein paar Minuten später schon verschwunden waren, aus Uran aber ständig neue Atome entstehen.

Andere Isotope haben eine längere Halbwertszeit. Radium 226 (das die Curies aus Pechblende isolierten), gibt Alphateilchen ab und hat eine recht lange Halbwertszeit, so daß das Absinken der Zerfallsgeschwindigkeit zu gering ist, um über einen kürzeren Zeitraum hinweg registriert zu werden. Wartet man aber lange genug, so kann man das Absinken messen und die Halbwertszeit auf 1620 Jahre bestimmen. Aber selbst dies reicht nicht aus, daß Radium so lange existieren könnte, wie die Erde besteht. Radium kommt nur deshalb vor, weil es ständig aus Uran entsteht.

Wegen der sehr niedrigen Zerfallsgeschwindigkeit von Uran wird auch Radium nur sehr langsam gebildet. Radium zerfällt dagegen so schnell, wie es entsteht, auch wenn dies aufgrund der geringen Menge zunächst recht langsam geschieht. Wenn aber immer mehr davon anfällt, zerfällt es immer schneller (was für eine Reaktion erster Ordnung charakteristisch ist), zuletzt sogar so schnell, wie es entsteht, so daß ein radioaktives Gleichgewicht hergestellt wird.

Daraus ergibt sich, daß in jedem uranhaltigen Mineral auch

Radium vorkommt, wobei die Menge an Radium aufgrund seiner kürzeren Halbwertszeit viel geringer ist. Das trifft auch dann zu, wenn Uran nicht unmittelbar, sondern erst über einige weitere Zwischenprodukte zu Radium wird.

In Uranerz ist die Konzentration von Uran etwa 2 780 000mal so hoch wie die von Radium; damit ist auch die Halbwertszeit von Uran 238 (^{238}U) 2 780 000mal so lange wie die von Radium 226 (^{226}Ra). Für ^{238}U ergibt dies eine Halbwertszeit von ungefähr 4,51 Milliarden Jahren.

Dies erklärt, warum man heute noch ursprüngliches Uran auf der Erde findet. Unser Planet entstand vor ungefähr 4,6 Milliarden Jahren, und zu seiner Grundausstattung gehörte auch eine bestimmte Menge Uran. In all der langen Zeit ist nur etwa die Hälfte des ursprünglich vorhandenen Urans zerfallen; die andere Hälfte existiert noch. Es wird weitere 4,51 Milliarden Jahre dauern, bis auch die Hälfte des bis heute verbliebenen Urans zerfallen sein wird. Da Uran die ganze Zeit über vorhanden war, gibt es auch die Zwischenprodukte seines Zerfalls – wenngleich natürlich in viel geringeren Mengen.

Thorium 232 hat eine noch längere Halbwertszeit als Uran: 13,9 Milliarden Jahre. Erst ein Fünftel der ursprünglich auf der Erde vorhandenen Menge an Thorium konnte bisher zerfallen.

Das Isotop Uran 235 (^{235}U) wurde 1935 von dem kanadisch-amerikanischen Physiker Arthur Jeffrey Dempster (1886–1950) entdeckt; es ist bei weitem nicht so langlebig wie Uran 238 oder Thorium 232. Die Halbwertszeit von ^{235}U beläuft sich auf nur etwa 710 Millionen Jahre, was aber immer noch lange genug ist, daß etwas mehr als $^1/_{70}$ der bei der Entstehung der Erde ursprünglich vorhandenen Menge auch heute noch existiert.

Stabile Kernvarianten

Soddys Entdeckung von Isotopen betraf zwar nur radioaktive Atome, aber sie warf auch sofort Fragen zu nichtradioaktiven Atomen auf. Bereits 1905 bemerkte der amerikanische Chemiker Bertram Borden Boltwood (1870–1927), daß uranhaltige Minerale immer auch Blei zu enthalten schienen. Er fragte sich deshalb, ob Blei nicht das Endprodukt radioaktiven Zerfalls sein konnte. Die weiteren Untersuchungen bestätigten das. Blei war damit zwar kein radioaktives Element, aber eng mit der Radioaktivität verbunden. Die einzige Art und Weise, wie ein radioaktives Atom normalerweise sein Atomgewicht verändert, ist die Abgabe eines Alphateilchens. Ein Betateilchen wirkt sich auf das Atomgewicht nur unbedeutend aus, ein Gammastrahl überhaupt nicht mehr. Jedesmal, wenn ein Alphateilchen abgegeben wird, sinkt das Atomgewicht um vier. Falls das ursprüngliche radioaktive Atom ein durch 4 ohne Rest teilbares Atomgewicht hätte, müßte auch das Atomgewicht aller Zwischenprodukte ausnahmslos durch 4 teilbar sein – ebenso wie das Bleiatom am Ende der Reihe. So hat Thorium 232, das einzige langlebige Thoriumisotop, ein durch 4 teilbares Atomgewicht (232 = 58 x 4). Bei fortschreitendem Zerfall verliert es insgesamt 6 Alphateilchen mit einem Gesamtatomgewicht von 24, womit für den Rest des Kerns noch ein Atomgewicht von 208 bleibt. Diese 6 Alphateilchen sorgen auch dafür, daß Thorium 232 insgesamt 12 positive Ladungen verliert; es werden jedoch gleichzeitig 4 Betateilchen abgegeben, was wieder 4 positive Ladungen ersetzt. Der Nettoverlust an positiven Ladungen beläuft sich damit auf 8.

Thorium besitzt die Ordnungszahl 90. Der Verlust von 8 positiven Ladungen führt zu einem Atom mit der Ord-

nungszahl 82, was dem Element Blei entspricht. Wenn man die Verringerung des Atomgewichts um 24 berücksichtigt, stellt man fest, daß das Endprodukt des Zerfalls von Thorium 232 Blei 208 (^{208}Pb) ist, ein nichtradioaktives, sondern stabiles Element, von dem auf der Erde immer eine beträchtliche Menge vorhanden ist, war und sein wird.
So weit, so gut, aber was ist mit Uran 238? Wenn man sein Atomgewicht durch 4 teilt, bleibt als Rest 2 (238 = 59 x 4 + 2). Wenn es durch die Abgabe von Alphateilchen an Atomgewicht verliert, haben all seine Zwischenprodukte wie auch sein Endprodukt ein Atomgewicht, das durch 4 geteilt immer einen Rest von 2 aufweist. Ein ^{238}U-Atom verliert bei seinem Zerfall 8 Alpha- und 6 Betateilchen und wird damit zu ^{206}Pb.
Uran 235 schließlich hat ein Atomgewicht, bei dem immer ein Rest von 3 bleibt, wenn man es durch 4 teilt (235 = 58 x 4 + 3); das gleiche gilt für seine Zwischenprodukte und sein Endprodukt. Jedes ^{235}U-Atom gibt 7 Alpha- und 4 Betateilchen ab, was zum Schluß Blei 207 (^{207}Pb) ergibt. (Es gibt eine vierte Reihe, in der bei jedem durch 4 dividierten Atomgewicht ein Rest von 1 bleibt. Später bietet sich die Gelegenheit, sie zu erwähnen.)
Zuletzt bleiben also drei verschiedene Bleiisotope übrig: ^{206}Pb, ^{207}Pb und ^{208}Pb. Alle drei sind stabil und besitzen die normalen Eigenschaften von Blei. Welches davon – wenn überhaupt eines – kommt somit unabhängig von Radioaktivität natürlich vor?
Nehmen wir einmal das Atomgewicht von Blei. In der Natur, d. h. in Gestein, das keine Spur von Radioaktivität zeigt, hat Blei ein Atomgewicht von 207,19. Könnte diese Zahl einfach das durchschnittliche Atomgewicht ausdrücken, da ja die verschiedenen stabilen Isotope immer in einem bestimmten Verhältnis vorkommen? (Nachdem all

die verschiedenen geologischen Prozesse von den chemischen Eigenschaften der verschiedenen Minerale abhängen, können sie Isotope nicht wie die verschiedenen Elemente nach ihren chemischen Eigenschaften trennen, sondern lassen die Isotope immer im gleichen Verhältnis untereinander vermischt.)

Machen wir die Probe aufs Exempel. Zunächst brauchen wir ein stark uranhaltiges Gestein. Zu dem – vielleicht – ursprünglich enthaltenen Blei kämen langsam, aber stetig immer mehr Blei 206 und Blei 207 hinzu, so daß das Atomgewicht des in dem Gestein vorhandenen Bleis meßbar geringer als in nichtradioaktivem Gestein wäre. Ein stark thoriumhaltiges Gestein würde langsam und stetig an Blei 208 zunehmen, was das Atomgewicht seines Bleianteils im Vergleich zu nichtradioaktivem Gestein erhöhen würde.

1914 maß Richards das Molekulargewicht von Blei, das verschiedenen radioaktiven Erzen entstammte. Danach ergaben thoriumhaltige Minerale für Blei einen Wert von nicht weniger als 207,9, während es uranhaltige Minerale nur auf einen Wert von 206,01 brachten.

Im gleichen Jahr, als die Ordnungszahlen das Atomgewicht als Grundlage des Periodensystems abgelöst hatten, hatte man plötzlich den Eindruck, als sei das Atomgewicht überhaupt nicht elementar. Das Atomgewicht war vielleicht nur ein Durchschnittswert aus den Isotopengewichten (Massenwerte), die als solche womöglich viel wichtiger waren.

Aber natürlich entstanden Bleiisotope durch radioaktiven Zerfall. Vielleicht ist dies ein Sonderfall. Was ist mit den Elementen, die absolut nichts mit Radioaktivität zu tun haben? Hinweise dazu hatte es schon gegeben, bevor die Existenz von Bleiisotopen durch die Forschungen Richards' praktisch bewiesen wurden.

Betrachten wir nun positive Ionenstrahlen, d. h. Ströme

positiv geladener Atome, die weniger Elektronen als normal besitzen. (Manchmal enthalten positive Ionenstrahlen keine Elektronen, sondern bestehen nur aus den bloßen Kernen.) Wenn diese positiven Ionen einem elektromagnetischen Feld ausgesetzt werden, weichen ihre Bahnen von der geraden Linie ab, auf der sie sich normalerweise bewegen. Das Ausmaß der Krümmung hängt sowohl von der elektrischen Ladung als auch von der Masse der Teilchen ab. Wenn man es mit einem Element zu tun hat, dessen Atome alle die gleiche Anzahl von Elektronen verlieren, dann haben alle Teilchen des Ionenstrahls dieselbe positive elektrische Ladung. Stellt man deshalb eine Abweichung bei der Bahnkrümmung des Strahls fest, so muß diese aus dem Unterschied in der Masse der Teilchen, d. h. aus dem Atomgewicht, resultieren.

Nehmen wir an, das Gas in einer Röhre sei Neon, dessen Atome alle die gleiche positive Ladung tragen. Wenn alle Atome auch dasselbe Atomgewicht besäßen (wie man immer als erwiesen angenommen hatte, seit die Atomtheorie aufgestellt worden war), würden sie alle die gleiche gekrümmte Bahn beschreiben. Falls man in die Bahn der schnellen Teilchen einen fotografischen Film stellte, würden sie den Film alle an der gleichen Stelle treffen und einen kleinen, verschleierten Fleck bilden.

Thomson führte das Experiment 1912 durch und stellte fest, daß die Neonionen die Fotoplatte fast genau an der erwarteten Stelle verschleierten; ganz in der Nähe davon gab es jedoch einen zweiten, weit weniger deutlich ausgeprägten Schleier. Die Position der zweiten verschleierten Stelle lag etwa dort, wo man Atome mit einem Atomgewicht von 22 erwarten würde. Man hatte zwar nicht mit einem Atomgewicht dieser Größe gerechnet, aber Thomson erklärte, wenn von zehn Atomen neun eine Massenzahl von 20

Setzt man einen positiv geladenen Ionenstrom eines Elements einem elektromagnetischen Feld aus, so werden die leichteren Isotope von ihrer normalen, geradlinigen Bahn stärker abgelenkt. In einem Massenspektrometer erzeugt dieser Effekt dicht beieinanderliegende dunkle Linien auf einer Fotoplatte. Aus der Position der Linien läßt sich die Massenzahl des Isotops berechnen, während die Dunkelheit der Linie die relative Menge des Isotops anzeigt.

und eines eine von 22 hätten, würde sich der gewichtete Mittelwert auf 20,2 belaufen, was dem gemessenen Atomgewicht von natürlich vorkommendem Neon ziemlich genau entsprach. Anders ausgedrückt: Neon, das mit radioaktiven Vorgängen nichts zu tun hatte, könne aus zwei Isotopen bestehen: Neon 20 und Neon 22. Diese Möglichkeit eröffnete mit einem Schlag eine neue Sichtweise der Kernstruktur.

1815, als die Atomtheorie noch in den Kinderschuhen steckte, hatte der britische Chemiker William Prout (1785–1850) die Hypothese aufgestellt (und zwar anonym, weil die Idee zu ausgefallen war, als daß er gewagt hätte, sie mit seinem Namen in Verbindung zu bringen), daß alle Atome Kombinationen von Wasserstoffatomen seien. Atomgewichte wurden damals einfach festgesetzt und schienen ganzzahlig zu sein. Wasserstoff war somit 1, Kohlenstoff 12, Sauerstoff 16, Schwefel war 32 usw. Prout behauptete, das Kohlenstoffatom bestehe aus 12, das Sauerstoffatom aus 16 und das Schwefelatom aus 32 jeweils eng verbundenen Wasserstoffatomen.

Als die Urheberschaft dieser Theorie ans Tageslicht kam, wurde sie Proutsche Hypothese genannt. Sie konnte sich allerdings nicht behaupten, denn als man die Atomgewichte immer genauer bestimmte, stellte sich heraus, daß diese in keiner Weise oder auch nur annähernd ganzzahlig waren. Chlor hatte beispielsweise ein Atomgewicht von 35,456, Kupfer von 63,54, Eisen von 55,85, Magnesium von 24,31 und Quecksilber von 200,59 usw.

Wenn sich die Proutsche Hypothese bewahrheitet hätte, wäre die Atomtheorie sehr viel eleganter ausgefallen, d. h. einfacher und übersichtlicher. Aufgrund von Beobachtungen wurde sie ein Jahrhundert lang aufgegeben; nun stand sie plötzlich wieder im Vordergrund.

Was aber, wenn alle nicht ganzzahligen Atomgewichte sich

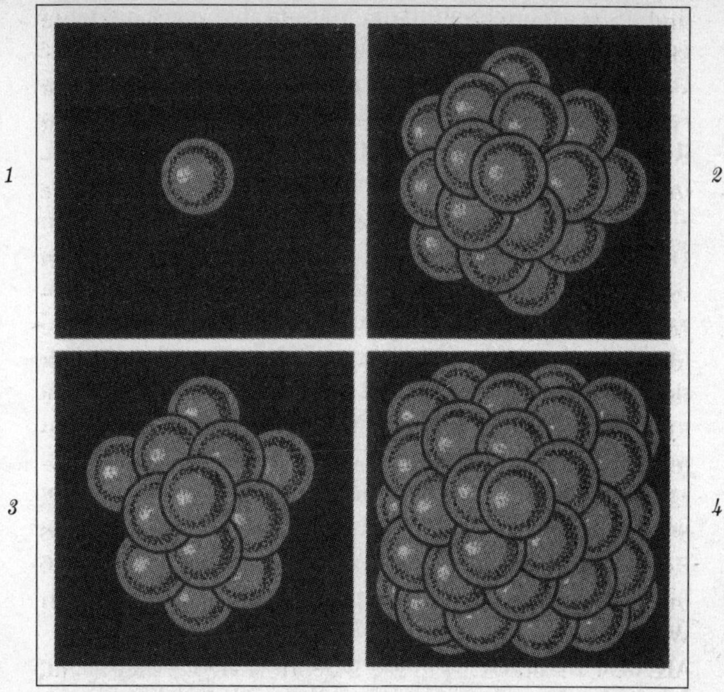

1815 stellte William Prout die Hypothese auf, alle Atome seien Verbindungen aus Wasserstoffatomen.
1) Wasserstoff 1 (^{1}H). 2) Kohlenstoff 12 (^{12}C). 3) Sauerstoff 16 (^{16}O). 4) Schwefel 32 (^{32}S).

nur aus dem Durchschnitt der Massenzahlen verschiedener Isotope ergaben – und zwar von *ganzzahligen* Massenzahlen? Dann könnten die Atomgewichte zwar für chemische Berechnungen von Nutzen sein, bei der Betrachtung von Kernstrukturen aber wären die Massenzahlen der Isotope hilfreich.

1919 erfand der britische Chemiker Francis William Aston (1877–1945), ein Student J. J. Thomsons, den von ihm so bezeichneten Massenspektrographen. Durch dieses Gerät wurden geladene Ionen mit der gleichen Ladung und Masse in einer dünnen Linie auf einer Fotoplatte fokussiert. Auf diese Weise konnten vorhandene Isotope als dicht nebeneinanderliegende dunkle Linien sichtbar gemacht werden. Die Position einer Linie erlaubte es, die Massenzahl eines Isotops zu errechnen; der Grad der Dunkelheit ließ Rückschlüsse auf den relativen Anteil dieses Isotops zu. Im Vergleich zu den Ergebnissen, die mit Thomsons zwar bahnbrechendem, aber doch primitivem Gerät erlangt wurden, waren die hier erzielten Resultate viel genauer.

Mit Hilfe eines solchen Massenspektrographen wurden die Linien für Neon 20 (^{20}Ne) und Neon 22 (^{22}Ne) eindeutig nachgewiesen – wie auch schließlich eine sehr schwache Linie für Neon 21 (^{21}Ne). Heute wissen wir, daß von 1000 Neonatomen ungefähr 909 ^{20}Ne, 88 ^{22}Ne und 3 ^{21}Ne sind. Alle drei Isotope sind stabil; der gewichtete Mittelwert ihrer Massenzahlen weist dem natürlich vorkommenden Neon damit ein Atomgewicht von 20,18 zu. Für seine Arbeit mit dem Massenspektrographen erhielt Aston 1922 den Nobelpreis.

Natürlich wurden auch andere Elemente getestet; bei der Mehrzahl von ihnen fand man heraus, daß sie aus verschiedenen Isotopen bestehen. So besteht Chlor z. B. aus zwei Isotopen: Chlor 35 (^{35}Cl) und Chlor 37 (^{37}Cl). Von jeweils

1000 Chloratomen sind 755 ^{35}Cl und 245 ^{37}Cl, wodurch der gewogene Mittelwert ihrer Massenzahlen etwa das Atomgewicht ergibt, das Chlor in der Natur tatsächlich hat. (Das gewichtete Mittel entspricht nicht *genau* dem gemessenen Atomgewicht, weil auch die Massenzahlen nicht *absolut* ganzzahlig sind, aber dazu später mehr.)

Manchmal dominiert ein Isotop ganz überwältigend. Beispielsweise sind von jeweils 1000 Kohlenstoffatomen 989 Kohlenstoff 12 (^{12}C) und nur 11 Kohlenstoff 13 (^{13}C). Von jeweils 1000 Stickstoffatomen sind 996 Stickstoff 14 (^{14}N), während 4 Stickstoff 15 (^{15}N) sind. Von jeweils 10 000 Wasserstoffatomen sind 9999 Wasserstoff 1 (^{1}H) und nur eines Wasserstoff 2 (^{2}H). Von jeweils einer Million Heliumatome sind alle bis auf eines Helium 4 (^{4}He), wobei dieses eine Helium 3 (^{3}He) ist. In all diesen Fällen liegt das Atomgewicht nahe bei einem ganzzahligen Wert.

1919 entdeckte der amerikanische Chemiker William Francis Giauque (1895–1982), daß von jeweils 10 000 Sauerstoffatomen 9976 Sauerstoff 16 (^{16}O), 20 Sauerstoff 18 (^{18}O) und 4 Sauerstoff 17 (^{17}O) sind. Diese Entdeckung war deshalb so bedeutend, weil seit den Zeiten von Berzelius Sauerstoff als Maßstab für das Atomgewicht galt und sein Wert mit genau 16,000 festgelegt wurde. Dies schien jedoch nunmehr lediglich ein Durchschnittswert zu sein, der sich von Probe zu Probe leicht verändern konnte. 1961 kamen die Physiker und Chemiker deshalb offiziell überein, eine Massenzahl anstatt eines Atomgewichts als Maßstab heranzuziehen. Die Massenzahl von Kohlenstoff 12 (^{12}C) wurde mit exakt 12,000 festgesetzt, was die alten Atomgewichte nur sehr geringfügig verschob. Das Atomgewicht von Sauerstoff z. B. beträgt deshalb nicht mehr 16,0000, sondern 15,9994.

Einige Atome treten in der Natur nur in einer Spielart auf. So haben alle natürlich vorkommenden Fluoratome die

Massenzahl 19, alle Natriumatome 23, alle Aluminiumatome 27, alle Kobaltatome 59, alle Goldatome 197 usw. Für diese Fälle hielten viele Physiker das Wort *Isotop* für unangebracht. Isotop impliziert, daß mindestens zwei Varianten eines Atoms sich einen Platz im Periodensystem teilen. Die Aussage, ein Element habe *ein* Isotop, ist so sinnvoll, wie wenn man sagt, Eltern hätten einen einzelnen Zwilling als Kind. 1947 schlug der amerikanische Chemiker Truman Paul Kohman (geb. 1916) deshalb vor, man solle statt dessen den Ausdruck *Nuklid* verwenden. Der Ausdruck ist zweifellos gut gewählt, aber Isotop hat sich zu sehr eingebürgert, um noch ersetzt zu werden.

Es gibt 81 Elemente, die mindestens ein stabiles Isotop besitzen. Das komplizierteste davon ist Wismut mit der Ordnungszahl 83. All seine Atome haben eine Massenzahl von 209; das schwerste stabile Atom ist somit Wismut 209 (^{209}Bi). Es gibt kein stabiles Atom mit einer Ordnungszahl von größer als 83 oder einem Atomgewicht über 209. Schwerere Atome gibt es nur deshalb auf der Erde, weil Uran 232 (^{232}U), Uran 238 (^{238}U) und Thorium 232 (^{232}Th) zwar radioaktiv, aber sehr langlebig sind.

Unter den 81 Elementen beläuft sich die Gesamtzahl stabiler Isotope auf 272; bei gleichmäßiger Verteilung würde dies ausreichen, um für jedes Element drei bis vier Isotope bereitzustellen. Aber natürlich ist dies nicht der Fall. Die Elemente mit gerader Ordnungszahl besitzen überdurchschnittlich viele Isotope. Zinn, das die Ordnungszahl 50 hat, hält den Rekord mit zehn stabilen Isotopen; sie besitzen die Massenzahlen 112, 114, 115, 116, 117, 118, 119, 120, 122 und 124.

Elemente mit ungerader Ordnungszahl besitzen normalerweise entweder ein oder zwei stabile Isotope. Es gibt 19 Elemente (von einer Ausnahme abgesehen alle mit ungerader Ordnungszahl), die aus einem einzigen stabilen Isotop

bestehen. Die eine Ausnahme mit gerader Ordnungszahl ist Beryllium (Ordnungszahl 4), das mit Beryllium 9 (^{9}Be) ein einziges stabiles Isotop besitzt.
Man fragt sich vielleicht, warum es nur 81 Elemente mit stabilen Isotopen gibt, wenn doch die Elemente Nr. 82 (Blei) und 83 (Wismut) ebenfalls zu dieser Gruppe zählen. Offensichtlich muß es unter den Elementen zwischen 1 und 83 zwei geben, die keine stabilen Isotope besitzen – und dies ist auch der Fall. Die Elemente 43 und 61 (beide mit ungerader Ordnungszahl) besitzen keine stabilen oder annähernd stabilen Isotope. In den 20er Jahren suchte man eifrig nach ihnen; gelegentlich wurde berichtet, man habe sie isolieren können, aber alle derartigen Berichte erwiesen sich als falsch. Tatsächlich wurde keines der beiden Elemente isoliert, bis die Wissenschaftler im Labor Atomkerne herzustellen vermochten, die auf der Erde selbst nicht in meßbaren Mengen vorkommen. (Dazu kommen wir später noch.)
Eine andere Besonderheit ist, daß Kalium (Ordnungszahl 19) das einzige Element mit ungerader Ordnungszahl ist, von dem mehr als zwei Isotope natürlich vorkommen. Es besitzt drei, mit den Massenzahlen 39, 40 und 41. Von diesen dreien kommt Kalium 40 (^{40}K) unter 10 000 Kaliumatomen aber durchschnittlich nur einmal vor.
Schon 1912 bemerkte Otto Hahn, daß Kalium schwach radioaktiv zu sein schien, was sich schließlich auf Kalium 40 verengte. ^{40}K ist mit einer Halbwertszeit von 1,3 Milliarden Jahren langlebig; damit wird sogar die Halbwertszeit von Uran 235 übertroffen. Weniger als ein Zehntel der bei der Entstehung der Erde vorhandenen Menge existiert heute noch. Kalium kommt im Erdgestein jedoch so häufig vor, daß dort mehr Kalium 40 als Uran 238 und Uran 235 zusammen zu finden ist – und das, obwohl sich unter 10 000 Kaliumatomen nur eines mit ^{40}K befindet.

Wenn dem so ist, warum wurde dann die Radioaktivität im Kalium nicht früher entdeckt als die im Uran? Die Antwort lautet, daß erstens Uran energiereiche Alphateilchen abgibt, Kalium dagegen nur recht schwache Betateilchen. Zum anderen zerfällt Uran zu einer langen Reihe von Zwischenprodukten, die alle stärker radioaktiv sind als Uran selbst. Kalium 40 zerfällt dagegen direkt zu dem stabilen Isotop Argon 40 (^{40}Ar).

Kalium 40 ist nicht das einzige annähernd stabile Isotop unter denen, die wir als stabil aufgeführt haben. Es gibt noch ungefähr ein Dutzend weitere, die alle eine viel längere Halbwertszeit als ^{40}K oder sogar ^{232}Th haben. Sie sind so langlebig, daß ihre Radioaktivität kaum nachweisbar ist. So hat Vanadium 50 beispielsweise eine Halbwertszeit von ungefähr 600 Billionen Jahren, was etwa 130 000mal so lang wie die von Uran 238 ist. Neodym 154 (^{154}Nd) hat eine Halbwertszeit von etwa 5000 Billionen Jahren usw. Keines dieser fast stabilen Isotope mit niedrigeren Ordnungszahlen als Thorium (90) bringt eine Zerfallsreihe hervor. Alle bis auf eines geben ein einziges Betateilchen ab und werden zu einem stabilen Isotop. Die Ausnahme bildet Samarium 147, das ein Alphateilchen abgibt und so zu dem stabilen ^{143}Nd wird.

Aufgrund der Tatsache, daß die Massenzahlen von Isotopen durchweg sehr nahe bei ganzen Zahlen liegen, war man stark versucht zu glauben, Atomkerne bestünden (wie von Prout vertreten) aus kleineren Teilchen, von denen es nur eine sehr beschränkte Anzahl gebe. Die Möglichkeit, die Natur auf diese Weise zu vereinfachen, war verführerisch, so daß in den 20er Jahren die Physiker mit Nachdruck daran arbeiteten, den Aufbau den Atomkerns zu entschlüsseln.

6. Neutronen

Protonen und Elektronen

Der Wunsch nach Einfachheit war für die Physiker nicht das einzige Motiv, sich dem Bereich der Atomstruktur zuzuwenden. Aus der Beobachtung radioaktiver Materialien ergab sich, daß zumindest einige Kerne eine Struktur haben *müssen*, d. h. aus einer Ansammlung noch einfacherer Teilchen bestehen. So gaben einige radioaktive Atomkerne Betateilchen (Elektronen) und andere Alphateilchen (Heliumkerne) ab. Die einfachste Erklärung für diese Emissionen war, daß Atomkerne selbst wieder einfachere Atomkerne und Elektronen enthalten, die aus irgendeinem Grund von Zeit zu Zeit abgegeben werden.
Wenn wir uns damit zufriedengeben, daß einige Atomkerne aus kleineren Kernen sowie Elektronen bestehen, dann liegt die Vermutung nahe, daß möglicherweise alle Atomkerne so aufgebaut sind. Der Einfachheit halber könnte man zudem davon ausgehen, daß derart zusammengesetzte Atomkerne aus den einfachsten Kernen bestehen sollten, die überhaupt möglich sind.
Der kleinste bekannte Atomkern war der von Wasserstoff 1, ein Kern mit der Massenzahl 1 und einer elektrischen Ladung +1. Rutherford hatte den ^{1}H-Kern als Proton bezeichnet. In den 20er Jahren herrschte insgesamt die Meinung vor, das Proton sei das kleinste und einfachste Teilchen, das eine positive Ladung tragen könne. Deshalb kam

Im Kern sind sowohl Protonen aus auch Neutronen vorhanden.

die Theorie auf, Atomkerne bestünden aus Protonen und Elektronen, die auf ein winziges Volumen zusammengedrückt seien.
Das Alphateilchen, das aus einigen radioaktiven Atomen austritt, hat die Massenzahl 4; es könnte also aus 4 Protonen mit der Massenzahl 1 bestehen. Das Alphateilchen hat aber auch eine elektrische Ladung +2, und 4 Protonen besitzen eine Gesamtladung +4. Es hat daher den Anschein, als müßten in dem Alphateilchen neben den 4 Protonen auch 2 Elektronen vorhanden sein, die zwei der positiven Ladungen ausgleichen, dabei aber der Masse nichts Wesentliches hinzufügen. Ein Alphateilchen aus 4 Protonen und 2 Elektronen hätte dann, wie beobachtet, eine Masse von 4 und eine Ladung von +2.
Entsprechend könnte man auch die Zusammensetzung für andere Atomkerne berechnen und die Isotope erklären. Beispielsweise besitzt der Kern von Sauerstoff 16 eine Masse von 16 und eine Ladung +8, so daß er aus 16 Protonen und 8 Elektronen bestehen sollte. Der Kern von Sauerstoff 17 könnte so interpretiert werden, daß er ein zusätzliches Proton-Elektron-Paar habe, das die Masse um 1 erhöht, ohne dabei die Ladung zu verändern. Eine Gesamtzahl von 17 Protonen und 9 Elektronen ergibt eine Masse von 17 und eine Ladung +8. Der Kern von Sauerstoff 18 wiederum dürfte noch ein weiteres Proton-Neutron-Paar besitzen und somit aus 18 Protonen und 10 Elektronen bestehen sowie eine Masse von 18 und eine Ladung +8 aufweisen.
Eine Weile ließen sich die Physiker von dieser Proton-Elektron-Theorie der Kernstruktur leiten, insbesondere auch deshalb, weil sie das Universum auf eine außergewöhnliche Einfachheit reduzierte. Nach dieser Theorie bestehen alle materiellen Objekte im Universum aus etwa 100 verschiede-

nen Atomarten, und jedes Atom besteht aus der gleichen Anzahl zweier Arten von Elementarteilchen: Protonen und Elektronen. Alle Protonen befinden sich im Kern, während sich ein Teil der Elektronen im Kern und der andere Teil außerhalb davon aufhält.

Darüber hinaus schien es so, als werde das gesamte Weltall von zwei Feldern zusammengehalten. Der Kern wurde von der elektromagnetischen Anziehung zwischen Protonen und Elektronen zusammengehalten, das Atom als Ganzes von der elektromagnetischen Anziehung zwischen Kernen und Elektronen. Verschiedenartige Atome verbanden sich zu Molekülen, Kristallen oder Festkörpern, die so groß wie Planeten waren, und zwar entweder durch die Übertragung von Elektronen von einem Atom zum anderen oder durch gemeinsame Elektronen. Gab es irgend etwas, das nicht durch elektromagnetische Felder zusammengehalten wurde? Selbstverständlich ja.

Die Moleküle von Gasen sind weit verstreut und nur sehr schwachen elektromagnetischen Kräften unterworfen. Aber wenn dies die einzige auf sie wirkende Kraft wäre, würden sich die Moleküle ausbreiten und über die Weite des Raums verteilen. Doch Gase werden durch den Einfluß von etwas anderem an große Körper gebunden: durch die Massenanziehungs- oder Gravitationskraft. Aus diesem Grund bleibt die Atmosphäre um die Erde herum erhalten.

Das Gravitationsfeld ist jedoch so schwach, daß schon ein sehr großer Himmelskörper notwendig ist, um Gase halten zu können. Beispielsweise würden Flüssigkeiten mit niedrigem Siedepunkt auf der Erde leicht verdunsten und ihre Moleküle sich in den Weltraum verflüchtigen, wenn die Massenanziehung nicht stark genug wäre. Nur wegen der Gravitationskraft der Erde haben wir einen Ozean, wäh-

1

2

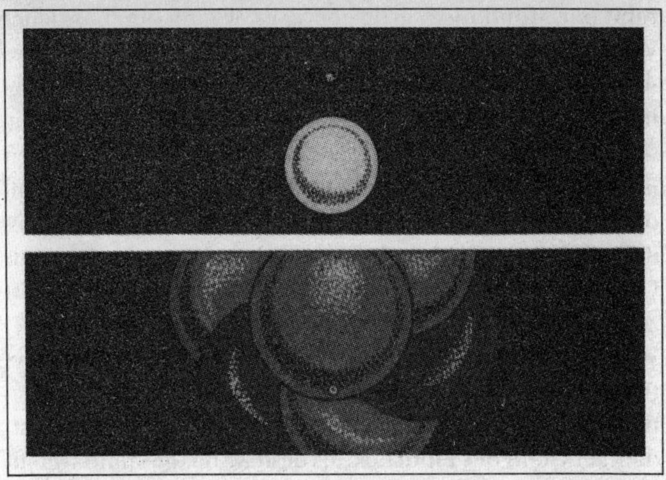

1. Wenn man einen Atomkern aus der Perspektive eines umkreisenden Elektrons betrachten könnte, dürfte der Kern wie ein winziger Fleck in großer Entfernung aussehen.
2. Ein Elektron besitzt nur $^1/_{1837}$ der Masse eines Protons, obwohl ihre Ladungen gleich groß, wenn auch entgegengesetzt sind.

rend der Mond nicht groß genug ist, um nichtgebundenes Wasser auf seiner Oberfläche zu halten.
Auch Himmelskörper, die eine beträchtliche Entfernung im Weltraum voneinander trennt, werden durch Gravitationsfelder untereinander zusammengehalten: Satelliten mit Planeten, Planeten mit Fixsternen, Sterne untereinander, so daß sie Galaxien bilden, und Galaxien untereinander, so daß sie Galaxienhaufen bilden. Das Universum als Ganzes wird tatsächlich von der Massenanziehungskraft zusammengehalten.
Wenn man nun noch berücksichtigt, daß das elektromagnetische Feld mit einer Photonenstrahlung und das Gravitationsfeld mit einer Gravitonenstrahlung verbunden ist, dann entsteht der Eindruck, als bestehe das gesamte Weltall aus nur vier Arten von Teilchen: Protonen, Elektronen, Photonen und Gravitonen. Protonen haben eine Massenzahl 1, eine Ladung +1 und einen Spin $+{}^{1}\!/_{2}$ oder $-{}^{1}\!/_{2}$. Elektronen besitzen eine Massenzahl 0,00055, eine Ladung –1 und einen Spin $+{}^{1}\!/_{2}$ oder $-{}^{1}\!/_{2}$. Photonen haben eine Massenzahl 0, eine Ladung 0 und einen Spin +1 oder –1. Gravitonen besitzen eine Massenzahl 0, eine Ladung 0 und einen Spin +2 oder –2.
Wie einfach das ist! Es ist sogar noch einfacher als die griechische Auffassung von vier Elementen auf der Erde und einem fünften Element für die Himmelskörper. Das Universum sollte nie wieder so einfach erscheinen wie während eines Teils der 20er Jahre.
Ja, es gab sogar einen nachhaltigen Versuch zu einer weiteren Vereinfachung. Wozu brauchte man zwei Felder, ein elektromagnetisches und ein Gravitationsfeld? Konnte es sich dabei nicht um zwei Aspekte des gleichen Phänomens handeln? Reichte nicht vielleicht ein einziger Satz Gleichungen aus, um beide zu beschreiben?

Tatsache ist, daß sich das elektromagnetische Feld und das Gravitationsfeld von Grund auf zu unterscheiden scheinen. Das elektromagnetische Feld wirkt nur auf elektrisch geladene Teilchen, das Gravitationsfeld dagegen auf alle Teilchen mit Masse, ob sie nun geladen sind oder nicht. Das elektromagnetische Feld besitzt sowohl eine abstoßende als auch eine anziehende Wirkung, das Gravitationsfeld dagegen nur eine anziehende. Das elektromagnetische Feld wirkt Billionen Billionen Billionen Male so stark auf ein Teilchen, das auf beide reagiert, wie ein Gravitationsfeld. Bei einem Proton-Elektron-Paar muß man daher nur die elektromagnetische Anziehung zwischen den beiden in Betracht ziehen; die Massenanziehung ist vergleichsweise unbedeutend.

Solche Unterschiede müssen trotzdem kein Hindernis auf dem Weg zu einer Vereinheitlichung darstellen. Obwohl Magnetismus, Elektrizität und Licht zunächst drei ganz verschiedene Erscheinungen zu sein schienen, stellte Maxwell eine Reihe von Gleichungen auf, die für alle drei gültig waren und somit zeigen, daß es sich dabei um verschiedene Aspekte des gleichen Phänomens handelte.

Niemand anderes als Einstein verbrachte die letzten Jahrzehnte seines Lebens mit dem Versuch, die Arbeit Maxwells zu vollenden. Im Rahmen der sogenannten einheitlichen Feldtheorie wollte er noch grundlegendere Gleichungen finden, die auch das Gravitationsfeld mit einschließen sollten. Er scheiterte daran, doch wie wir noch sehen werden, wurden diese Versuche fortgeführt.

Die Proton-Elektron-Theorie der Kernstruktur selbst konnte sich nicht behaupten; sie wies einen schweren Fehler auf.

Protonen und Neutronen

Der Kern hat ebenso wie Elektronen, Protonen, Photonen und Gravitonen einen Spin (Eigendrehimpuls). Seine Größe kann unter anderem durch eine genaue Beobachtung der feinen Linien bestimmt werden, die bestimmte Kerne im Spektrum erzeugen.

Wenn sich der Kern aus Bestandteilen wie Protonen und Elektronen zusammensetzt, läßt sich logisch daraus folgern, daß der Gesamtspin des Atomkerns die Summe der Spins seiner Bestandteile ist. Dies ist so, weil die Spins für den Drehimpuls stehen und die Physiker schon seit langem herausgefunden haben, daß ein Drehimpulserhaltungssatz existiert. Mit anderen Worten: Aus nichts kann man einen Spin weder erzeugen noch vernichten; er läßt sich nur von einem Körper auf einen anderen übertragen.

Soweit sich der Satz überprüfen läßt, gilt dies für alle normalen Körper. Ein normaler Gegenstand, der sich um seine eigene Achse dreht (beispielsweise eine Münze, die man auf dem Tisch zum Drehen bringt), scheint seinen Drehimpuls aus dem Nichts zu erhalten. Die Drehbewegung rührt aber von der Bewegung der Hand her. Wenn man die Münze in Drehung versetzt, erfährt die Hand, der Rest des Körpers und alles, womit man verbunden ist – ein Stuhl, der Boden, der Planet Erde –, einen Drall in der umgekehrten Richtung. (Der Drehimpuls kann in einer von zwei verschiedenen Richtungen erfolgen, plus und minus, wobei sich die beiden gegenseitig aufheben. Darüber hinaus kann einer aus dem Nichts erzeugt werden, wenn der andere zur gleichen Zeit entsteht. Nur der *Netto*drehimpuls – der sich ergibt, wenn alle Plus- und Minuswerte addiert werden – bleibt erhalten.)

Die Größe des Drehimpulses hängt nicht nur von der Drehgeschwindigkeit, sondern auch von der Masse des drehenden Objektes ab. Wenn man mit der Hand eine Münze in Drehung versetzt, ist die Erde so viel schwerer als die Münze, daß ihre gegenläufige Drehung mit einer Geschwindigkeit abläuft, die bei weitem zu niedrig ist, um – mit welcher Methode auch immer – noch meßbar zu sein. Wenn die Münze aufgrund der Reibung mit der Tischplatte ihre Eigendrehung verlangsamt und sich schließlich zu drehen aufhört, verlangsamt sich auch der unermeßlich kleine gegenläufige Drehimpuls der Erde und kommt zum Stillstand.

Bei sich drehenden Teilchen ist der Spin potentiell unendlich, wenn die Teilchen sich selbst überlassen werden. Sowohl Protonen als auch Elektronen haben einen Spin, den man durch halbe Zahlen darstellen kann: $+^1/_2$ und $-^1/_2$. (Der Gesamtspin ist trotz des Massenunterschieds für beide Teilchen der gleiche. Die Elektronen drehen sich einfach schneller, um ihre geringere Masse auszugleichen. Selbstverständlich kann die Drehung in beiden Richtungen erfolgen.)

Wenn die Spins einer geraden Zahl von Protonen und Elektronen in einem Kern addiert werden, muß der Gesamtspin 0 oder eine ganze Zahl betragen. Zwei Spins können beispielsweise $+^1/_2$ und $+^1/_2$ oder $+^1/_2$ und $-^1/_2$ oder $-^1/_2$ und $+^1/_2$ oder $-^1/_2$ und $-^1/_2$ sein. Die jeweilige Summe ergibt 1, 0, 0 bzw. –1. Wenn man sich vier, sechs oder acht oder eine beliebige gerade Zahl halbzahliger Spins vorstellt und sie zu irgendeiner Kombination von Plus- und Minuswerten addiert, ergibt das immer 0 oder eine positive bzw. negative ganze Zahl.

Wenn man eine ungerade Zahl von Teilchen hat, von denen jedes einen halbzahligen Spin besitzt, erhält man zuletzt einen halbzahligen Spin, ganz egal, wie man die

Plus- und Minuswerte auch vertauscht. Bei drei Teilchen kann man beispielsweise $+^1/_2$, $+^1/_2$ und $+^1/_2$ haben, was zusammen $+1^1/_2$ ergibt, oder auch $+^1/_2$, $+^1/_2$ und $-^1/_2$ mit einer Gesamtsumme von $+^1/_2$. Wie man die Plus- und Minuswerte von drei, fünf oder sieben oder jeder beliebigen ungeraden Zahl auch umstellt, zum Schluß erhält man immer $+^1/_2$, $-^1/_2$, +(eine ganze Zahl und $^1/_2$) oder –(eine ganze Zahl und $^1/_2$).

Das bringt uns zu dem Kern von Stickstoff 14, für den Untersuchungen mit dem Spektroskop einen Spin von entweder +1 oder –1 ergaben. Der ^{14}N-Kern hat eine Massenzahl von 14 und eine elektrische Ladung von +7. Aufgrund des Proton-Elektron-Modells der Atomstruktur muß sein Kern aus 14 Protonen und 7 Elektronen bestehen, was insgesamt 21 Teilchen ausmacht. Da 21 jedoch eine ungerade Zahl ist, müssen die Teilchen einen halbzahligen Gesamtspin ergeben; sie können sich nicht zu +1 oder –1 addieren.

Dies bereitete den Physikern Kopfzerbrechen. Sie wollten das Proton-Elektron-Modell des Kerns nicht aufgeben, denn es war einfach und konnte viel erklären, aber gleichzeitig waren sie bestrebt, auch am Drehimpulserhaltungssatz festzuhalten.

Bereits 1920 fragten sich einige Physiker, insbesondere Ernest Rutherford, ob man sich eine Proton-Elektron-Verbindung als einzelnes Teilchen vorstellen könne. Es hätte die Masse eines Protons (oder dank des Elektrons ein ganz klein wenig mehr) mit einer elektrischen Ladung von 0.

Natürlich konnte man sich ein solches Teilchen nicht einfach als ein Proton und ein Elektron vorstellen, die miteinander verschmolzen waren, denn beide brächten einen Spin von $+^1/_2$ oder $-^1/_2$ in die Vereinigung ein, so daß das vereinigte Teilchen einen Spin von 0, +1 oder –1 hätte. Der

Spin des Stickstoffkerns wäre insgesamt aber trotzdem noch halbzahlig, ob man die Protonen und Elektronen nun einzeln oder miteinander verbunden zählt.

Man mußte sich statt dessen ein Teilchen vorstellen, das eine Masse von 1 (wie ein Proton), eine Ladung 0 und einen Spin $+^1/_2$ oder $-^1/_2$ hat. Nur so konnte man den Erfordernissen des Stickstoffkerns genügen. 1921 gab der amerikanische Chemiker William Draper Harkins (1871–1951) diesem Teilchen den Namen *Neutron*, weil es elektrisch neutral war.

Die gesamten 20er Jahre hindurch schlummerte diese Möglichkeit in den Köpfen der Physiker, aber da das hypothetische Neutron niemals wirklich nachgewiesen wurde, fiel es schwer, diese Auffassung ernst zu nehmen. Das Proton-Elektron-Modell wurde deshalb weiterhin vertreten, auch wenn es sich nicht mit allen Fakten der Realität in Einklang bringen ließ. (Wissenschaftler geben eine scheinbar nützliche Idee im allgemeinen so lange nicht auf, bis sie sicher sind, daß sie einen besseren Ersatz gefunden haben. Etwas Nützliches durch nichts oder etwas sehr Vages zu ersetzen ist keine besonders gute Idee, wenn man wissenschaftlich arbeitet.)

1930 berichtete der deutsche Physiker Walter W. G. F. Bothe (1891–1957), daß er eine bestimmte Strahlung erhielt, wenn er das leichte Element Beryllium mit Alphateilchen beschoß. Die Strahlung war sehr durchdringend und schien keine elektrische Ladung zu tragen. Die einzige Strahlung, die diese Kennzeichen noch aufwies, waren Gammastrahlen, so daß er vermutete, er habe es damit zu tun.

1932 entdeckten der französische Physiker Frédéric Joliot-Curie (1900–1958) und seine Frau Irène (1897–1956), die Tochter von Pierre und Marie Curie, daß Bothes Strahlung beim Auftreten auf Paraffin das Austreten von Protonen aus dieser Substanz bewirkte. Von Gammastrahlen war eine solche Wirkung nicht bekannt, aber die Joliot-Curies hatten keine andere Erklärung.

Doch der britische Physiker James Chadwick (1891–1974) wiederholte 1932 den Versuch von Bothe und den Joliot-Curies. Er kam zu dem Schluß, daß die Strahlung, wenn sie ein schweres Teilchen wie das Proton herauslöste, selbst aus massereichen Teilchen bestehen mußte. Da sie mit Sicherheit keine elektrische Ladung trug, mußte es sich um das schwere neutrale Teilchen handeln, nach dem die Physiker suchten – das Neutron. Das war es in der Tat; Chadwick erhielt für diese Entdeckung 1935 den Nobelpreis.

Sobald das Neutron entdeckt war, äußerte Heisenberg sofort die Vermutung, der Atomkern bestehe aus einer dichtgedrängten Masse aus Protonen und Neutronen. Der Stickstoffkern z. B. sollte aus 7 Protonen und 7 Neutronen mit einer Massenzahl von jeweils 1 bestehen. Die Massenzahl beliefe sich damit auf insgesamt 14, und da nur die Protonen eine Ladung +1, die Neutronen dagegen eine Ladung 0 hatten, wäre die Gesamtladung, wie erwartet, +7. Außerdem gäbe es nunmehr insgesamt 14 Teilchen (eine gerade Zahl), so daß der Gesamtspin des Kerns – wie gemessen – entweder +1 oder -1 betragen könnte.

Es stellte sich heraus, daß die Proton-Neutron-Struktur den Kernspin aller Atomkerne ausnahmslos erklärte, während sie gleichzeitig eine Erklärung für alles lieferte, was die Proton-Elektron-Struktur erklärt hatte (mit einer Ausnahme, die später ergänzt wurde, wie ich noch erläutern werde). Tatsächlich hat man in über einem halben Jahrhundert seit der Entdeckung des Neutrons nichts gefunden, was die Proton-Neutron-Struktur des Atomkerns auch nur im geringsten ins Wanken gebracht hätte, auch wenn das

Modell weiter verfeinert wurde (wozu ich später noch kommen werde).

Man überlege sich nur einmal, wie gut das neue Modell die Existenz von Isotopen erklärt. Alle Atome eines bestimmten Elements haben im Kern die gleiche Anzahl Protonen und damit die gleiche Kernladung. Die Anzahl der Neutronen dagegen kann variieren.

So besteht der Atomkern von Stickstoff 14 aus 7 Protonen und 7 Neutronen, doch von 3000 Stickstoffkernen enthält einer 7 Protonen und 8 Neutronen und ist somit Stickstoff 15. Obwohl der am häufigsten vorkommende Sauerstoffkern 8 Protonen und 8 Neutronen enthält (Sauerstoff 16), gibt es auch ein paar Kerne mit 8 Protonen und 9 Neutronen oder sogar mit 8 Protonen und 10 Neutronen (Sauerstoff 17 bzw. Sauerstoff 18).

Nicht einmal Wasserstoff, dessen Kern aus einem einzigen Proton und sonst nichts besteht (Wasserstoff 1), ist immun. 1931 zeigte der amerikanische Chemiker Harold Clayton Urey (1893–1981), daß unter 7000 Wasserstoffatomen eines ^2H ist, wofür er 1934 den Nobelpreis erhielt. Der ^2H-Kern besteht aus einem Proton und einem Neutron, weshalb ^2H (nach dem griechischen Wort für »zweiter«) häufig Deuterium (D) genannt wird.

Analog dazu hat Uran 238 einen Kern aus 92 Protonen und 146 Neutronen, während Uran 235 zwar 92 Protonen, aber nur 143 Neutronen aufweist. Es gibt kein wie auch immer geartetes Isotop, das nicht genau in die Proton-Neutron-Kernstruktur passen würde.

Protonen und Neutronen kommen beide im Kern vor (sie sind mitunter zu Nukleonen zusammengeballt); beide haben fast die gleiche Masse, und beide können unter gewissen Bedingungen aus dem Kern herausgelöst werden. Trotzdem wurde das Proton bereits 1914 als Teilchen erkannt, während das Neutron noch weitere 18 Jahre auf seine Entdeckung warten mußte. Warum dauerte die Entdeckung des Neutrons so lange? Der Grund liegt darin, daß die elektrische Ladung der am leichtesten erkennbare Aspekt eines Teilchens ist: Während das Proton eine elektrische Ladung trägt, gilt das für das Neutron nicht.

Eine der frühesten Möglichkeiten, die Existenz von Elementarteilchen zu erkennen, bestand in der Verwendung des Goldblättchenelektroskops. Dieses Gerät besteht aus zwei dünnen und sehr leichten Schichten Blattgold, die an einem Stab befestigt und von einem Gehäuse umschlossen sind, das die Anordnung vor störenden Luftströmungen schützen soll. Wenn ein elektrisch geladenes Objekt mit dem Stab in Berührung gebracht wird, fließt die Ladung in das Blattgold. Da beide Lagen Blattgold die gleiche Ladung aufnehmen, stoßen sie einander ab und bilden so ein umgekehrtes V.

Sich selbst überlassen, blieben die Blättchen des Elektroskops auseinander. Doch jeder Strom geladener Teilchen, der in das Elektroskop eindringt, löst Elektronen aus Luftmolekülen heraus. Dadurch entstehen negativ geladene Elektronen und positiv geladene Ionen (ein Strom geladener Teilchen ist ein Beispiel für ionisierende Strahlung). Das eine oder andere dieser geladenen Teilchen neutralisiert die Ladung eines der beiden Goldblättchen, worauf sie sich wieder langsam aufeinander zu bewegen. Ein Neutronenstrom ist dagegen kein Beispiel für ionisierende Strahlung, denn die ungeladenen Neutronen können die Elektronen aus Atomen und Molekülen weder anziehen noch abstoßen; sie lassen sich auch nicht durch ein Elektroskop nachweisen.

Der deutsche Physiker Hans Wilhelm Geiger (1882–1945) erfand 1913 ein Gerät, das aus einem Zylinder bestand, der ein Gas mit hoher elektrischer Spannung enthielt. Dieses Potential reichte jedoch nicht ganz aus, einen Funken Elektrizität durch das Gas schlagen zu lassen. Die geringste ionisierende Strahlung, die in den Zylinder eindrang, bildete ein Ion, das von dem elektrischen Potential durch den Zylinder gezogen wurde und so mehr Ionen erzeugte. Selbst ein einziges Elementarteilchen führte zu einer Entladung, die ein leises Knacken hervorrief. Der Geigerzähler wurde berühmt als Meßinstrument zur Zählung von Elementarteilchen.

Noch früher, nämlich 1911, erfand der britische Physiker Charles Thomson Rees Wilson (1869–1959) die Nebelkammer. Er ließ staubfreie, feuchte Luft sich in einem Zylinder ausdehnen. Durch die Ausdehnung kühlte sie ab; ein Teil der Feuchtigkeit kondensierte dabei zu winzigen Tröpfchen, falls es Staubpartikel als Zentren gab, um die sich die Tröpfchen bilden konnten. Ohne ein Staubpartikel hält sich das Wasser in Form von Dampf. Wenn ein Elementarteilchen in die Nebelkammer eindrang, bildete es auf seinem Weg Ionen, die wiederum zu Kondensationszentren für Wasser wurden. Um jedes Ion bildete sich ein winziges Wassertröpfchen. Auf diese Weise ließ sich nicht nur das Teilchen, sondern auch seine Bahn nachweisen. Wenn man die Nebelkammer einem elektrischen oder magnetischen Feld aussetzte, beschrieb das schnelle geladene Teilchen als Reaktion darauf eine gekrümmte Bahn, wodurch seine Bahn sichtbar wurde. 1927 erhielt Wilson für dieses Gerät den Nobelpreis.

1952 erfand der amerikanische Physiker Donald Arthur Glaser (geb. 1926) eine ähnliche Vorrichtung. Statt Gas, in dem sich flüssige Tröpfchen bildeten, benutzte Glaser eine Flüssigkeit, die er so weit erhitzte, daß sich gerade Blasen bildeten. Diese Blasen entstanden entlang der Bahn eines

eintretenden Elementarteilchens. Für diese »Blasenkammer« wurde ihm 1960 der Nobelpreis verliehen.
All diese und viele andere gleichartige Geräte reagieren auf die Erzeugung von Ionen durch ionisierende Strahlung, d. h. durch elektrisch geladene Teilchen. Keines von ihnen funktioniert bei Neutronen, die sozusagen still in die Geräte eindringen und sie wieder verlassen.
Das Vorhandensein von Neutronen ist nur indirekt nachweisbar. Wenn ein Neutron, das in einer dieser Vorrichtungen entsteht, eine bestimmte Wegstrecke zurücklegt und dann mit einem anderen *nachweisbaren* Teilchen kollidiert – vorausgesetzt, das Neutron verändert die Bahn des anderen Teilchens oder bildet neue, nachweisbare Teilchen –, gibt es eine Lücke zwischen den Bahnen, die die Entstehung des Neutrons an dem einen Ende und den Zusammenstoß des Neutrons an dem anderen Ende anzeigen. Diese Lücke muß mit etwas ausgefüllt werden, und aus der Beschaffenheit der beiden sichtbaren Bahnen erscheint es logisch, auf das Vorhandensein eines Neutrons dazwischen zu schließen.
Physiker, die mit Teilchendetektoren arbeiten, können komplizierte Bahnen in Wassertropfen, Gasblasen, Funkenspuren und anderen Medien fotografieren und alle Einzelheiten ebenso leicht interpretieren, wie wir dieses Buch lesen.
Da Neutronen in diesen Geräten keine Spuren hinterlassen, verzögerte sich ihre Entdeckung um viele Jahre. Sobald man sie aber entdeckt hatte, erwiesen sie sich aber als enorm wichtig, wie wir nun sehen werden, wenn wir die Zeit wieder ein wenig zurückdrehen.

Kernreaktionen

All die unzähligen Wechselwirkungen von Atomen und Molekülen, an denen Elektronenübertragungen und gemeinsame Elektronen beteiligt sind, bezeichnet man als chemische Reaktionen. Bis 1896 waren alle damals bekannten Wechselwirkungen, in lebendem Gewebe wie in der unbelebten Natur, chemische Reaktionen, aber natürlich verstand man ihren Ablauf nicht wirklich, bis man die Struktur der Atome entdeckte.

In dieser Hinsicht unterscheidet sich die Radioaktivität. Zu den bei der Radioaktivität ablaufenden Prozessen gehören der Ausstoß von Teilen des Atomkerns oder Veränderungen des Charakters von Teilchen innerhalb des Kerns. Solche Vorgänge bezeichnet man als Kernreaktionen; sie beinhalten normalerweise eine viel stärkere Energieumwandlung als chemische Reaktionen.

Radioaktivität ist eine spontane Kernreaktion. Wenn es nicht wenigstens ein paar dieser spontanen Reaktionen gäbe, die nicht vom Menschen ausgelöst oder gesteuert werden, hätten wir ihre Existenz womöglich niemals bemerkt.

Es ist für uns nämlich viel schwieriger, Kernreaktionen auszulösen oder zu kontrollieren, als chemische Reaktionen durchzuführen. Um eine chemische Reaktion zu erzeugen, zu verhindern oder zu verändern, müssen Chemiker ihre Substanzen nur mischen, erhitzen, abkühlen, Druck aussetzen, Luft durch sie hindurchblasen oder andere leicht durchführbare Verfahren anwenden. Schließlich sind daran nur die äußeren Elektronen beteiligt, die so exponiert liegen, daß man leicht auf sie einwirken kann.

Kernreaktionen finden in den winzigen Kernen im innersten Zentrum von Atomen statt, Kernen, die durch eine bestimmte Anzahl von Elektronen abgeschirmt sind. Alle Verfahren zum Auslösen einer chemischen Veränderung erreichen oder beeinflussen nicht den Atomkern. Als die Radioaktivität erstmals entdeckt wurde, waren die Chemiker daher überrascht, daß sich die Zerfallsgeschwindigkeit auch bei einer Temperaturänderung nicht veränderte. Ob eine radioaktive Substanz bis zum Schmelzpunkt erhitzt oder in flüssige Luft getaucht wurde, das Ausmaß der Radioaktivität blieb unverändert konstant. Auch wenn man eine radioaktive Substanz einer chemischen Veränderung aussetzte, blieb die Geschwindigkeit des radioaktiven Zerfalls davon unberührt.

Hatte man dann überhaupt eine Möglichkeit, auf den Kern einzuwirken? Wenn es eine solche Methode gab, mußte sie durch den Elektronenschild hindurchdringen und sozusagen den Kern selbst berühren. Genauso verhielt es sich, als Rutherford die Existenz des Kerns entdeckte. Er hatte Atome mit energiereichen Alphateilchen beschossen, die schwer genug waren, um Elektronen beiseite zu fegen, und klein genug, um von einem Kern abzuprallen, wenn sie sich ihm näherten.

1919 plazierte Rutherford ein Stückchen radioaktiven Materials an dem einen Ende eines geschlossenen Zylinders, der am anderen Ende innen mit Zinksulfid beschichtet war. Das radioaktive Material gab Alphateilchen ab. Immer wenn ein Alphateilchen auf das Zinksulfid aufprallte und gestoppt wurde, verlor es seine kinetische Energie, die in einen winzigen Lichtblitz umgewandelt wurde. Dieser Blitz war gerade noch sichtbar, wenn der Raum ganz abgedunkelt war und die Augen sich an die Dunkelheit gewöhnt hatten. Indem Rutherford und seine Mitarbeiter die Lichtblitze (Szintillationen) zählten, konnten sie tatsächlich je-

den einzelnen Aufprall eines Teilchens bestimmen. Ein solches Gerät bezeichnet man als Szintillationszähler.
Werden Alphateilchen durch ein Vakuum geschickt, sind die Szintillationen zahlreich und hell. Wenn sich in dem Zylinder aber etwas Wasserstoff befindet, erscheinen die Lichtblitze besonders hell. Der Grund dürfte darin liegen, daß die Alphateilchen gelegentlich die Protonenkerne des Wasserstoffs treffen; die Protonen, die ja leichter sind als die Alphateilchen, können dabei mit höherer Geschwindigkeit vorwärtsgestoßen werden. Bei der kinetischen Energie zählt Geschwindigkeit mehr als Masse, weshalb die sehr schnellen Protonen auch sehr helle Lichtblitze erzeugen.
Wenn sich in dem Zylinder Sauerstoff oder Kohlendioxid befindet, werden die Blitze schwächer und weniger. Die verhältnismäßig schweren Kerne von Sauerstoff- und Kohlenstoffatomen (vier- bzw. dreimal so viel Masse wie Alphateilchen) bremsen die Alphateilchen ab, manchmal bis zu einem Punkt, an dem sie Elektronen aufnehmen und zu gewöhnlichen Heliumatomen werden. Die schweren Kohlenstoff- und Sauerstoffkerne werden langsam vorwärtsgestoßen; wenn überhaupt Lichtblitze entstehen, sind sie schwach.
Befindet sich in dem Zylinder aber Stickstoff, so erscheinen so helle Blitze wie bei Wasserstoff. Rutherford nahm an, daß die Teilchen im Stickstoffkern weniger stark miteinander verbunden seien als im Kohlenstoff- oder Sauerstoffkern. Das Alphateilchen könnte gegen die Kohlenstoff- oder Sauerstoffkerne prallen, ohne sie dabei aufzubrechen, aber wenn es mit einem Stickstoffkern zusammenstieß, würde es ein Proton aus dem Kern herauslösen und die normale Protonenszintillation hervorrufen.
Zunächst war dies nur Spekulation, doch 1925 startete der britische Physiker Patrick Maynard Stuart Blackett (1897–

1974) mit Wilsons Nebelkammer erstmals einen Großversuch, um Rutherfords Experimente zu überprüfen. Er beschoß in einer Nebelkammer Stickstoff mit Alphateilchen und machte 20 000 Aufnahmen, auf denen er die Spuren von insgesamt mehr als 400 000 Alphateilchen festhielt. Von diesen betrafen nur acht einen Zusammenstoß zwischen einem Alphateilchen und einem Stickstoffmolekül.

Indem Blackett die Spuren untersuchte, die zum Zusammenstoß hin- und davon wegführten, zeigte er, daß Rutherford recht hatte: Ein Proton wurde aus dem Stickstoffkern herausgeschlagen. Das Alphateilchen mit einer Ladung +2 war in den Kern eingedrungen, und ein Proton mit einer Ladung +1 hatte ihn wieder verlassen. Das bedeutete, daß die Kernladung netto um +1 zunahm; sie hatte sich von +7 (Stickstoff) zu +8 (Sauerstoff) erhöht. Außerdem war das Alphateilchen mit der Massenzahl 4 eingedrungen, während ein Proton mit der Massenzahl 1 aus dem Kern austrat. Die Massenzahl des Stickstoffkerns nahm um 3 zu; sie stieg von 14 auf 17. Das Nettoergebnis war somit, daß sich ^{14}N mit ^{2}He (einem Alphateilchen) verbunden hatte und dabei ^{17}O und ^{1}H (ein Proton) entstanden.

Damit war Rutherford der erste, der im Labor eine Kernreaktion zustande brachte; erstmals gelang durch den Eingriff eines Menschen die Umwandlung eines Elements in ein anderes – von Stickstoff in Sauerstoff. Für die Verwendung der Nebelkammer in diesem und in anderen Fällen erhielt Blackett 1948 den Nobelpreis.

In gewisser Weise hatte Rutherford geschafft, was die Alchimisten als Transmutation (Umwandlung der Elemente) bezeichnet hätten; manche meinten daraufhin tatsächlich: »Da haben Sie es, die alten Alchimisten hatten doch recht. Die modernen Wissenschaftler haben sie zu Unrecht einfach abgetan.« Doch diese Auffassung ist falsch. Die Alchi-

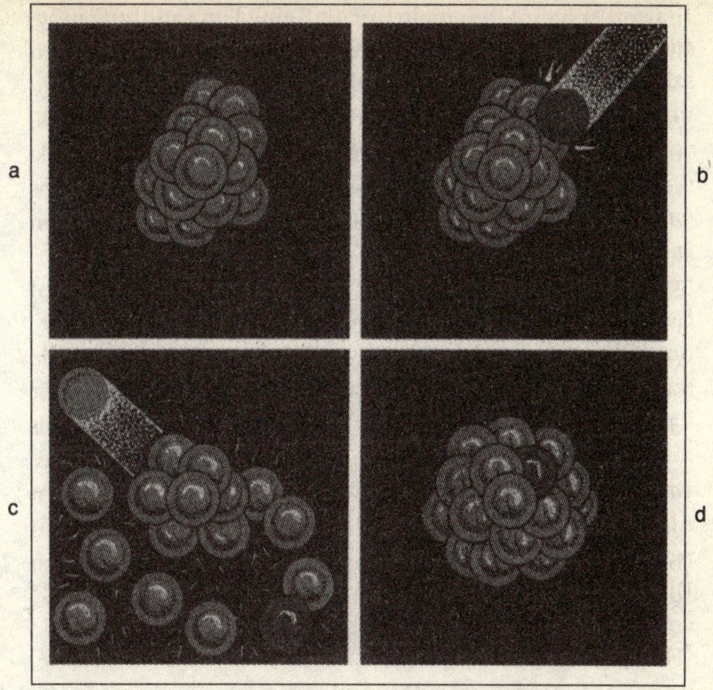

Das Alphateilchen mit der Massenzahl 4 (b) dringt in den Stickstoffkern ein (a und b), so daß ein Proton mit der Massenzahl 1 ausgestoßen wird (c). Als Endergebnis verbindet sich Stickstoff 14 (^{14}N) (a) mit Helium 2 (^{2}He, einem Alphateilchen) (b), gibt dabei Wasserstoff 1 (^{1}H) ab (ein Proton) und erzeugt Sauerstoff 17 (^{17}O) (d).

misten behaupteten nicht nur, daß eine Umwandlung möglich sei, sondern glaubten auch, dies sei mit chemischen Mitteln allein zu bewerkstelligen – durch Mischen, Erhitzen, Destillieren und dergleichen. In diesem Punkt täuschten sie sich. Eine Umwandlung kann nur durch Kernreaktionen bewirkt werden, die weit über das hinausgingen, was den Alchimisten möglich war und was sie sich vorstellen konnten.

Kurz gesagt: Eine Idee reicht nicht. Wichtige Einzelheiten müssen ebenfalls stimmen, bevor man beanspruchen kann, recht zu haben. So gab es bereits vor Newton Stimmen, die von Reisen zum Mond sprachen, und in gewisser Weise war dies an sich eine vernünftige Idee. Doch Newton zeigte als erster auf, daß eine Fahrt zum Mond nur mit Hilfe des Raketenantriebs zu erreichen sei. Nicht seinen Vorgängern gebührt die Ehre, sondern ihm, und zwar nicht für einen bloßen Traum, sondern für einen Traum, der auch einen gangbaren Weg zu seiner Erfüllung einschloß.

Künstliche Isotope

Rutherford hatte ein natürlich vorkommendes Isotop (Stickstoff 14, ^{14}N) in ein anderes Isotop (Sauerstoff 17, ^{17}O) umgewandelt. Nachdem erst einmal die Möglichkeit zu einer solchen Umwandlung im Labor gegeben war, wurden durch den Beschuß verschiedener Atome mit schnellen Teilchen weitere Kernreaktionen in Gang gesetzt, die andere bekannte Isotope erzeugten.

Aber müssen diese Veränderungen immer zu Isotopen führen, die bereits bekannt waren? Könnte das Hinzufügen und Entfernen von Teilchen nicht vielleicht auch Kerne hervorbringen, deren Massenzahl und Ladung sich mit den natürlich vorkommenden nicht ganz decken? 1932 stellte der lettisch-amerikanische Chemiker Aristid V. Grosse (geb. 1905) die Hypothese auf, dies sei zumindest möglich.

1934 führten die Joliot-Curies die Arbeit Rutherfords, d. h. den Beschuß verschiedener Elemente mit Alphateilchen, fort. Sie beschossen Aluminium und lösten dabei aus den Aluminiumkernen nicht nur Protonen, sondern in einigen Fällen auch Neutronen heraus. Sobald der Beschuß aussetzte, hörten schlagartig auch die Protonen- und Neutronenströme auf, die aus den Aluminiumkernen austraten. Zu ihrer Überraschung blieb jedoch eine bestimmte Strahlungsart (auf die wir später eingehen) bestehen und verlor mit der Zeit gerade soviel an Stärke, wie man es von der Strahlungsintensität einer radioaktiven Substanz erwarten würde. Mit 2,6 Minuten konnten sie sogar die Halbwertszeit dieser Strahlung bestimmen.

In der Natur haben alle Aluminiumatome die Ordnungszahl 13 und die Massenzahl 27. Mit anderen Worten: Ihre Kerne bestehen immer aus 13 Protonen und 14 Neutronen. Fügt man ein Alphateilchen (2 Protonen und 2 Neutronen) hinzu und schlägt ein Proton heraus, so erhält man einen neuen Kern aus 14 Protonen und 16 Neutronen und damit das bekannte Isotop Silizium 30 (^{30}Si).

Aber was geschieht in den Fällen, in denen ein Neutron aus dem Kern entfernt wird? Wenn man zu einem Aluminiumkern (13 Protonen und 14 Neutronen) ein Alphateilchen (2 Protonen und 2 Neutronen) hinzufügt und ein Neutron herauslöst, erhält man einen neuen Kern aus 15 Protonen und 15 Neutronen. Dabei handelt es sich um Phosphor 30 (^{30}P). Phosphor 30 kommt jedoch nicht natürlich vor. Alles in der Natur vorkommenden Phosphoratome sind ^{31}P (15 Protonen und 16 Neutronen), das einzige stabile Phosphorisotop. ^{30}P ist radioaktiv und zerfällt schnell (wie, wird später noch beschrieben) zu dem stabilen ^{30}Si.

Phosphor 30 war das erste »künstliche« Isotop, das erzeugt wurde; mit ihm wurde auch der Gedanke einer künstlichen Radioaktivität eingeführt. Für diese Arbeit teilten sich die Joliot-Curies 1935 einen Nobelpreis.

Nachdem die Joliot-Curies den Weg gewiesen hatten, erzeugte man durch verschiedenartige Kernreaktionen eine Vielzahl unterschiedlicher künstlicher Isotope. Diese waren ausnahmslos radioaktiv, so daß man von radioaktiven Isotopen oder Radioisotopen sprach.

Alle stabilen oder annähernd stabilen Isotope kommen im Erdgestein vor. Keines der bislang künstlich erzeugten Radioisotope hat eine Halbwertszeit, die lang genug gewesen wäre, als daß seit der Entstehung der Erde eine meßbare Menge überdauert hätte.

Jedes bekannte Element besitzt Radioisotope. Selbst das einfachste, Wasserstoff, hat ein radioaktives Isotop, Wasserstoff 3 (^{3}H), dessen Kern aus 1 Proton und 2 Neutronen besteht. Nach dem griechischen Wort für »drittes« wird es auch als Tritium (T) bezeichnet. Seine Halbwertszeit beträgt 12,26 Jahre. Im Labor wurde Tritium erstmals 1934 von dem australischen Physiker Marcus Laurence Elwin Oliphant (geb. 1901) erzeugt.

Auch ein Vierteljahrhundert nach der Pionierarbeit Rutherfords nahmen die Wissenschaftler Atome weiterhin unter Dauerbeschuß, wobei sie als Munition Alphateilchen verwendeten. Das hatte seine Vorteile. Zum einen waren Alphateilchen immer verfügbar. Da Uran, Thorium und einige ihrer Zerfallsprodukte (beispielsweise Radium) Alphateilchen erzeugen, ist immer ein Vorrat davon vorhanden.

Doch es gab auch Nachteile. Alphateilchen sind ebenso wie

Atomkerne positiv geladen. (Schließlich ist das Alphateilchen selbst ein Atomkern.) Das bedeutet, daß die Kerne die Alphateilchen abstoßen; bevor also ein Alphateilchen mit dem Atomkern kollidieren und in ihn eindringen kann, muß es diese Abstoßung überwinden. Dabei wird ein Teil seiner Energie verbraucht, was seine Wirksamkeit vermindert. Außerdem geht mit einem stärkeren Beschuß auch eine stärkere Abstoßung einher; ab einem bestimmten Punkt können Alphateilchen überhaupt nicht mehr in einen Kern eindringen.

Nach der Entdeckung des Neutrons erkannte Enrico Fermi, daß hiermit ein einzigartiges neues Projektil vorhanden war. Wenn ein Strom von Neutronen erzeugt wurde, beispielsweise indem man einen Protonenstrom auf Paraffin aufprallen ließ, wurden diese Neutronen, weil sie ungeladen waren, von Atomkernen nicht abgestoßen. Bewegte sich ein Neutron zufällig auf einen Atomkern zu, so konnte es ihn treffen und brauchte nur ganz wenig Energie, um in ihn einzudringen. Durch die Entdeckung des Neutrons wurde die Technik des Atombeschusses somit von Grund auf revolutioniert.

Fermi stellte fest, daß, wenn er einen Neutronenstrom durch Wasser oder Paraffin schickte, viele der Neutronen zwar auf Kerne auftrafen, aber abprallten, ohne in sie einzudringen, und dabei etwas Energie verloren. Zum Schluß hatten diese Neutronen nur noch die Energie, die man von Teilchen erwartete, die sich bei einer bestimmten Temperatur mit der entsprechenden Geschwindigkeit bewegten. Sie wurden zu langsamen oder thermischen Neutronen. Fermi konnte beobachten, daß solche langsamen Neutronen tatsächlich mit größerer Wahrscheinlichkeit als schnelle Neutronen von Atomkernen absorbiert wurden.

Außerdem fand Fermi heraus, daß normalerweise ein Beta-

teilchen (Elektron) abgegeben wurde, wenn ein Neutron in einen Atomkern eindrang. Das zusätzliche Neutron erhöhte die Massenzahl des Kerns um 1, während der Ausstoß eines (negativ geladenen) Betateilchens die Kernladung (und damit die Ordnungszahl) um 1 erhöhte, indem eine negative Ladung wegfiel. Kurz: Der Neutronenbeschuß eines bestimmten Elements führte zumeist zur Entstehung des nächsthöheren Elements im Periodensystem.
1934 kam Fermi auf den Gedanken, es wäre möglicherweise sehr interessant, Uran mit Neutronen zu beschießen. Mit der Ordnungszahl 92 besaß Uran die höchste damals bekannte Kernladungszahl. Wenn man es mit Neutronen beschoß, damit es Betateilchen abgab, würde es dann nicht zu dem bis dahin unbekannten Element 93 werden?
Fermi führte das Experiment durch und hatte den Eindruck, daß er tatsächlich das Element 93 erhielt. Der Versuch erbrachte aber komplizierte und verwirrende Ergebnisse; es dauerte deshalb einige Jahre (wie wir noch sehen werden), bis die Resultate entwirrt waren.
Der italienische Physiker Emilio Segrè (1905–1989), der mit Fermi zusammengearbeitet hatte, hielt es nicht für notwendig, Uran mit Neutronen zu bombardieren, um ein unbekanntes Element zu erzeugen. Zu dieser Zeit, um die Mitte der 30er Jahre, waren noch vier Plätze im Periodensystem unbesetzt. Sie standen für unbekannte Elemente. Dasjenige mit der niedrigsten Ordnungszahl war das Element 43.
1925 gab eine Gruppe deutscher Chemiker, darunter Karl Friedrich Noddack (1893–1960) und Ida Eva Tacke (geb. 1896), die Entdeckung des Elements 75 bekannt, das sie nach dem italienischen Namen für »Rhein« Rhenium tauften. Es sollte das letzte Element sein, das von den 81 stabilen Elementen entdeckt wurde. Darüber hinaus berichtete die

Gruppe, sie habe Spuren des Elements 43 gefunden, das nach dem damals zum Deutschen Reich gehörenden Masuren als Masurium bezeichnet wurde.

Die zweite Meldung stellte sich jedoch als falscher Alarm heraus; das Element 43 blieb unentdeckt. Warum sollte man nicht Molybdän (Element 42) mit Neutronen beschießen, dachte sich Segrè. Wenn das Element schon nicht zu finden war, konnte man es vielleicht wenigstens herstellen. 1937 ging Segrè in die Vereinigten Staaten und beschoß Molybdän mit Hilfe einer neuen Methode (die ich später noch erklären werde) mit Neutronen. Er konnte das Element 43 in dem bombardierten Material tatsächlich ausmachen. Segrè zögerte jedoch, das neue Element zu benennen; er war sich nicht sicher, ob ein künstlich hergestelltes Element der Entdeckung eines natürlich vorkommenden Elements gleichwertig war. 1947 bestand der deutsch-britische Chemiker Friedrich Adolf Paneth (1887–1958) jedoch hartnäckig darauf, daß es keinen Unterschied mache; diese Auffassung wurde akzeptiert. Segrè bezeichnete Element 43 daraufhin als Technetium, was dem griechischen Wort für »künstlich« entlehnt war.

Man erzeugte auf verschiedene Weise genügend Technetium, um seine Eigenschaften untersuchen zu können; drei seiner Isotope erwiesen sich dabei als recht langlebig. Das langlebigste ist Technetium 97 (43 Protonen und 55 Neutronen) mit einer Halbwertszeit von 2 600 000 Jahren. Nach menschlichen Maßstäben erscheint eine Probe dieses Isotops dauerhaft; im Laufe eines Menschenlebens zerfällt nur ein winziger Bruchteil davon. Trotzdem gibt es *keine* stabilen Technetiumisotope; selbst das annähernd stabile Technetium 97 (^{97}Tc) ist nicht langlebig genug, als daß es seit der Entstehung der Erde erhalten geblieben wäre. Selbst wenn es in der Frühzeit der Erde in großen Mengen im

Boden vorhanden gewesen wäre, gäbe es heute nichts mehr davon. Dies gilt insbesondere deshalb, weil kein Technetiumisotop aus einem anderen, langlebigeren radioaktiven Element entsteht.

Die restlichen freien Stellen im Periodensystem waren damals die der Elemente 61, 85 und 87. Von allen dreien hieß es immer wieder einmal, man habe sie in dem einen oder anderen Mineral gefunden, aber alle Berichte stellten sich später als falsch heraus.

Doch 1947 fanden der amerikanische Chemiker Charles D. Coryell (geb. 1912) und seine Mitarbeiter das Element 61 nach einem Neutronenbeschuß in den Zerfallsprodukten von Uran (worauf wir noch zurückkommen werden). Sie nannten es Promethium nach dem griechischen Titanen Prometheus, der den Menschen das Sonnenfeuer brachte, denn das Element war in dem sonnenähnlichen Feuer einer Kernreaktion entdeckt worden. Keines der Isotope von Promethium ist stabil; selbst das langlebigste, Promethium 145 (^{145}Pm, 61 Protonen und 84 Neutronen), hat eine Halbwertszeit von nur 17,7 Jahren.

1939 lokalisierte die französische Chemikerin Marguerite Perey (geb. 1909) winzige Spuren des Elements 87 als Nebenprodukt des Zerfalls von Uran 235. Sie nannte das Element nach Frankreich Francium. Das von ihr entdeckte Isotop war Francium 215 (^{215}Fr, 87 Protonen, 128 Neutronen). Da seine Halbwertszeit nur knapp über einer Millionstelsekunde liegt, hat Perey bestimmt nicht das Isotop selbst aufgespürt. Was sie entdeckte, waren die von ihm erzeugten sehr energiereichen Alphateilchen (je kürzer die Halbwertszeit einer Quelle von Alphateilchen ist, desto energiereicher sind diese). Aus dem, was bereits über das Zerfallsmuster bekannt war, konnte sie auf das Isotop schließen, das dafür verantwortlich sein mußte. Selbst das langlebigste

Franciumisotop, ^{223}Fr (87 Protonen, 136 Neutronen) hat nur eine Halbwertszeit von 21,8 Minuten.
1940 wurde das Element 85 von Segrè und anderen Forschern hergestellt, die zu diesem Zweck Wismut (Element 83) mit Alphateilchen beschossen. Das Element 85 wurde nach dem griechischen Wort für »unstet« Astat genannt, weil diese Bezeichnung – wie auch für alle seit 1925 entdeckten Elemente – genau zutraf. Sein langlebigstes Isotop, Astat 210 (^{210}At, 85 Protonen, 125 Neutronen), hat eine Halbwertszeit von 8,1 Stunden.
Bis 1948 waren alle Stellen des Periodensystems von Wasserstoff (1) bis Uran (92) ausgefüllt; außerdem hatte man Elemente jenseits von Uran entdeckt. 1934 glaubte Fermi zwar, er habe durch den Neutronenbeschuß von Uran das Element 93 gefunden, aber es wurde erst 1940 von den amerikanischen Physikern Edwin Mattison McMillan (geb. 1907) und Philip Hauge Abelson (geb. 1913) in beschossenem Uran tatsächlich isoliert. Da Uran nach dem neu entdeckten Planeten Uranus benannt worden war, taufte McMillan das Element 93, das direkt auf Uran folgt, auf den Namen Neptunium; Pate stand hier der jenseits des Uranus gelegene Planet Neptun.
Neptunium 237 (^{237}Np) ist mit einer Halbwertszeit von 2 140 000 Jahren das langlebigste Isotop dieses Elements. Dies ist zwar lang, aber selbst wenn zunächst eine ganze Menge davon vorhanden gewesen wäre, lag die Halbwertszeit viel zu niedrig, als daß irgendwelches Neptunium in der Erdkruste verblieben sein könnte. Trotzdem ist ^{237}Np interessant, denn es zerfällt ähnlich wie ^{238}U, ^{235}U und ^{232}Th über eine Reihe von Zwischenverbindungen.
Neptunium 237 steht sogar am Beginn der bereits erwähnten vierten radioaktiven Zerfallsreihe. Das Element selbst und all seine Zerfallsprodukte haben eine durch 4 teilbare

Massenzahl mit einem Rest von 1. Im oberen Bereich des Periodensystems sind nur vier radioaktive Reihen möglich: Thorium 232 (Rest 0), Neptunium 237 (Rest 1), Uran 238 (Rest 2) und Uran 235 (Rest 3). Drei davon existieren heute noch, nur Neptunium 237 ist zerfallen, denn selbst das langlebigste Glied dieser Reihe hatte keine Halbwertszeit, die so lang war, daß das Isotop heute noch existieren würde.

Eine Besonderheit der Zerfallsreihe von Neptunium 237 ist außerdem, daß sie als einzige nicht mit einem stabilen Bleiisotop endet. Das Endprodukt ist Wismut 209, das einzige stabile Wismutisotop.

1940 fand der amerikanische Physiker Glenn Theodore Seaborg (geb. 1912) gemeinsam mit McMillan heraus, daß bestimmte Neptuniumisotope Betateilchen abgeben und so zu Isotopen mit der gleichen Massenzahl, aber einer um 1 höheren Ordnungszahl werden. Auf diese Weise entdeckten sie Element 94 und nannten es Plutonium (nach dem jenseits des Neptuns gelegenen Planeten Pluto). Sein langlebigstes Isotop ist Plutonium 244 (^{244}Pu, 94 Protonen, 150 Neutronen) mit einer Halbwertszeit von 82 000 000 Jahren. McMillan und Seaborg teilten sich 1951 den Nobelpreis für die Entdeckung eines Transurans, d. h. »jenseits von Uran liegenden« Elements.

McMillan widmete sich neuen Vorhaben, aber Seaborg und andere Forscher fuhren fort, weitere Elemente zu erzeugen. Folgende Transplutoniumelemente wurden isoliert:

- Americium (nach Amerika benannt) mit der Ordnungszahl 95. Sein langlebigstes Isotop ist Americium 243 (^{243}Am, 95 Protonen, 148 Neutronen) mit einer Halbwertszeit von 7370 Jahren.
- Curium (nach den Curies) mit der Ordnungszahl 96.

Sein langlebigstes Isotop ist Curium 247 (^{247}Cm, 96 Protonen, 151 Neutronen) mit einer Halbwertszeit von 15 600 000 Jahren.

- Berkelium (nach seinem Entdeckungsort, dem kalifornischen Berkeley) mit der Ordnungszahl 97. Sein langlebigstes Isotop ist Berkelium 247 (^{247}Bk, 97 Protonen, 150 Neutronen) mit einer Halbwertszeit von 1400 Jahren.
- Californium (nach Kalifornien, dem Bundesstaat, in dem es entdeckt wurde) mit der Ordnungszahl 98. Sein langlebigstes Isotop ist Californium 251 (^{251}Cf, 98 Protonen, 153 Neutronen) mit einer Halbwertszeit von 890 Jahren.
- Einsteinium (nach Albert Einstein) mit der Ordnungszahl 99. Sein langlebigstes Isotop ist Einsteinium 252 (^{252}Es, 99 Protonen, 153 Neutronen) mit einer Halbwertszeit von 1,29 Jahren.
- Fermium (nach Enrico Fermi) mit der Ordnungszahl 100. Sein langlebigstes Isotop ist Fermium 257 (^{257}Fm, 100 Protonen, 157 Neutronen) mit einer Halbwertszeit von 100,5 Tagen.
- Mendelevium (nach Dimetrij Mendelejew) mit der Ordnungszahl 101. Sein langlebigstes Isotop ist Mendelevium 258 (^{258}Md, 101 Protonen, 157 Neutronen) mit einer Halbwertszeit von 56 Tagen.
- Nobelium (nach Alfred Nobel, dem Stifter der Nobelpreise) mit der Ordnungszahl 102. Sein (nach heutigem Stand) langlebigstes Isotop ist Nobelium 259 (^{259}No, 102 Protonen, 157 Neutronen) mit einer Halbwertszeit von etwa 58 Minuten.
- Lawrencium (nach Ernest Lawrence, von dem später noch die Rede sein wird) mit der Ordnungszahl 103. Sein (nach heutigem Stand) langlebigstes Isotop ist

Lawrencium 260 (^{260}Lr, 103 Protonen, 157 Neutronen) mit einer Halbwertszeit von 3 Minuten.

- Rutherfordium (nach Ernest Rutherford) oder Kurtschatovium (nach I. W. Kurtschatow) mit der Ordnungszahl 104. Sein (nach heutigem Stand) langlebigstes Isotop ist Rutherfordium 261 bzw. Kurtschatovium 261 (^{261}Rf bzw. ^{261}Ku, 104 Protonen, 157 Neutronen) mit einer Halbwertszeit von 65 Sekunden.
- Hahnium (nach Otto Hahn) mit der Ordnungszahl 105. Sein (nach heutigem Stand) langlebigstes Isotop ist Hahnium 262 (^{105}Ha, 105 Protonen, 157 Neutronen) mit einer Halbwertszeit von 34 Sekunden.

Das Element 106 wurde zwar bereits gefunden, aber zwei Gruppen beanspruchen die Entdeckung für sich. Der Streit ist noch nicht entschieden, und bis dahin kann es keinen offiziellen Namen erhalten. Das (nach heutigem Stand) langlebigste Isotop hat die Massenzahl 263 (106 Protonen, 157 Neutronen) und eine Halbwertszeit von 0,8 Sekunden. Wie weit die Wissenschaftler noch gehen können, ist ungewiß. Mit dem Ansteigen der Ordnungszahl lassen sich die Elemente immer schwieriger herstellen; da ihre Halbwertszeiten zudem immer kürzer werden, wird es auch komplizierter, sie zu untersuchen. Der Druck ist aber groß, bis zu den Elementen 110 und 114 vorzudringen, denn zwingende Argumente sprechen dafür, daß einige Isotope dieser Elemente langlebig oder sogar stabil sind.

7. Spaltung

Massendefekt

Wie bereits erwähnt, orientiert man sich bei der Messung des Atomgewichts gegenwärtig an Kohlenstoff 12. Die Massenzahl von ^{12}C ist als 12,0000 definiert; alle anderen Massenzahlen werden anhand dieser Zahl gemessen. Auch für das Atomgewicht, den gewichteten Mittelwert der Massenzahlen der isolierten Isotope, aus denen ein bestimmtes Element zusammengesetzt ist, gilt der Maßstab von ^{12}C.

Der Kern von Kohlenstoff 12 enthält zwölf Teilchen: 6 Protonen und 6 Neutronen. Wenn alle zwölf Teilchen zusammen eine Masse von 12,0000 ergeben, sollte jedes einzelne Teilchen somit durchschnittlich eine Masse von 1,0000 haben. Doch moderne Massenspektrographen, die die Masse einzelner Protonen messen können, die in einem Magnetfeld einer bestimmten Stärke abgelenkt werden, zeigen dabei eine Protonenmasse von 1,00734 anstatt von 1,0000.

Da ein Neutron ungeladen ist, wird es beim Durchgang durch ein Magnetfeld nicht abgelenkt, aber es gibt andere Methoden, um seine Masse herauszufinden. 1934 maß Chadwick die genaue Energiemenge, die notwendig war, um das Proton und das Neutron in einem Atomkern von Wasserstoff 2 zu trennen. Die Masse eines solchen Kerns ist bekannt. Davon zieht man die Masse des Protons ab und

1 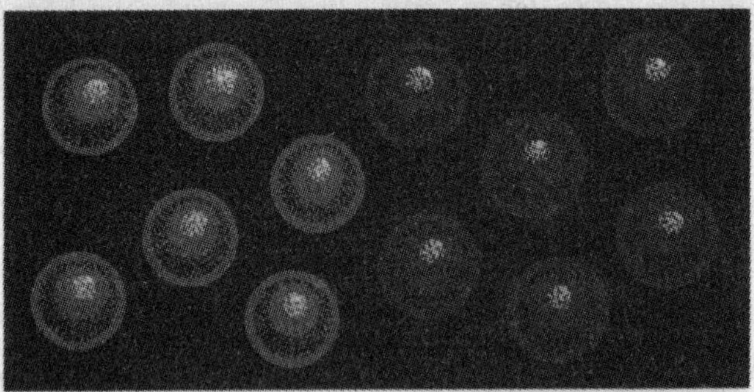

2 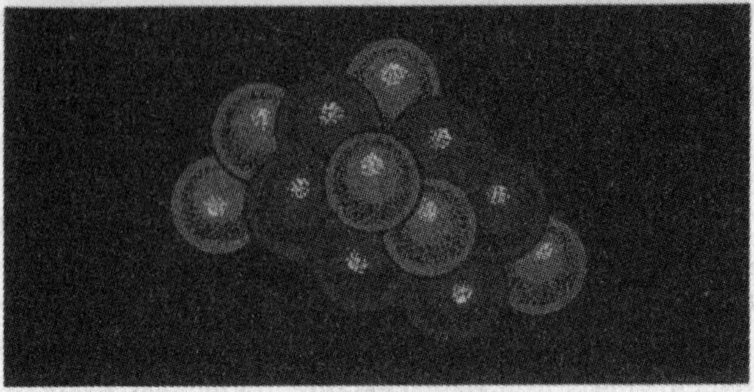

1. Der Atomkern von Kohlenstoff 12 (^{12}C) besteht aus 6 Protonen und 6 Neutronen. Ihre Massen ergeben zusammen 12,096.
2. Zu einem Kern zusammengepreßt, beträgt die Gesamtmasse nur 12,000. Dieses Phänomen bezeichnet man als *Massendefekt.*

zählt die Masse der zur Aufspaltung notwendigen Energie hinzu (nach der Gleichung Einsteins, die Masse und Energie zueinander in Beziehung setzt). Was übrig bleibt, ist die Masse des Neutrons.

Die Masse des Neutrons beläuft sich danach auf 1,00867. Mit anderen Worten: Das Proton und das Neutron haben nicht genau die gleiche Masse. Das Neutron ist um etwa ein siebtel Prozent schwerer als das Proton (was, wie wir noch sehen werden, von Bedeutung ist).

Angenommen, man nimmt 6 Protonen und 6 Neutronen, die man als einzelne Teilchen betrachtet und deren Einzelmassen man zusammenzählt, so erhält man als Gesamtmasse 12,096. Wenn man jedoch alle 6 Protonen und 6 Neutronen zu einem Atomkern von Kohlenstoff 12 zusammenpreßt, ergibt sich eine Gesamtmasse von 12,0000.

Die Masse des ^{12}C-Kerns ist um 0,096 niedriger als die addierte Masse der einzelnen Teilchen, aus denen sich der Kern zusammensetzt. 1927 stellte Aston bei seiner Arbeit mit dem Massenspektrographen fest, daß alle Kerne ein etwas niedrigeres Gewicht hatten, als man es nach dem addierten Gewicht der einzelnen Teilchen eigentlich erwartet hätte. Aston bezeichnete diese Erscheinung als *Massendefekt.*

Welchen Anteil an der Gesamtmasse von Kohlenstoff 12 hat der Massendefekt dieses Kerns? Er beträgt 0,096 geteilt durch 12 oder 0,008. Um nicht mit dieser kleinen Dezimalzahl arbeiten zu müssen, multiplizieren die Wissenschaftler sie mit 10000. Auf diese Weise erhält man 80, den sogenannten *Packungsanteil* von ^{12}C.

Wenn man mit Wasserstoff 1 und seinem aus einem einzigen Proton bestehenden Kern beginnt und die Reihe der stabilen Isotope nach oben verfolgt, wird der Packungsanteil immer größer, bis man Eisen 56 (^{56}Fe) erreicht hat.

Eisen 56 hat einen Kern aus 26 Protonen und 30 Neutronen. Wenn man diese Teilchen gesondert betrachtet, beträgt die Gesamtmasse 56,4509. Die Masse des ^{56}Fe-Kerns wird dagegen mit 55,9349 gemessen. Der Massendefekt ist 0,5260 (ungefähr ein halbes Proton). Der Packungsanteil, 0,5260 geteilt durch 55,9349 mal 10000, ergibt 94,0. Verfolgt man die Reihe stabiler Isotope im Anschluß an Eisen 56 weiter nach oben, so stellt man fest, daß der Packungsanteil wieder abnimmt. Wenn man bei Uran 238 anlangt, beträgt er nur noch 79,4.

Was geschieht mit der Masse, die verschwindet, wenn Protonen und Neutronen zu einem Kern zusammengepreßt werden? Nur eines ist möglich: Sie wird – im Einklang mit der Gleichung Einsteins – zu Energie. Mit anderen Worten: Wenn aus 6 Protonen und 6 Neutronen ein ^{12}C-Kern entsteht, wird ein kleiner Teil der Masse dieser Teilchen in Energie umgewandelt, die sich im umgebenden Raum zerstreut. Derartige Prozesse finden meist spontan statt (wenn auch nicht immer schnell). Das bedeutet, daß Protonen und Neutronen unter bestimmten Bedingungen dazu neigen, sich zu Kernen zusammenzuschließen.

Will man umgekehrt einen Atomkern in seine einzelnen Protonen und Neutronen zerlegen, so muß man dafür genau die Energiemenge aufwenden, die bei der Bildung des Kerns umgewandelt worden ist. Wie aber kann man umgewandelte Energie wieder sammeln und in das winzige Volumen eines Kerns pressen? Dies geschieht höchstens unter extrem ungewöhnlichen Bedingungen; normalerweise haben Atomkerne *keine* Neigung, in ihre einzelnen Protonen und Neutronen zu zerfallen. Wenn Kerne einmal entstanden sind, behalten sie ihre Identität in aller Regel auch unendlich lange bei.

Ein Atomkern braucht aber nicht gleich in einzelne Teilchen zu zerfallen, um seine Identität zu verändern. Was passiert, wenn er einfach ein Proton oder ein Neutron aufnimmt bzw. abgibt? Dies würde schon ausreichen, um einen Kern in einen anderen umzuwandeln, wobei möglicherweise wiederum Energie zerstreut würde. Wenn ein Kern zu einem anderen Kern mit höherem Packungsanteil wird, kommt es im allgemeinen zu einer weiteren Zerstreuung von Energie; zu dieser Umwandlung besteht auch eine gewisse Neigung.

Man kann also erwarten, daß Kerne mit sehr niedrigen Massenzahlen dazu tendieren, sich in Kerne mit höheren Massenzahlen zu verwandeln, während Kerne mit sehr hohen Massenzahlen eher zu Kernen mit niedrigeren Massenzahlen werden. Die Atomkerne an den beiden Enden der Skala der Massenzahlen würden als jeweiliges Endprodukt Eisen 56 anstreben. Da Eisen 56 den höchsten Packungsanteil besitzt, bräuchte es eine Energiezufuhr, um entweder größer oder kleiner zu werden, damit es stabil bleibt.

Eine solche Neigung muß aber nicht wirklich zu beobachten sein. Wenn man auf abschüssigem Untergrund steht, rutscht man leicht bergab. Ist der Boden jedoch rauh und griffig und trägt man Sportschuhe, die Gummisohlen mit einem kräftigen Profil haben, wird durch die Reibung verhindert, daß man trotz der Tendenz dazu hinunterrutscht. Wird der Hang aber steiler oder vereist, so reicht die Reibung irgendwann nicht mehr aus, und man kommt doch wieder ins Rutschen.

Ein anderes Beispiel: Papier hat die Neigung zu brennen, d. h. sich mit dem Sauerstoff der Atmosphäre zu verbinden. Aber die chemischen Veränderungen, die notwendig sind, um die Brennwirkung auszulösen, finden nicht bei allen Temperaturen statt, weil eine Anregungsenergie benötigt wird. (Das ist eine Art »Reibung«, die verhindert, daß eine chemische Veränderung, die eigentlich ablaufen »sollte«, tatsächlich abläuft.) Wird das Papier aber erwärmt, dann nimmt es immer mehr Energie auf, bis schließlich der Wert der Energieanregung übertroffen wird und das Papier in Flammen aufgeht.

Sobald das Papier entflammt, wird genügend Wärme erzeugt, die als Anregungsenergie für angrenzende Bereiche des Papiers dient; diese entzünden sich dann ihrerseits und verbreiten die Flamme immer weiter. Das Papier kann also unendlich lange ohne eine weitere Energiezufuhr von außen weiterbrennen; es benötigt lediglich die kleine Zufuhr am Anfang. Der glimmende Zigarettenstummel, der zum Schluß einen ganzen Wald abbrennen läßt, ist ein sehr realistisches Bild. Diesen Vorgang, bei dem eine chemische Reaktion das erzeugt, was für eine Fortsetzung der gleichen chemischen Reaktion benötigt wird, bezeichnet man ganz schlicht als Kettenreaktion.

Bei den Atomkernen gibt es Faktoren, die verhindern, daß die natürliche Tendenz, sich in Eisen 56 umzuwandeln, in die Tat umgesetzt wird. Das gilt insbesondere für die leichten Kerne (auf die Gründe dafür gehen wir später ein).

Bei den schweren Atomkernen wird diese Tendenz leichter verwirklicht. Bei allen bekannten Kernen, die schwerer als Wismut 209 sind, wird sie sogar wirklich in die Tat umgesetzt. Die schwereren Kerne neigen dazu, Teilchen in einer Weise abzugeben, daß der neu entstehende Kern kleiner ist und deshalb auch einen höheren Packungsanteil hat als der alte. Auf diese Weise wird Energie erzeugt und zerstreut.

Je größer die Wärmedissipation bei der Umwandlung eines Atomkerns in einen anderen ist, desto wahrscheinlicher ist die Umwandlung, desto schneller spielt sie sich ab und desto kürzer ist die Halbwertszeit des ursprünglichen Kerns. Im Falle von Thorium 232, Uran 235 und Uran 238 ist die Wärmedissipation bei der ersten Umwandlung so gering, daß die Halbwertszeit bei allen dreien sehr lang ist. Trotzdem ist die Halbwertszeit nicht einmal hier unendlich, so daß die Umwandlung – wenn auch langsam – stattfindet. (Analog hierzu ist auch Papier sehr langsamen Veränderungen unterworfen, obwohl es bei normalen Temperaturen nicht in Flammen aufgeht. Immer wieder einmal kann auch dann eine chemische Veränderung stattfinden, wenn die notwendige Anregungsenergie nicht erreicht wird. So werden die Seiten eines Buches im Laufe der Jahre langsam brauner und spröder, bis sie zuletzt – als Ergebnis einer sehr langsamen »Verbrennung« – zu Asche zerfallen. Wenn man so will, haben die Papiermoleküle eine »Verbrennungshalbwertszeit« bei Zimmertemperatur, die vom Standpunkt eines Lesers aus zwar lang sein mag, verglichen mit Uran 238 aber nur sehr kurz ist.)

Kurz gesagt: Die in den 90er Jahren des letzten Jahrhunderts entdeckte natürliche Radioaktivität verwandelt Atomkerne mit einer Massenzahl zwischen 232 und 238 in Kerne mit einer Massenzahl zwischen 206 und 208. Bei diesem Vorgang erhöht sich der Packungsanteil, wodurch die Protonen und Neutronen in den neuen Kernen etwas weniger Masse haben als die in den ursprünglichen Kernen. Die fehlende Masse wird als Energie zerstreut, was auch den Ursprung der Energie erklärt, die durch Radioaktivität freigesetzt wird.

Es wurde bereits erwähnt, daß Enrico Fermi 1934 Uran mit langsamen Neutronen beschossen hatte, um das Element 93 zu erzeugen (das sechs Jahre später endgültig entdeckt und als Neptunium bezeichnet wurde). Fermi glaubte, er habe das Element gefunden (was in gewisser Weise auch zutraf), aber Untersuchungen des beschossenen Urans brachten ein so verwirrendes Gemisch von Teilchen ans Licht, daß es schwierig war, das Element 93 in dieser Mischung genau ausfindig zu machen. (Trotzdem wurde Fermi für diese Arbeit 1938 der Nobelpreis zuerkannt.)

Ida Tacke (eine Mitentdeckerin des Elements Rhenium) hegte die Vermutung, der Atomkern von Uran sei so komplex und deshalb so brüchig, daß er bei der Arbeit Fermis nach der Absorption eines Neutrons einfach in seine Bestandteile zerfiel. Dies unterschied sich aber so stark von allem, was man bei der Aufspaltung von Kernen beobachtet hatte, daß diese Hypothese von niemandem recht beachtet wurde.

Doch in Deutschland befaßte sich die Arbeitsgruppe von Hahn und Meitner seit 1937 mit diesem Problem. (Meitner war Jüdin, aber als österreichische Staatsbürgerin vorläufig sicher vor Adolf Hitler und seiner schrecklichen antisemitischen Politik.)

Hahn überlegte, daß das Uran bei dem Neutronenbeschuß möglicherweise *zwei* Alphateilchen anstatt eines verlor. So weit wagte er sich in die Richtung von Tackes Theorie der Kernzertrümmerung vor. Der Verlust zweier Alphateilchen würde die Ordnungszahl um 4 verringern, bei Uran von 92 auf 88, also Radium. Wenn Hahn recht hatte, mußten in beschossenem Uran etwas höhere Mengen an Radium anfallen als die üblichen Spuren, die man aufgrund der normalen radioaktiven Umwandlung erwarten konnte.

Wie konnte man diese winzigen Spuren von Radium nachweisen und die vorhandene Menge schätzen? Marie Curie hatte Radiumspuren in Uranerz isoliert, aber ihr stand das Erz tonnenweise zur Verfügung. Hahn und Meitner besaßen nur eine kleine Menge beschossenes Uran.

Nun steht Radium im Periodensystem genau unter dem stabilen Element Barium, weil die beiden Elemente sehr ähnliche chemische Eigenschaften aufweisen. Wenn beschossenes Uran in Säure aufgelöst wird und man der Lösung anschließend Barium beimischt, kann das Barium zusammen mit dem Radium durch einfache chemische Verfahren wieder getrennt werden. (Das Radium verhält sich immer genauso wie das Barium.)

Wenn Hahn und Meitner also absolut stabiles Barium hineingaben und deutlich radioaktives Barium erhielten, so wußten sie, daß zusammen mit dem Barium auch Radium herausgezogen wurde. Anhand der vorhandenen Radioaktivität (die leicht zu messen ist) konnten sie präzise die Menge des gewonnenen Radiums bestimmen. Doch bevor dieses Experiment durchgeführt werden konnte, marschierten deutsche Truppen in Österreich ein und annektierten es im März 1938. Meitner war damit zum Ziel von Hitlers Judenverfolgung geworden; sie flüchtete deshalb in die Niederlande und von dort aus weiter nach Stockholm.

Hahn arbeitete zusammen mit dem deutschen Chemiker Fritz Straßmann (1902–1980) weiter. Sie gaben der Lösung stabiles Barium bei und erhielten radioaktives Barium, aus dem sie die Menge des extrahierten Radiums abschätzen konnten. Als letzten Schritt des Beweises mußte man nun das Radium von dem Barium trennen, um eine Lösung zu erhalten, die ausschließlich das Radium enthielt.

Diese Trennung funktionierte aber nicht. Was Hahn und Straßmann auch versuchten, nichts konnte das Radium von dem Barium absondern. Hahn folgerte daraus, wenn nichts dazu in der Lage sei, das stabile Barium von dem radioaktiven Radium zu trennen, dann seien die radioaktiven Atome auch *nicht* Radium, sondern Barium – oder richtiger, ein Radioisotop von Barium. (Für diese Erkenntnis erhielt Hahn 1944 den Nobelpreis.)

Wie aber konnte Uran zerfallen und zu Barium werden? Die Ordnungszahl von Barium war 56. Wenn Uran (Ordnungszahl 92) sich in Barium spaltete, mußte es entweder 18 Alphateilchen abgeben oder in zwei Teile zerfallen. Beide Möglichkeiten erschienen so unwahrscheinlich, daß Hahn sich scheute, damit an die Öffentlichkeit zu gehen.

Zur selben Zeit kam Meitner in Stockholm zu genau dem gleichen Schluß, als sie von dem gescheiterten Versuch hörte, das vermeintliche Radium von dem Barium zu trennen. Sie ging aber an die Öffentlichkeit. Mit Hilfe ihres Neffen, des Physikers Otto Robert Frisch (1904–1979), verfaßte Meitner einen mit 16. Januar 1939 datierten Brief und schickte ihn an die britische Zeitschrift *Nature*. Frisch, der in Bohrs Labor in Kopenhagen arbeitete, informierte Bohr über den Inhalt des Briefes, bevor dieser veröffentlicht wurde. Bohr reiste in die Vereinigten Staaten, um am 26. Januar 1939 in Washington an einem Physikerkongreß teilzunehmen, und verbreitete dort die Neuigkeit – noch bevor der Brief abgedruckt wurde.

Ebenfalls zur gleichen Zeit dachte der ungarische Physiker Leo Szilard (1898–1964) – der ebenso wie Meitner Deutschland verlassen hatte, weil er Jude war – in Großbritannien über das nach, was H. G. Wells in seinen Science-fiction-Erzählungen Atombombe genannt hatte. Szilard hielt eine solche Bombe für möglich, falls ein Neutron einen Atomkern traf und so eine Umwandlung bewirkte, die zum Ausstoß zweier Neutronen führte, die wiederum zwei Kerne trafen und zum Ausstoß von vier Neutronen führten usw. Die Zahl der Aufspaltungen pro Sekunde und die freigesetzte Energie würden rasch in ungeheuer starkem Maße ansteigen und dabei eine gewaltige Explosion auslösen. Szilard beschrieb damit tatsächlich eine nukleare Kettenreaktion.

Er ließ sich diesen Vorgang sogar patentieren. Szilard gewann die Unterstützung eines anderen Juden, des russisch-britischen Biochemikers Chaim Weizmann (1878–1952), der die notwendigen Experimente durchzuführen versuchte. Dies scheiterte jedoch. Kerne, die Neutronen absorbierten und ausstießen, absorbierten nur schnelle, energiereiche Neutronen und stießen langsamere aus, die nicht genug Energie hatten, um die Reaktion in Gang zu halten.

Doch dann hörte Szilard davon, daß sich der Urankern als Folge der Absorption eines Neutrons spaltete. (Diese Aufspaltung eines Kerns in zwei fast gleiche Teile sollte später als Fission oder Kernspaltung bezeichnet werden. Man spricht oft auch von Uranspaltung, aber Urankerne sind nicht die einzigen, die eine solche Spaltung durchlaufen; es ist daher besser, den allgemeineren Begriff »Kernspaltung« zu verwenden.)

Szilard erkannte sofort, daß hier die Möglichkeit einer durchführbaren Variante der Kettenreaktion gegeben war, die er beschrieben hatte. Es war ein langsames Neutron, das den Urankern spaltete. Bald entdeckte man, daß bei diesem Vorgang für jeden gespalteten Kern zwei oder drei langsame Neutronen freigesetzt wurden.

1940 versuchte Szilard, die amerikanischen Physiker dazu zu bringen, ihre Forschungen zur Kernspaltung einer Selbstzensur zu unterwerfen, denn er befürchtete, deut-

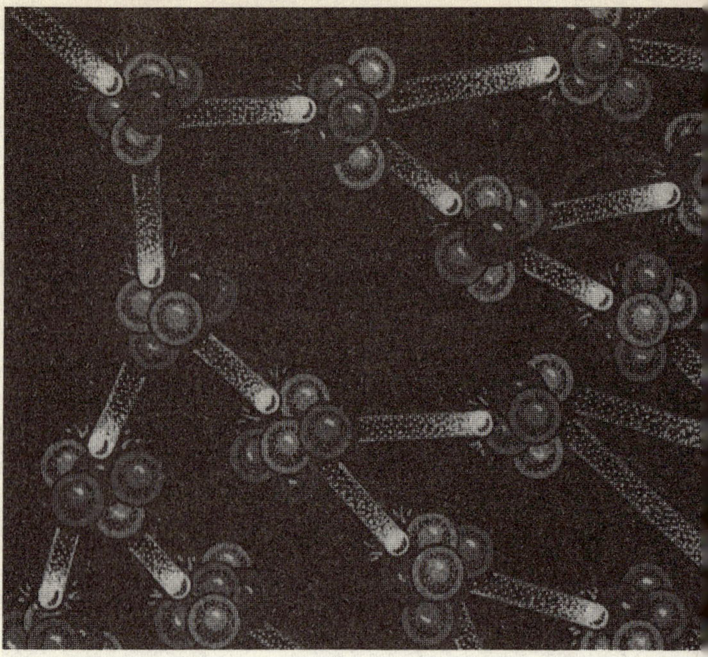

Wenn Neutronen mit Atomkernen zusammenstoßen, werden in einer nuklearen Kettenreaktion immer mehr Neutronen emittiert.

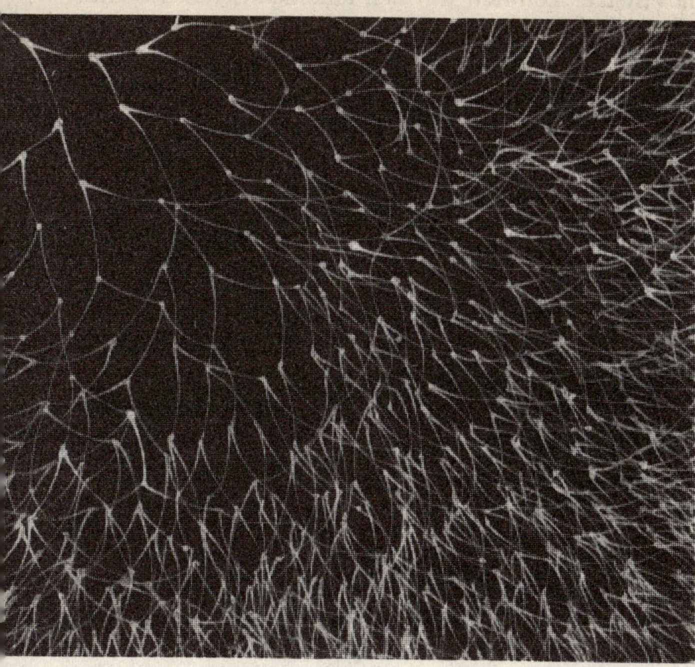

sche Physiker könnten von den amerikanischen Erkenntnissen profitieren und Adolf Hitler eine zerstörerische neue Bombe in die Hand geben. (Zu diesem Zeitpunkt hatte der Zweite Weltkrieg bereits begonnen: Während Deutschland erfolgreich auf dem Vormarsch war, blieben die Vereinigten Staaten noch neutral.)

Als nächstes mußte Szilard die Regierung der Vereinigten Staaten dazu bringen, gewaltige Summen in die Forschung zu stecken. Unterstützung erhielt er dabei von zwei anderen aus Ungarn stammenden Wissenschaftlern, die vor den Nazis geflohen waren: Eugene Paul Wigner (geb. 1902) und Edward Teller (geb. 1908). 1942 besuchten die drei Albert Einstein, einen weiteren Emigranten. Als einziger Wissenschaftler, dessen Wort genug Gewicht hatte, erklärte dieser sich bereit, einen Brief an Präsident Franklin Delano Roosevelt (1882–1945) zu schreiben. Roosevelt erhielt den Brief, überdachte ihn, ließ sich überzeugen und unterzeichnete gegen Ende des Jahres an einem Samstag die Anordnung, die das sogenannte Manhattan-Projekt ins Leben rief – ein bewußt bedeutungsloser Name, der den wahren Zweck verdecken sollte.

Der Zeitpunkt, an dem Szilard auf das Projekt drängte, sollte sich als prekär herausstellen. Es kommt nicht häufig vor, daß etwas an einem Wochenende erledigt wird. Wenn Roosevelt die Unterzeichnung auf Montag verschoben hätte, wäre die Unterschrift womöglich überhaupt nicht zustande gekommen – der Samstag der Unterzeichnung war der 6. Dezember, und am nächsten Tag griff Japan Pearl Harbor an. Wer weiß, wann Roosevelt wieder in der Lage gewesen wäre, an die Anordnung zu denken? Das Projekt machte jedenfalls Fortschritte; bis zum Juli 1945, nachdem Deutschland schon besiegt war und Hitler Selbstmord begangen hatte, entwickelte man eine Atombombe (genauer:

eine Kernspaltungsbombe). Sie wurde am 6. und 8. August 1945 eingesetzt, um dem praktisch hilflos ausgelieferten Japan den »Todesstoß« zu geben.
Wenn ein Urankern gespalten wird, teilt er sich nicht immer auf die genau gleiche Weise. Der Packungsanteil von mittelgroßen Atomkernen variiert nicht sehr stark, so daß der Urankern einmal an einer Stelle und ein anderesmal an einer etwas anderen Stelle zerbrechen kann. Aus diesem Grund entsteht bei der Spaltung von Uran eine Vielzahl ganz unterschiedlicher Radioisotope, die alle unter dem Begriff Spaltprodukte zusammengefaßt werden.
Am wahrscheinlichsten ist, daß die Spaltung nicht genau gleich ausfällt, wobei ein schwererer Teil mit einer Masse zwischen 135 und 140 und ein leichterer Teil mit einer Masse zwischen 90 und 100 entstehen. Im schwereren Teil wurde 1948 das Element Promethium entdeckt.
Als Ergebnis der Kernspaltung rutscht ein Urankern das Packungsanteilgefälle weiter hinunter als bei einem gewöhnlichen radioaktiven Zerfall zu Blei. Die Uranspaltung setzt deshalb bedeutend mehr Energie frei als die normale Radioaktivität von Uran. (Wenn eine Kettenreaktion in Gang gesetzt wird, kann eine Kernspaltung die Energie auch viel schneller freisetzen und im Bruchteil einer Sekunde eine Energiemenge ausstoßen, für die die normale Radioaktivität von Uran Milliarden Jahre brauchen würde).
Wenn bei der Kernspaltung aber mehr Energie frei wird als bei normaler Radioaktivität, warum zerfällt der Urankern dann nicht von Natur aus durch Spaltung, anstatt eine Reihe von Alpha- und Betateilchen abzugeben? Die Antwort lautet, daß am Prozeß der Kernspaltung eine höhere Anregungsenergie beteiligt ist. Die notwendige Anregungsenergie kann geliefert werden, wenn ein Neutron in einen Kern treibt, seine Beschaffenheit verändert

und ihn zum Schwingen bringt – anders nicht. Oder jedenfalls *kaum.* Trotz der höheren Anregungsenergie spaltet sich ein Urankern hin und wieder spontan und schlüpft sozusagen durch die Mauer der Anregungsenergie. Dies kommt jedoch sehr selten vor. Auf 220 Fälle, in denen Atomkerne von Uran 238 nur Alphateilchen abgeben, kommt ein Fall, bei dem ein Kern eine spontane Spaltung durchläuft. Die Spontanspaltung wurde 1941 von dem sowjetischen Physiker Georgij Nikolajewitsch Fljorow (geb. 1913) entdeckt.

Genau wie einige radioaktive Kerne eine viel kürzere Halbwertszeit haben als andere, zeigen manche eine viel größere Bereitschaft zur spontanen Spaltung. So werden die Transuranisotope nicht nur im Hinblick auf die normale Radioaktivität, sondern auch hinsichtlich der spontanen Spaltung instabiler. Während die Halbwertszeit der spontanen Spaltung von Uran 238 (^{238}U) ungefähr eine Billion Jahre beträgt, liegt die von Curium 242 (^{242}Cm) bei 7 200 000 und die von Californium 250 (^{250}Cf) bei nur 15 000 Jahren.

^{238}U läßt sich so schwer spalten, daß selbst ein Neutronenbeschuß nicht viel bewirkt. Man bräuchte dazu schnelle, energiereiche Neutronen, doch es werden nur langsame Neutronen ausgestoßen, so daß keine Kettenreaktion möglich ist.

Bohr wies schon bald nach der Entdeckung der Spaltung darauf hin, daß es aus theoretischen Gründen Uran 235 (^{235}U) sein müßte, das die Kettenreaktion in Gang setzt. ^{235}U ist weniger stabil als ^{238}U. Die Halbwertszeit von Uran 235 ist nur ein Sechstel so lang wie die von Uran 238, und sogar ein langsames Neutron bringt es zur Spaltung. Eines der komplizierteren Probleme bei der Entwicklung der Atombombe bestand darin, Uran 235 von Uran 238 zu trennen, denn natürliches Uran enthält einfach nicht genug Uran 235, um eine nukleare Kettenreaktion in Gang zu halten.

Es ist jedoch möglich, Uran 238 so mit Neutronen zu bombardieren, daß zunächst Neptunium 239 (^{239}Np) und anschließend Plutonium 239 entsteht. Plutonium 239 (^{239}Pu) hat eine Halbwertszeit von mehr als 24 000 Jahren, was lange genug ist, um davon größere Mengen ansammeln zu können. ^{239}Pu ist ebenso wie ^{235}U mit Hilfe langsamer Neutronen spaltbar.

Das gilt nicht für Thorium 232 (^{232}Th). Beschießt man es aber mit Neutronen, kann es zu ^{233}Th werden, das sich wiederum in ^{233}U umwandelt. Uran 233 wurde 1942 von Seaborg entdeckt. Es hat eine Halbwertszeit von 160 000 Jahren und läßt sich durch langsame Neutronen spalten.

Mit anderen Worten: Das gesamte Uran und Thorium auf der Welt kann theoretisch in spaltbare Kerne umgewandelt werden, die bei einem kontrollierten Ablauf nützliche Energie liefern, anstatt einfach zu explodieren. Thorium und Uran kommen nicht besonders häufig vor, aber zusammengenommen kann man aus ihnen zehnmal mehr Energie gewinnen als aus dem gesamten Vorrat der Erde an Kohle, Erdöl und Gas.

In den 50er Jahren wurden erstmals Kernreaktoren gebaut, die kontrollierte Energie lieferten; heute wird ein beachtlicher Teil der Energie auf der ganzen Welt aus Kernkraftwerken bezogen. Die Sicherheit stellt gewiß ein Problem dar. (Der Störfall von Three-Mile Island in den Vereinigten Staaten 1979 und die wirkliche Katastrophe von Tschernobyl in der Sowjetunion 1986 sorgten für beträchtliche Aufregung.) Außerdem stellt sich das Problem der Entsorgung der ständig mehr werdenden Spaltprodukte, die gefährlich radioaktiv sind. Aus diesen Gründen sieht die Zukunft der

Kernenergie im Moment düster aus. Es gibt jedoch eine andere Form der Kernenergie, die sich als genauso nützlich erweisen könnte und ihrem Wesen nach viel gefahrloser ist als die Kernspaltung.

Kernverschmelzung

Sowohl die natürliche Radioaktivität als auch die Kernspaltung betreffen Kerne mit hohen Massenzahlen und führen zu Kernen mit mittleren Massenzahlen und größerer Stabilität. Bei diesem Vorgang geht Masse verloren, während gleichzeitig Energie erzeugt und zerstreut wird. Für Kerne mit niedrigen Massenzahlen ist es auch möglich, sich miteinander zu verbinden oder zu verschmelzen und dabei einen etwas schwereren Kern zu bilden. Dies bedeutet ebenfalls eine Veränderung in Richtung auf mittlere Massenzahlen und größere Stabilität hin. Auch hier geht die Masse verloren, wobei Energie erzeugt und zerstreut wird. Während der Packungsanteil ziemlich langsam ansteigt, wenn man sich von hohen Massenzahlen auf mittlere zu bewegt, erhöht sich der Packungsanteil auf dem Weg von kleinen zu mittleren Massenzahlen viel stärker. Das bedeutet, daß Kernverschmelzung aus einer bestimmten Menge eines Ausgangsmaterials mehr Energie erzeugen kann als Kernspaltung.

Sehen wir uns dies am Beispiel zweier ^{2}H-Kerne (je 1 Proton und 1 Neutron) an, die miteinander verschmelzen und einen ^{4}He-Kern (2 Protonen, 2 Neutronen) bilden. Die Massenzahl von Wasserstoff 2 ist 2,0140; zwei davon ergeben somit 4,0280. Helium 4 hat aber für seine Größe einen ungewöhnlich hohen Packungsanteil, so daß seine Massenzahl nur 4,0026 beträgt. Die Verringerung der Massenzahl

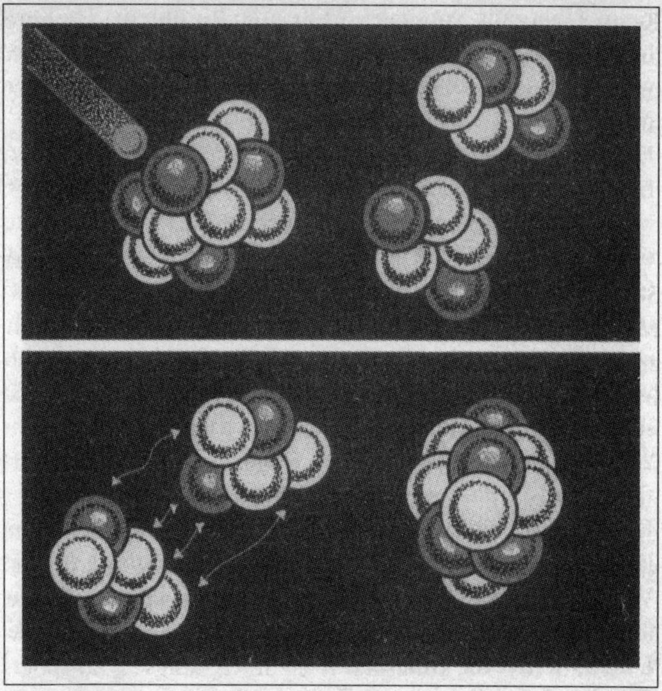

Sowohl die Spaltung (oben) als auch die Verschmelzung (unten) von Atomkernen setzen Energie frei. Die Kernverschmelzung von Wasserstoff erzeugt pro Kilogramm Masse elfmal so viel Energie wie die Spaltung von Uran.

beim Übergang von zwei ^{2}H-Kernen zu einem ^{4}He-Kern beläuft sich auf 4,0280 – 4,0026 = 0,0254. Der Massenverlust von 0,0254 entspricht 0,63 Prozent der ursprünglichen Masse von 4,028.
Das klingt nicht nach besonders viel (Wasserstoff 2 verliert bei seiner Verschmelzung zu Helium 4 nur fünf Achtel von einem Prozent seiner Masse), aber in Wirklichkeit ist das eine ganze Menge. Die natürliche radioaktive Umwandlung von Uran 238 in Blei 206 bringt einen Verlust von 0,026 Prozent der ursprünglichen Masse mit sich, während die Kernspaltung von Uran 235 zum Verlust von nur 0,056 Prozent seiner ursprünglichen Masse führt. Die Verschmelzung von Wasserstoff kann pro Kilogramm ungefähr 24mal so viel Energie erzeugen wie die natürliche Radioaktivität und 11mal soviel wie die Spaltung von Uran.
Die Energie, die sich durch Kernverschmelzung erzeugen läßt, stellte sich als von entscheidender Bedeutung für das Verständnis des Universums heraus, noch bevor man die andere Energiequelle, die Kernspaltung, entdeckt hatte. Und so verlief die Geschichte.
Seit der Formulierung des Energieerhaltungssatzes im Jahre 1847 hatten sich die Wissenschaftler über den Ursprung der von der Sonne abgestrahlten Energie Gedanken gemacht. Diese Strahlung war während der gesamten Menschheitsgeschichte vorhanden gewesen; geologische Untersuchungen ließen außerdem keinen Zweifel daran, daß sie schon lange vor dem Menschen da war.
Keine im 19. Jahrhundert bekannte Energiequelle konnte erklären, warum die Sonne schon seit über hundert Millionen Jahren schien – was sich als vorsichtige Schätzung erwies. Im ersten Jahrzehnt des 20. Jahrhunderts begannen die Forscher damit, das Alter von Steinen und Meteoriten anhand des Ausmaßes der radioaktiven Umwandlung zu

messen, die in ihnen stattgefunden hatte. Bald stellte sich heraus, daß unser Sonnensystem (einschließlich der Erde und der Sonne) mehrere Milliarden Jahre alt ist. Die genaueste Altersangabe ist derzeit 4 550 000 000 Jahre.

Bis 1910 hatte man erkannt, daß die Kernenergie gewaltiger als jede andere bis dahin untersuchte Energieform war. 1920 vertrat der britische Astronom Arthur Stanley Eddington (1882–1944) die Ansicht, die Energie der Sonne könne von der Verschmelzung von Wasserstoff zu Helium herrühren. Im Laufe des Jahrzehnts erschien diese Vermutung immer wahrscheinlicher. Als Aston die Idee des Packungsanteils entwickelte, wurde klar, daß die Verschmelzung von Wasserstoff zu Helium die einzige einfache Kernreaktion war, die möglicherweise genug Energie liefern konnte, um die Sonne in Gang zu halten.

Anhand einer genauen Untersuchung ihres Lichtspektrums analysierte der amerikanische Astronom Henry Norris Russell (1877–1957) dann 1929 die chemische Zusammensetzung der Sonne und stellte fest, daß sie hauptsächlich aus Wasserstoff bestand. Etwa 90 Prozent der Atome in der Sonne sind Wasserstoff, 9 Prozent Helium. Alle anderen Elemente zusammen ergeben das restliche eine Prozent der Atome. Das bedeutete, daß die Verschmelzung von Wasserstoff zu Helium nicht nur die einzige einfache Kernreaktion war, die genügend Energie liefern konnte, sondern auch die einzige bedeutsame Kernreaktion war, die überhaupt stattfinden konnte. Nur die Verschmelzung von Wasserstoff kam in Frage.

1938 erforschte der deutsch-amerikanische Physiker Hans Albrecht Bethe (geb. 1906) die Einzelheiten der Vorgänge im Inneren der Sonne; seine Theorie basierte auf den Erkenntnissen, die man aus Laboruntersuchungen von Kernreaktionen gewonnen hatte, sowie auf astronomi-

schen Schlußfolgerungen über die Bedingungen im Sonneninneren. Für diese Arbeit wurde ihm 1967 der Nobelpreis verliehen.
Heute geht man davon aus, daß die meisten normalen Fixsterne ständig Wasserstoff verschmelzen, was Milliarden von Jahren lang als Energiequelle dienen kann. Schließlich verändern sich die Bedingungen vor allem bei den massereicheren Sternen dahingehend, daß Heliumkerne zu noch schwereren Kernen verschmelzen, wie etwa Kohlenstoff, Sauerstoff, Neon und Silizium bis hin zu Eisen (wo der Verschmelzungsvorgang aufhört, weil der Packungsanteil sein Maximum erreicht hat).
In sehr schweren Sternen, deren Verschmelzungsprozeß so weit wie möglich vorangeschritten ist, läßt die Energiequelle nach; sie können das Gewicht ihrer eigenen äußeren Schichten nicht länger tragen. Der Stern fällt in sich zusammen; dabei verschmilzt der gesamte in den äußeren Schichten übriggebliebene Wasserstoff (zusammen mit anderen Atomen, deren Massenzahl kleiner als die von Eisen ist) auf einmal. Das Ergebnis ist ein gewaltiger Ausstoß von Energie – eine riesige Explosion, die man als Supernova bezeichnet. Viel vom Material des explodierenden Sterns wird dabei in den umgebenden Weltraum geschleudert, während der Rest zu einem winzigen Neutronenstern oder sogar zu einem noch winzigeren sogenannten Schwarzen Loch zusammenstürzt.
Man ist heute der Auffassung, daß zu der Zeit, als das Universum entstand, nur Wasserstoff- und Heliumkerne gebildet wurden. Die schwereren Kerne bildeten sich erst im Inneren von Sternen, und nur weil einige massereiche Sterne explodierten, kamen diese schwereren Kerne zum Staub und Gas im Weltraum hinzu. Bei der Explosion einer Supernova wird so viel Energie verfügbar, daß Eisenkerne

»aufwärts« getrieben werden und noch schwerere Kerne bis hinauf zu Uran und darüber hinaus bilden – und auch diese werden in den umgebenden Weltraum hinausgeschleudert.

Schließlich entstehen aus dem interstellaren Staub und Gas neue Sterne; sie enthalten die schweren Kerne, die durch die Explosion von Supernovä verbreitet worden sind. Diese neuen Sterne gehören der zweiten Generation an. Sie und ihre Planeten enthalten große Mengen schwerer Kerne.

Die Sonne ist ein solcher Stern der zweiten Generation. Die Erde und wir selbst bestehen fast ausschließlich aus schweren Kernen, die einmal im Inneren eines Riesensterns gebildet wurden und sich anschließend durch eine gewaltige Explosion über das Universum verteilten.

Wenn die Fusion von Wasserstoff aber so viel mehr Energie erzeugt als die natürliche Radioaktivität, warum findet sie dann nicht spontan und viel schneller als die Radioaktivität statt? Auf der Erde zerfallen Uran und Thorium langsam in leichtere Kerne und durchlaufen sogar ganz selten eine spontane Spaltung, aber Wasserstoff bleibt stabil und zeigt keine Anzeichen von Verschmelzung.

Der Grund hierfür ist nicht schwer zu erkennen. Bei schweren Kernen wie Uran und Thorium sind alle Protonen und Neutronen zu einem einzigen Gebilde zusammengepreßt. Alle Umwandlungen, die bei ihnen vor sich gehen können, finden auch tatsächlich statt. Bei der Verschmelzung von Wasserstoff müssen dagegen zwei ^{2}H-Kerne oder vier ^{1}H-Kerne, die unabhängig voneinander existieren, genügend Energie aufbringen, um die Elektronenbarriere zu durchbrechen, die gegenseitige Abstoßung der beiden Kerne zu überwinden und dann mit ausreichender Kraft zusammenstoßen, daß die Verschmelzung eingeleitet wird. Bei normalen Temperaturen haben ihre Bewegungen einfach nur einen winzigen Teil der erforderlichen Energie.

Um die erforderliche Energie zu liefern, muß die Temperatur tatsächlich sehr stark ansteigen: um Millionen Grad. Selbst dann noch hilft es, den Wasserstoff extrem dicht zusammenzupressen, damit es zu einer riesigen Zahl von Kollisionen kommt, wenn sich die Wasserstoffkerne über die ungewöhnlich kleine Entfernung hinweg, die sie trennt, hin und her bewegen.

Diese Voraussetzungen sind im Inneren von Sternen erfüllt. 1926 stellte Eddington in einer überzeugenden Argumentationskette dar, daß die Sonne durch und durch gasförmig sei: Im Inneren der Sonne seien die Temperatur und der Druck so hoch, daß die Atome zerfielen. Die Elektronen würden zusammengepreßt, während sich die Kerne ungehindert einander annäherten.

Heute wird angenommen, daß im Inneren der Sonne eine Temperatur von ungefähr 15 000 000 °C und eine Dichte von etwa 160 g/cm^3, d. h. ungefähr die achtfache Dichte von Gold, herrschen. (Das Sonneninnere ist dennoch gasförmig, weil die Atome zerbrochen sind und die Kerne sich so ungehindert wie intakte Atome in normalen Gasen bewegen.) Deshalb findet die Kernfusion an der Oberfläche des kleinen Heliumkerns im Zentrum der Sonne statt. Dieses Helium war größtenteils schon bei der Entstehung der Sonne vorhanden; hinzu gekommen ist noch das Helium, das im Laufe der letzten 4,55 Milliarden Jahre durch die Verschmelzung von Wasserstoff entstanden ist.

Wenn man nun eine Fusionsreaktion hier auf der Erde haben möchte, wie könnte man sie zustande bringen? Wie könnte man eine Temperatur und einen Druck von ausreichender Höhe erreichen?

Mit der Entwicklung der Kernspaltungsbombe wurde ein

Weg erkennbar, um die notwendigen Temperaturen und Druckverhältnisse zu erhalten. Wenn die Atombombe zusätzlich eine bestimmte Menge Wasserstoff enthielte, könnte dieser bereits in den ersten Augenblicken der Spaltreaktion die Temperatur und den Druck erreichen, die notwendig sind, um einen Verschmelzungsprozeß auszulösen.

1952 entwickelten sowohl die Vereinigten Staaten als auch die Sowjetunion erfolgreich eine Kernfusionsbombe, die aber zumeist als Wasserstoff- oder H-Bombe bezeichnet wird. Man nennt sie manchmal auch thermonukleare Bombe, wobei *thermo* (das griechische Wort für »Wärme«) anzeigt, daß die Wasserstoffbombe nicht durch Neutronenbeschuß, sondern durch extreme Hitze gezündet wird.

Die gewaltigen Energien der H-Bombe sorgen dafür, daß sie mit großer Heftigkeit explodiert. Die Explosion ist so stark, daß die menschliche Zivilisation bei einem Krieg, in dem diese Bombe unkontrolliert zum Einsatz käme, mit Sicherheit fast sofort vernichtet würde, vielleicht auch die Menschheit insgesamt und im äußersten Fall sogar der Großteil oder die Gesamtheit des Lebens.

Im Prinzip ist die Sonne selbst eine riesige H-Bombe, aber sie explodiert nicht. Die Sonne besitzt eine 330 000mal so große Masse wie die Erde und verfügt daher über ein gewaltiges Gravitationsfeld, das sie gegen die gesamte Heftigkeit ihrer Verschmelzungsenergie im Inneren zusammenhält. Und so sitzen wir hier und baden uns im willkommenen Licht und in der Wärme dieser kosmischen Bombe – auch wenn es ganz gut ist, daß wir im sicheren Abstand von 150 000 000 km leben.

Kann die Kernfusion *kontrolliert* gezündet und in Gang gehalten werden? Ist es möglich, die Energie langsam zur Entfaltung kommen zu lassen, damit man sie nutzen kann und sie nicht zerstörerisch wirkt? Wenn das gelingt, verfügen wir über eine Form der Kernenergie, bei der der Brennstoff leicht zu erhalten und einfach zu handhaben ist. Man muß dann nicht mehr Uran und Thorium aus Gestein gewinnen, in dem diese Elemente nur spärlich enthalten sind, sondern es wird möglich sein, Wasserstoff 2 aus dem Meer zu gewinnen. (Wasserstoff 2 ist viel seltener als der gewöhnliche Wasserstoff 1, aber er ist leichter zur Fusion zu bringen. Obwohl Deuterium relativ selten ist, wird es für uns noch Milliarden Jahre ausreichen.)

Hinzu kommt noch, daß man für Kernspaltungsenergie eine recht große Mindestmenge an spaltbarem Material benötigt, was die Gefahr in sich birgt, daß der Reaktor außer Kontrolle gerät, durchgeht und schmilzt. Fusionsenergie hingegen kann man bereits mit geringen Mengen an Brennstoff gewinnen; die Gefahr eines schweren Reaktorunfalls wäre somit ein Problem der Vergangenheit. Außerdem würde bei der Kernfusion viel weniger radioaktives Material anfallen als bei der Kernspaltung.

Doch um eine kontrollierte Kernfusion zu erreichen, muß man Wasserstoff 2 hohen Temperaturen und einem hohen Druck aussetzen. Den Druck hat man aber noch nicht recht im Griff; außerdem muß die jetzt realisierbare Temperatur noch weiter erhöht werden, während man gleichzeitig den Wasserstoff in einem Magnetfeld hält.

Mehr als dreißig Jahre lang haben sich die Wissenschaftler inzwischen bemüht, eine kontrollierte Kernfusion zu erzeugen. Sie sind dem Ziel dabei immer näher gekommen, aber sie haben es immer noch nicht erreicht.

Zerfallsteilchen

Wie bereits erwähnt, ist Helium 4 ein besonders stabiler Kern. So bildeten sich schon kurz nach der Entstehung des Universums die vier einfachsten Atomkerne. Zunächst existierte Wasserstoff 1, denn sein Kern bestand nur aus einem Proton. Indem ein Neutron hinzukam, wurde daraus Wasserstoff 2 (^{2}H, 1 Proton, 1 Neutron); ein zusätzliches Proton ergab Helium 3 (^{3}He, 2 Protonen, 1 Neutron), aus dem zusammen mit einem weiteren Neutron Helium 4 (^{4}He, 2 Protonen, 2 Neutronen) wurde. ^{2}H und ^{3}He sind zwar stabile Kerne, haben aber beide einen ziemlich niedrigen Packungsanteil; dies erklärt ihre starke Neigung, sich unter den Bedingungen des frühen Universums in stabile ^{4}He-Kerne umzuwandeln. Das Ergebnis war, daß heute 90 Prozent der Atome im Universum Wasserstoff 1 und 9 Prozent Helium 4 sind. Alles andere macht das restliche eine Prozent aus.

Zudem gelangte das frühe Universum nie über den Stand von Helium 4 hinaus. Helium 4 ist so stabil, daß es praktisch keine Neigung zeigt, ein Proton, ein Neutron oder ein anderes ^{4}He-Atom aufzunehmen. Die Kerne, die dabei entstünden – Lithium 5 (^{5}Li, 3 Protonen, 2 Neutronen), Helium 5 (^{5}He, 2 Protonen, 3 Neutronen) oder Beryllium 8 (^{8}Be, 4 Protonen, 4 Neutronen) –, sind alle so instabil, daß sie Halbwertszeiten zwischen einem Hundertstel einer Billionstelsekunde und weniger als einem Milliardstel einer Billionstelsekunde haben. Daraus folgt, daß (wie schon erwähnt) alle Kerne mit einer Massenzahl von mehr als 4 im Inneren von Sternen entstanden sind, wo die Bedingungen eine solche Bildung nicht nur möglich, sondern sogar wahrscheinlich machen.

Bei den höheren Massenzahlen sind diejenigen Kerne be-

sonders stabil, die man als aus ^{4}He-Bausteinen bestehend auffassen kann. Kohlenstoff 12 (^{12}C, 6 Protonen, 6 Neutronen = 3 ^{4}He-Bausteine) hängt fest zusammen; das gleiche gilt für Sauerstoff 16 (^{16}O, 8 Protonen, 8 Neutronen = 4 ^{4}He-Bausteine). Beide haben einen niedrigeren Packungsanteil als ihre Nachbarelemente.
Wenn die Kerne schwerer werden, nimmt der Helium-4-Effekt ab. Dennoch sind Atomkerne wie Neon 20 (^{20}Ne, 5 ^{4}He-Bausteine), Magnesium 24 (6), Silizium 28 (7), Schwefel 32 (8) und Kalzium 40 (10) besonders stabil. All diese Kerne, von Helium 4 bis Kalzium 40 (^{40}Ca), sind die häufigsten Isotope ihrer Elemente.
Jenseits von ^{40}Ca scheint der ^{4}He-Baustein jedoch seine stabilisierende Wirkung einzubüßen. Offensichtlich reicht es bei wachsender Zahl der Protonen im Kern nicht mehr aus, die gleiche Anzahl von Neutronen zu haben, damit der Kern stabil bleibt; man braucht dazu nun einen Neutronenüberschuß.
Folgerichtig besitzt Eisen 56, das häufigste Eisenisotop, 26 Protonen und 30 Neutronen, was ein Verhältnis zwischen Neutronen und Protonen von 1,15 ergibt. Zinn 118 (^{118}Sn), das häufigste Zinnisotop, verfügt über 50 Protonen und 68 Neutronen (Verhältnis 1,36). Gold 197 (^{197}Au), das einzige stabile Goldisotop, hat 79 Protonen und 118 Neutronen (1,49). Der schwerste stabile Kern ist Wismut 209 (^{209}Bi) mit 83 Protonen und 126 Neutronen (1,52).
Jenseits von ^{209}Bi reicht kein Neutronenüberschuß aus, um den Kern stabil zu halten. So hat Uran 238 mit 92 Protonen und 146 Neutronen zwar ein Neutronen-Protonen-Verhältnis von 1,59, aber selbst dieser große Überschuß reicht nicht aus, damit der Kern vollständig stabil bleibt.
Die deutsch-amerikanische Physikerin Maria Goeppert-Mayer (1906–1972) befaßte sich mit dem Problem, warum

einige stabile Kerne stabiler als andere sind. Sie stellte die Hypothese auf, daß es analog zu den Elektronenschalen und -unterschalen auch bei den Nukleonen Schalen und Unterschalen gebe. Sie berechnete die zum Auffüllen dieser Schalen erforderliche Anzahl von Protonen und Neutronen und betonte, daß vollbesetzte Schalen stabilere Kerne erzeugen als ihre Nachbarn.

Die Zahl, die notwendig ist, um eine Kernschale aufzufüllen, wird als Schalenzahl oder manchmal auch als *magische Zahl* bezeichnet. (Dieser letzte Ausdruck ist insofern unpassend, als es in der Wissenschaft keine »Magie« gibt – aber Forscher sind für Dramatik ebenso anfällig wie andere Menschen auch.) Der deutsche Physiker Johannes Hans Daniel Jensen (geb. 1907) entwickelte die Idee der Schalenzahlen unabhängig von Goeppert-Mayer, so daß sich die beiden für diese Arbeit 1963 den Nobelpreis teilten.

Wenn ein massereicher Kern so schwer ist, daß er unstabil wird, hat er von Natur aus die Neigung, Teilchen abzugeben, um auf diese Weise zu einem leichteren und dadurch stabileren Kern zu werden. Eine wirksame Methode dafür ist die Abgabe eines Alphateilchens (eines ^{4}He-Kerns) als Zerfallsteilchen. Dieser Kern ist so kompakt, daß er sich leicht als Ganzes abstoßen läßt. Die Massenzahl sinkt dann auf einen Schlag um 4. Aus diesem Grund geben Uran 238, Uran 235, Thorium 232, Radium 226 und viele andere Kerne, die schwerer als Wismut 209 sind, Alphateilchen ab.

Kerne, die leichter sind als Wismut 209, emittieren normalerweise keine Alphateilchen. Das leichteste von ihnen ist Neodym 144 (^{144}Nd), doch dank seiner langen Halbwertszeit von etwa 2000 Billionen Jahren strahlt es nur sehr wenige aus.

Selbstverständlich geben radioaktive Atome während eines Zerfalls häufig Betateilchen ab, was ein Problem aufwarf. In den 20er Jahren wurde die Existenz von Betateilchen als ein hervorragender Beweis dafür gewertet, daß im Kern Elektronen enthalten sind. Wenn ein Zehnpfennigstück aus dem Geldbeutel fällt, kann dies schließlich auch nur deshalb geschehen, weil es in dem Geldbeutel war.

Doch solche hübschen Analogien funktionieren nicht immer, weshalb der gesunde Menschenverstand auf dem Gebiet der Wissenschaft auch oft ein schlechter Ratgeber ist. Ab 1932 waren die Wissenschaftler davon überzeugt, daß der Kern nur Protonen und Neutronen, aber keine Elektronen enthielt. Wo kamen dann aber die Betateilchen her? Wenn es im Kern keine Elektronen gibt, kann man nur annehmen, daß eines von ihnen dort erzeugt und sofort ausgestoßen wird. Aber wie?

Betrachten wir das Neutron einmal als ungeladenes Teilchen – nicht deshalb, weil es keine elektrische Ladung besitzt, sondern weil sich die positive und die negative Ladung gegenseitig aufheben. Wenn die negative Ladung in Form eines Elektrons ausgestoßen wird, bleibt die positive Ladung übrig – und das Neutron ist zum Proton geworden. (Wie wir noch sehen werden, ist die Situation in Wirklichkeit nicht ganz so einfach, aber für den Augenblick genügt diese Betrachtung.)

Aber warum sollte eine solche Umwandlung stattfinden? In den verschiedenen stabilen Kernen läuft sie nicht ab. Diese können für unbestimmte Zeit unverändert bleiben; nach allem, was man in den 30er Jahren wußte, sogar unendlich lange. Und doch gibt es Kerne, die Elektronen aussenden – manche langsam, andere schnell –, und für jedes ausgestoßene Elektron wird ein Neutron im Kern zu einem Proton. Um diese Frage zu beantworten, nehmen wir weiterhin an, daß ein Kern mit einer bestimmten Ordnungszahl eine feste Anzahl von Protonen enthalten muß, die der

Ordnungszahl entspricht. Wenn er stabil sein soll, muß er außerdem noch eine gewisse Anzahl von Neutronen enthalten, die manchmal ganz genau festgelegt ist. So muß bei Fluor jeder Atomkern genau 9 Protonen und 10 Neutronen haben, um stabil zu sein.
Manchmal ist die Neutronenzahl jedoch variabel. So muß jeder Stickstoffkern 7 Protonen besitzen, kann aber entweder 7 oder 8 Neutronen enthalten, damit er stabil ist. Jeder Sauerstoffkern braucht 8 Protonen, kann aber, um Stabilität zu erreichen, 8, 9 oder 10 Neutronen aufweisen. (Im Falle von Zinn sind zehn verschiedene Neutronenzahlen möglich, bei denen der Kern stabil bleibt.)
Was geschieht jedoch, wenn ein Kern zu viele Neutronen für einen stabilen Zustand besitzt? Wasserstoff 1 ist beispielsweise stabil, wobei sein Kern aus einem einzigen Proton besteht. Genauso verhält es sich mit Wasserstoff 2, dessen Kern aus einem Proton und einem Neutron aufgebaut ist. Wasserstoff 2 ist zwar weniger stabil als Wasserstoff 1, aber trotzdem stabil – und wird sich nie verändern, wenn man nicht von außen darauf einwirkt.
(Wie kann ein Kern weniger stabil als ein anderer und dennoch stabil sein? Stellen Sie sich eine Münze in der Mitte einer Tischplatte vor. Wenn man sie nicht berührt, bleibt sie dort unendlich lange liegen. Eine andere Münze liegt vielleicht näher am Tischrand; auch sie bleibt unendlich lange dort liegen. Während sie zwar stabil ist, ist sie doch weniger stabil als die Münze in der Mitte, denn es genügt eine geringere Störung, um sie vom Tisch zu stoßen. In gleicher Weise ist Wasserstoff 2 leichter zur Verschmelzung zu bringen als Wasserstoff 1; dies ist auch der Grund dafür, daß es im Universum soviel weniger Wasserstoff 2 als Wasserstoff 1 gibt, obwohl beide stabil sind.)
Wasserstoff 3 (^3H), mit seinem Kern aus 1 Proton und

2 Neutronen, ist kein stabiler Kern; dafür besitzt er zu viele Neutronen. Man würde vielleicht erwarten, daß der ^{3}H-Kern ein Neutron abgibt, aber dafür wäre eine hohe Anregungsenergie nötig, die für den ^{3}H-Kern unter normalen Bedingungen nicht erreichbar ist. Eine andere Möglichkeit wäre, daß sich eines der Neutronen des ^{3}H-Kerns in ein Proton umwandelt und ein Betateilchen ausgestoßen wird. Dafür ist nur eine relativ niedrige Anregungsenergie erforderlich; die Halbwertszeit von Wasserstoff 3 beträgt lediglich etwa $12^{1}/_{4}$ Jahre. Nach dem Ausstoß des Betateilchens enthält der Kern zwei Protonen und ein Neutron und ist zu dem stabilen Isotop Helium 3 (^{3}He) geworden.

In ähnlicher Weise gibt es nur zwei stabile Kohlenstoffisotope: Kohlenstoff 12 (^{12}C, 6 Protonen, 6 Neutronen) und Kohlenstoff 13 (^{13}C, 6 Protonen, 7 Neutronen). 1940 identifizierte der kanadisch-amerikanische Biochemiker Martin David Kamen (geb. 1913) Kohlenstoff 14 (^{14}C, 6 Protonen 8 Neutronen), das ein Neutron zuviel besitzt. Die Emission eines Betateilchens, die eines der Neutronen in ein Proton umwandelt, erzeugt jedoch stabilen Stickstoff 14 (^{14}N, 7 Protonen, 7 Neutronen). Es gibt noch viele andere Beispiele dieser Art.

Ein Neutron ist schwerer als ein Proton und ein Elektron zusammen. Wenn ein Neutron somit durch ein ausgestoßenes Elektron in ein Proton umgewandelt wird, kommt es insgesamt zu einem Massenverlust und einer Dissipation von Energie. Wird sich ein freies Neutron somit spontan in ein Proton umwandeln und dabei Elektronen abgeben?

Es war zunächst schwierig, diese Hypothese zu überprüfen, denn selbst wenn man einen Neutronenstrom erzeugte, kollidierten die Neutronen in der Regel mit anderen Kernen und wurden von diesen absorbiert, bevor sie zerfallen konnten. Erst 1948 wurde diese Schwierigkeit mit Hilfe eines starken Neutronenstrahls überwunden, der durch einen großen, zylindrischen Vakuumtank geschickt wurde. Um den Tank herum gab es ein elektrisches Feld, so daß alle eventuell erzeugten Elektronen in die eine und die Protonen in die andere Richtung abgelenkt wurden. Die vermutete Spaltung wurde daraufhin tatsächlich beobachtet, wobei das Neutron in ein Proton und ein Elektron mit einer Halbwertszeit von etwa 12 Minuten zerfiel. (Dies ist keine erschöpfende Beschreibung des Vorgangs, soll aber vorläufig genügen.)

Wenn dem so ist, warum zerfallen die Neutronen dann nicht in jedem Kern, bis nur noch Protonen übrigbleiben? Anscheinend sind die Neutronen im Kern eng mit den Protonen verbunden; unter solchen Bedingungen und vorausgesetzt, die Neutronenzahl ist weder zu hoch noch zu niedrig, sind die Neutronen stabil. (Darüber wird später noch mehr zu sagen sein.)

Der spontane Zerfall isolierter Teilchen scheint immer mit einer Verringerung der Masse einherzugehen; dies bedeutet, daß ein Neutron zwar zu dem leichteren Proton zerfallen kann, ein Proton aber nicht zu dem schwereren Neutron.

Warum zerfällt das Proton dann aber nicht zu dem leichteren Elektron und setzt alles bis auf $^1/_{1836}$ seiner Masse als Energie frei? Die Antwort auf diese Frage lautet, daß es Erhaltungssätze gibt, die anscheinend immer eingehalten werden. So gibt es beispielsweise den Satz von der Erhaltung der elektrischen Ladung, der besagt – wenn man unzähligen Beobachtungen im Labor vertrauen darf –, daß eine positive elektrische Ladung für sich weder erzeugt noch vernichtet werden kann. Das gleiche gilt für eine negative elektrische Ladung.

In den 30er Jahren waren die beiden einzigen bekannten

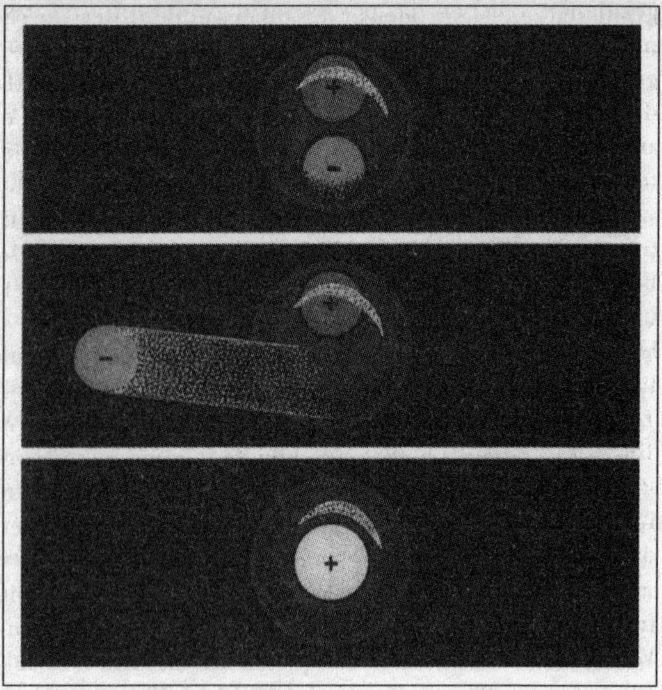

Man kann sich ein Neutron in seiner stabilen Position im Kern als neutrale Verbindung eines Protons und eines Elektrons vorstellen. Außerhalb des Kerns zerfällt das Neutron zu einem Proton und einem Elektron; seine Halbwertszeit beträgt zwölf Minuten.

geladenen Teilchen das positiv geladene Proton und das negativ geladene Elektron. (Heute ist man zwar weiter, aber gehen wir einmal davon aus und beantworten die Frage auf dieser Basis. Die Antwort kann später immer noch modifiziert werden.) Wenn die einzige Möglichkeit, wie das Proton Masse verlieren kann, in der Umwandlung in ein Elektron besteht, muß die positive Ladung des Protons vernichtet und die negative Ladung des Elektrons erzeugt werden. Beides ist unmöglich. Aus diesem Grund könne das Proton in kein anderes Teilchen zerfallen, denn es gebe kein leichteres Teilchen, das positiv geladen ist (glaubte man).

In gleicher Weise kann auch ein Elektron nicht in kleinere Teilchen zerfallen, da ja die einzigen beiden kleineren Teilchen, die schon in den 30er Jahren bekannt waren, das Photon und das Graviton sind, die beide weder Masse noch Ladung besitzen. Die Ladung eines Elektrons, das zu einem dieser beiden Teilchen zerfällt, müßte vernichtet werden – und das ist unmöglich. Aus diesem Grund kann ein Elektron nicht zerfallen.

Wohlgemerkt: Wenn ein Neutron zu einem Proton zerfällt (ob wir nun von einem freien Neutron oder von einem Bestandteils eines Kerns sprechen), bildet sich gleichzeitig ein Elektron. Auf diese Weise erzeugt das ungeladene Neutron (0) eine positive Ladung (+1) und eine negative Ladung (–1). Die beiden zusammen ergeben immer noch null: $0 = (+1) + (-1)$. (Der Ladungserhaltungssatz erlaubt die Erzeugung oder Vernichtung von Paaren gegensätzlicher Ladung, nicht aber die Erzeugung oder Vernichtung nur einer einzelnen positiven oder negativen Ladung.)

Man könnte sich also fragen, warum ein Photon nicht zu einem Graviton werden kann oder umgekehrt. Bei diesen zwei Teilchen braucht man sich keine Gedanken um eine elektrische Ladung zu machen. Es gibt allerdings den Spin oder Drehimpuls. Der Drehimpulserhaltungssatz besagt, daß ein Spin weder erzeugt noch vernichtet werden kann. Ein Photon mit einem Spin von 1 kann nicht zu einem Graviton mit einem Spin von 2 zerfallen und umgekehrt. Auch wenn es noch andere Faktoren gibt, die gegen eine Umwandlung sprechen, so ist der Spin allein bereits Grund genug.

Anfang der 30er Jahre kannte man lediglich fünf Teilchen, aus denen sich die Welt möglicherweise zusammensetzt. Vier von ihnen, das Proton, das Elektron, das Photon und das Graviton, sind stabil. Das fünfte, das Neutron, ist unstabil. Diese Auffassung sollte jedoch nicht lange Bestand haben.

8. Antimaterie

Antiteilchen

Die Liste der Teilchen, aus denen das Weltall besteht – Protonen, Neutronen, Elektronen, Photonen und Gravitonen –, erscheint in einem Punkt sonderbar. Warum sollte die positive elektrische Ladung in Protonen und die negative in Elektronen sitzen, wenn Protonen gleichzeitig 1836mal so schwer wie Elektronen sind?
Obwohl sie sich in ihrer Masse so deutlich voneinander unterscheiden, ist die Ladung der beiden Teilchen genau gleich groß, wenn auch von gegensätzlicher Natur. Dies läßt sich so präzise bestimmen, weil das Wasserstoffatom, das aus einem Proton in seinem Kern und einem Elektron außerhalb des Kerns besteht, genau neutral ist. Keine noch so winzige negative oder positive elektrische Ladung ist je festgestellt worden.
Die Wissenschaftler haben auch keinen grundsätzlichen Unterschied zwischen den beiden Typen von Ladung gefunden, der es notwendig machen würde, daß das Elektron mit einer sehr geringen Masse und das Proton mit einer viel größeren Masse verbunden sein müßte. Kurz gesagt: Das Proton und das Elektron geben ein unwahrscheinliches und verwirrendes Paar ab.
Das Rätsel begann sich in den späten 20er Jahren zu entwirren, als Dirac versuchte, die Eigenschaften des Elektrons zu erforschen, indem er die Mathematik seiner Welleneigen-

schaften ausarbeitete. Es erschien ihm möglich, daß das Elektron in einem von zwei gegensätzlichen Energiezuständen existierte. Diracs erster Gedanke war natürlich, daß das Elektron selbst den einen Energiezustand und das Proton den anderen repräsentierte. Dies wäre wunderbar, wenn es stimmen würde, denn es würde das Universum noch weiter vereinfachen, weil das Elektron und das Proton dann nur zwei verschiedene Zustände eines einzigen Elementarteilchens wären.

Dies war aber zu schön, um wahr zu sein. Dirac erkannte rasch, daß die Gleichungen nur dann wirklich erfüllt wären, wenn sich die beiden Zustände mit Ausnahme einer grundlegenden Ausrichtung auf jede erdenkliche Weise exakt deckten. Sie müßten sozusagen Spiegelbilder voneinander sein, wie zwei Hände, deren Form sich in jeder Weise genau gleicht, nur daß eine Hand den Daumen links und die andere ihn rechts hat.

Wenn die elektrische Ladung im Elektron spiegelbildlich umkehrbar wäre – positiv im einen und negativ im anderen Zustand –, so wäre dies das einzige, das variieren dürfte; alles andere müßte identisch sein. Nicht nur die Ladungsgröße, sondern auch die Masse müßte in den beiden Zuständen gleich sein. 1930 behauptete Dirac schließlich, es müsse ein Teilchen geben, das in jeder Beziehung genau einem Elektron entspreche – außer daß es eine positive elektrische Ladung von genau derselben Größe trage wie die negative elektrische Ladung des Elektrons.

Die gleiche Argumentation führt zu der Schlußfolgerung, daß ein Teilchen existieren muß, das genau einem Proton entspricht, außer daß es eine negative elektrische Ladung in der Größe der positiven Ladung des Protons trägt.

Im allgemeinen bezeichnet man ein Teilchen, das genau einem anderen Teilchen entspricht, außer daß es in einer entscheidenden Hinsicht entgegengesetzt ist, heute als Antiteilchen, wobei die Vorsilbe *anti-* dem griechischen Wort für »gegen« entlehnt ist. Das positiv geladene Elektron wäre demnach ein Antielektron, das negativ geladene Proton ein Antiproton.

Wenn ein Teilchen und das entsprechende Antiteilchen aufeinandertreffen, verhält es sich, als ob sich zwei entgegengesetzte Wellen begegnen (wenn die eine nach oben geht, bewegt sich die andere gerade nach unten und umgekehrt). Genau wie zwei Wellen sich gegenseitig aufheben können und zu einer geraden Linie werden, die weder nach oben noch nach unten geht (so daß überhaupt keine Welle mehr existiert), so heben sich auch das Teilchen und das Antiteilchen gegenseitig auf, so daß überhaupt kein Teilchen mehr zurückbleibt. Dies wird als Paarvernichtung bezeichnet.

Interessanterweise verletzt dieses Phänomen nicht den Erhaltungssatz der elektrischen Ladung, denn wenn sich ein Teilchen und ein Antiteilchen begegnen, beläuft sich die Gesamtladung der zwei Teilchen auf (+1) + (–1) oder 0. Sobald sie sich gegenseitig vernichten, ist die verbleibende elektrische Ladung immer noch 0; der Erhaltungssatz wird also nicht verletzt. Nur die positive oder die negative Ladung *allein* kann weder erzeugt noch vernichtet werden. Positive und negative Ladung zusammen können in jeder beliebigen Größenordnung erzeugt und vernichtet werden.

Bei der Paarvernichtung verschwindet natürlich nur die elektrische Ladung, denn es handelt sich dabei um den einzigen Aspekt, der bei Teilchen und Antiteilchen gegensätzlich ist. Sowohl das Teilchen als auch das Antiteilchen haben die gleiche Masse, und diese zweifache Masse kann nicht verschwinden. Masse ist aber eine Form von Energie,

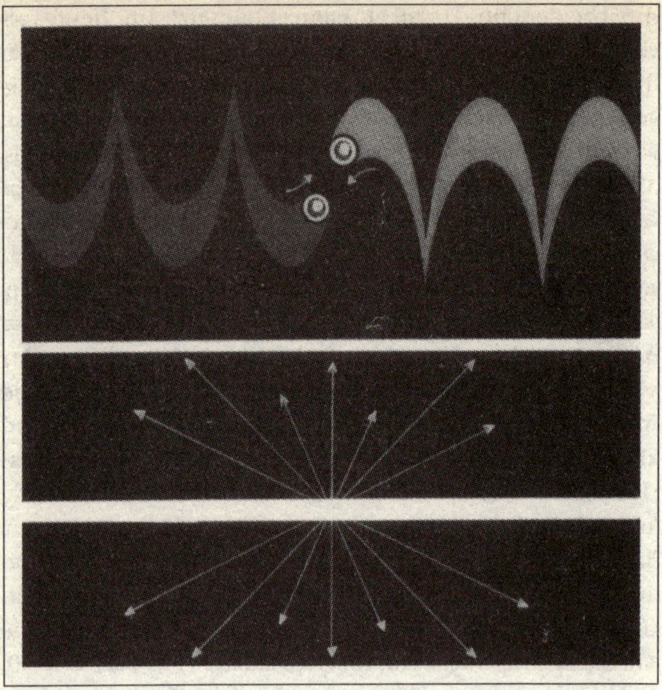

Die Begegnung eines Teilchens mit einem Antiteilchen ist etwa mit der Situation vergleichbar, in der sich zwei entgegengesetzte Wellen gegenseitig aufheben. Die Gesamtladung der zwei Teilchen beträgt $+1 + -1 = 0$. Im Verlauf der gegenseitigen Vernichtung verwandelt sich ihre Masse vollständig in Energie, die in Form von Gammastrahlen frei wird.

die ihre Gestalt verändern kann. Beim Vorgang der Paarvernichtung treten Gammastrahlen mit einer Energie auf, die genau der Masse entspricht, die vor der Vernichtung vorhanden war.

Der entgegengesetzte Umwandlungsprozeß kann ebenfalls ablaufen. Falls es möglich ist, genügend Energie auf einen winzigen Fleck zu konzentrieren, kann sie in Materie umgewandelt werden. Dabei kann sich aber weder ein Teilchen noch ein Antiteilchen allein bilden, denn in beiden Fällen wäre aus nichts elektrische Ladung entstanden. Man kann nur ein Teilchen und ein Antiteilchen *zusammen* erzeugen, so daß die elektrische Gesamtladung 0 bleibt. Dies wird als Paarbildung bezeichnet.

Diracs Theorie war mathematisch gesehen hochinteressant, aber die Mathematik hat, so reizvoll sie auch sein mag, kein großes Gewicht, wenn man sie nicht mit der Realität in Einklang bringen kann. Beispielsweise sind Wissenschaftler aus einer Vielzahl von mathematischen und theoretischen Gründen davon überzeugt, daß Gravitonen (oder Gravitationswellen, je nachdem, ob man sie als Teilchen oder als Wellen betrachtet) existieren. Die Theorie besagt aber auch, daß Gravitationswellen so energiearm sind, daß ihre Entdeckung nahezu unmöglich sein dürfte. (Genausogut könnte man versuchen, ein einzelnes Staubkörnchen mit einem Schraubenschlüssel zu fassen. Das kann so lange nicht gelingen, bis man eine ausreichend feine Pinzette dafür erfindet.)

Genau darum bemühen sich die Wissenschaftler. Trotz der Gewißheit, daß Gravitationswellen existieren, widmen sich einige Forscher der Entwicklung von Geräten, die diese Wellen tatsächlich nachweisen sollen. Jahrelang sind sie gescheitert, aber die Wissenschaftler sind zuversichtlich, daß es ihnen eines Tages gelingen wird. Wenn der Erfolg

eintritt, wird die Theorie durch die Beobachtung gekrönt; es wird großen Jubel und für die Entdecker einen Nobelpreis geben.
So war es auch mit Diracs Hypothese von den Antiteilchen. In der Welt um uns herum gibt es eine Unzahl von Elektronen, aber damals, als Dirac seine Theorie aufstellte, hatte man noch nie ein Antielektron entdeckt. Bis es soweit war, konnte man die Arbeit nicht vorbehaltlos akzeptieren. Das Antielektron wurde jedoch bald entdeckt; die Umstände seiner Entdeckung sprechen sogar dafür, daß man es auch ohne die Veröffentlichung von Diracs Ergebnissen gefunden hätte. Um dies nachzuvollziehen, müssen wir nochmals zurückblenden.

Kosmische Strahlung

Ein geladenes Elektroskop, dessen Goldblättchen weit auseinandergespreizt sind, verliert auch dann langsam seine Ladung, wenn sich keine radioaktiven Materialien in unmittelbarer Nähe befinden. Schon für die ersten Forscher war dies keine große Überraschung, denn es war ziemlich wahrscheinlich, daß im Boden überall kleine Mengen radioaktiven Materials vorhanden waren. Selbst wenn es in einer Konzentration auftrat, die zu gering war, um es mit herkömmlichen Methoden nachzuweisen, ließen die wenigen schnellen Teilchen doch etwas von der Ladung des Elektroskops abfließen, bis das Elektroskop zum Schluß völlig entladen war.
Die Forscher mußten jedoch feststellen, daß es keine Möglichkeit zu geben schien, die Entladung zu stoppen. Wenn man das Elektroskop, ein gutes Stück vom Land entfernt, auf das Wasser mitnahm, verschwand die Ladung trotzdem

langsam. Und selbst als man das Elektroskop in ein Bleigehäuse einschloß, das dick genug war, um Strahlung abzuschirmen, verschwand die Ladung immer noch (wenn auch langsamer als zuvor).
Der österreichische Physiker Victor Franz Heß (1883–1964) wollte dieses Phänomen erforschen, indem er ein Elektroskop in einem Heißluftballon hoch in die Atmosphäre hinaufschickte. Da man die Strahlungsquellen fast ausschließlich im Boden vermutete, sollte der Aufstieg in die Luft den Ladungsverlust wirkungsvoller verhindern als alles, was man bis dahin versucht hatte.
1911 führte Heß den ersten von zehn Ballonflügen durch, wobei die Elektroskope in eine Höhe von bis zu 10 km über der Erdoberfläche getragen wurden. Zu seiner Überraschung verloren die Elektroskope jedoch ihre Ladung *schneller*, je höher er kam. Heß konnte sich dies nur durch die Annahme erklären, daß eine sehr durchdringende Strahlung aus dem Weltraum kommen müsse. Für diese Entdeckung teilte sich Heß 1936 einen Nobelpreis.
1925 interessierte sich der amerikanische Physiker Robert Andrew Millikan (1868–1953) für diese durchdringende Strahlung aus dem Weltraum, die er als kosmische Strahlung bezeichnete, weil sie ihren Ursprung irgendwo im Kosmos zu haben schien. Millikan war ziemlich sicher, daß es sich dabei um eine Form von elektromagnetischer Strahlung handelte, die eine noch kürzere Wellenlänge als Gammastrahlen hatte und damit noch energiereicher und durchdringender war.
Compton dagegen vermutete eher, daß kosmische Strahlen aus Strömen von elektrisch geladenen Elementarteilchen bestanden, die – wenn sie sich schnell genug bewegten – ebenfalls durchdringender sein konnten als Gammastrahlen. (Dies ähnelte der Auseinandersetzung, die

Wenn sie geladen sind, stoßen sich die Goldblättchen eines Elektroskops gegenseitig ab und spreizen sich auseinander. Je näher sie sich an einer radioaktiven Quelle befinden, desto schneller verlieren sie ihre Ladung und fallen zusammen. 1911 nahm Victor Franz Heß ein Elektroskop in einem Heißluftballon mit, weil er es von der natürli-

chen Radioaktivität des Bodens fernhalten wollte. Er stellte dabei jedoch fest, daß es seine Ladung schneller verlor, je höher er stieg. In der Abbildung stellen die vertikalen Linien die kosmische Strahlung dar.

eine Generation zuvor darüber geführt wurde, ob es sich bei den Kathodenstrahlen um Wellen oder schnelle Teilchen handelte.)

Wie ließ sich der Streit beilegen? Falls kosmische Strahlen eine Form von elektromagnetischer Strahlung waren, wie Millikan glaubte, so wären sie nicht elektrisch geladen und würden vom Magnetfeld der Erde nicht beeinflußt werden. Wenn sie aus allen Richtungen in gleicher Stärke vom Himmel herabkamen, so mußten sie auch alle Teile der Erdoberfläche gleich stark treffen. Waren kosmische Strahlen jedoch geladene Teilchen, dann würden sie vom Magnetfeld der Erde abgelenkt werden und die Erde in immer größerer Zahl erreichen, je weiter man sich vom Äquator entfernte und je näher man zu den Magnetpolen kam. Mit anderen Worten: Je höher der Breitengrad, desto stärker die Konzentration an kosmischen Strahlen. Dieses Phänomen wurde als Breiteneffekt bezeichnet.

Compton reiste durch die Welt und maß an verschiedenen Orten den Einfall der kosmischen Strahlung, um sagen zu können, ob es den Breiteneffekt tatsächlich gab. Anfang der 30er Jahre konnte er zeigen, daß er *tatsächlich* existierte und die kosmischen Strahlen elektrisch geladene Teilchen waren.

1930 wies der italienische Physiker Bruno Benedetto Rossi (geb. 1905) darauf hin, wenn kosmische Strahlen positiv geladen seien, müßten mehr aus dem Westen als aus dem Osten kommen. Falls sie negativ geladen seien, wäre das Gegenteil der Fall. 1935 konnte der amerikanische Physiker Thomas Hope Johnson (geb. 1899) nachweisen, daß mehr von Westen her einfielen und die Teilchen der kosmischen Strahlung eine positive elektrische Ladung trugen.

Heute weiß man, daß es sich bei den Teilchen der kosmischen Strahlung (die auch als Höhen- oder Ultrastrahlung bezeichnet wird) um schnelle Atomkerne handelt, die von Sternen stammen. Da Sterne hauptsächlich aus Wasserstoff bestehen, sind die kosmischen Strahlungsteilchen vor allem Wasserstoffkerne, d. h. Protonen. Außerdem befinden sich einige Heliumkerne und ein paar schwerere Kerne darunter.

Wie Rossi in den 50er Jahren demonstrierte, emittiert unsere Sonne einen ständigen Strom von schnellen Protonen und anderen geladenen Teilchen. Dieser wird heute als Sonnenwind bezeichnet. Besonders heftige Strömungen auf der Sonnenoberfläche, wie beispielsweise Sonneneruptionen, erzeugen einen Teilchenschauer, der energiereicher als die normale Strahlung ist. Entsprechend der Energie erhöht sich auch die Geschwindigkeit; wenn sie sich der Lichtgeschwindigkeit nähert, spricht man von kosmischen Strahlungsteilchen. Gelegentlich strahlt die Sonne Teilchen ab, die gerade noch dieser Einordnung entsprechen.

Heißere und aktivere Sterne als unsere Sonne geben kosmische Strahlungsteilchen reichlicher ab; besonders ergiebige Quellen sind die Explosionen von Supernovä. Sobald sich die Teilchen der kosmischen Strahlung durch den Weltraum bewegen, können sie von den Magnetfeldern der Sterne, an denen sie vorüberfliegen, und vom gesamten Magnetfeld der Galaxis beschleunigt und noch energiereicher gemacht werden.

Als Folge davon sind die Höhenstrahlen energiereicher als die Strahlung von radioaktivem Material. Dies eröffnete den Kernphysikern ein neues und wirksameres Hilfsmittel, denn die Teilchen der kosmischen Strahlung können Kernreaktionen auslösen, für die die radioaktive Strahlung nicht energiereich genug ist.

Zum Ausgleich dafür lassen sich diese Teilchen jedoch

nicht so leicht handhaben wie radioaktive Materialien, die im Labor konzentriert und eingesetzt werden können; radioaktive Strahlung kann nach Belieben erzeugt und gezielt verwendet werden. Die Teilchen der Höhenstrahlung dagegen kommen, wann sie wollen; in konzentrierter Form kann man sie nur verwenden, wenn man auf Berge steigt oder in einem Ballon in höhere Atmosphäreschichten hinauffliegt.

Der amerikanische Physiker Carl David Anderson (geb. 1905), ein Student Millikans, untersuchte die kosmische Strahlung ebenfalls. Er ließ sie durch eine Nebelkammer hindurchdringen und hoffte, aus der Krümmung der Spuren der von ihnen erzeugten Nebeltröpfchen etwas über sie zu erfahren. Die kosmischen Strahlen waren aber so energiereich und passierten die Nebelkammer so schnell, daß sie keine Zeit hatten, sich vom Magnetfeld deutlich ablenken zu lassen. Anderson entwarf deshalb eine Nebelkammer mit einer Bleibarriere in der Mitte. Auftreffende kosmische Strahlen sollten stark genug sein, um die Barriere zu durchschlagen, aber sie würden dabei genügend Energien verlieren, daß ihre Bahn anschließend vom Magnetfeld merklich gekrümmt wurde.

1932 bemerkte Anderson, daß von der Bleischranke eine gekrümmte Bahn ausging, die genau so aussah, als stamme sie von einem schnellen Elektron. Nur: Sie krümmte sich in die falsche Richtung! Anderson stellte fest, daß er die Bahn eines elektronenartigen Teilchens beobachtete, das aber eine positive Ladung trug. Es war das Antielektron, das Dirac zwei Jahre vorher theoretisch postuliert hatte. Als Anerkennung dafür teilten sich Anderson und Heß 1936 den Nobelpreis.

Das von Anderson entdeckte Teilchen wurde als positives Elektron oder Positron bezeichnet. Meiner Meinung nach

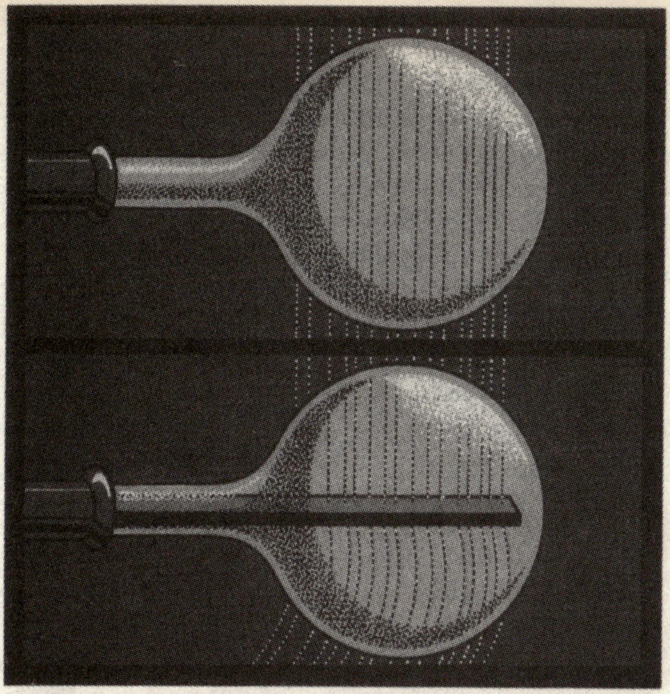

Kosmische Strahlen passieren eine Nebelkammer so schnell, daß ihre Bahn von einem Magnetfeld nicht merklich verändert wird. Carl David Anderson versah die Kammer mit einer Bleibarriere und verlangsamte die Strahlen dadurch genug, um sie untersuchen zu können.

ist das eine irreführende Wortbildung und auch eine schlechte Wahl. Zum einen enden die Elementarteilchen gewöhnlich auf *-on*. Beispiele dafür sind Elektron, Neutron, Proton, Photon und Graviton. Das *r* in Elektron und Neutron gehört wie in *Elektrizität* und *neutral* zum Wortstamm. Wenn man dem positiven Elektron schon die Bezeichnung eines Elementarteilchens geben möchte, dann sollte man es »Positon« nennen, ohne *r*, denn positiv enthält kein *r*. Aber ob nun Positon oder Positron, ein solcher Name verdeckt ohnehin die Beziehung zum Elektron. Das Teilchen sollte als Antielektron bezeichnet werden, denn bei allen anderen Antiteilchen wird ausnahmslos die Vorsilbe *anti-* an den Namen des entgegengesetzten Teilchens angefügt. Trotz alledem wird der Name Positron so häufig verwendet, daß es keine Hoffnung mehr gibt, ihn zu ändern.
(Es kommt häufig vor, daß ein Objekt oder ein Phänomen zunächst einen unpassenden Namen erhält, sei es aus Unwissenheit oder aufgrund eines Fehlurteils. Manchmal läßt er sich noch rechtzeitig korrigieren, aber oft wird der schlecht gewählte Name von so vielen Menschen so häufig verwendet, daß es nicht mehr zweckmäßig ist oder sogar unmöglich wird, ihn noch zu ändern.)
Das Positron verhält sich genau so, wie es Dirac voraussagte. Es durchläuft rasch eine Paarvernichtung, wenn es auf eines der vielen Elektronen in seiner unmittelbaren Umgebung trifft; dabei werden Gammastrahlen von einer Energie erzeugt, die genau der Masse eines Elektrons und eines Protons entspricht. Schnell fand man auch heraus, daß sich beim Aufprall eines Alphateilchens auf Blei ein Teil seiner Energie mitunter in ein Elektron-Positron-Paar umwandelt. Wenn dieses aus dem Blei austritt, krümmen sich seine Bahnen in entgegengesetzte Richtungen. Das bringt uns zu

der früher aufgeworfenen Frage zurück: Was geschieht mit einem radioaktiven Isotop, das nicht genügend Neutronen enthält, um stabil zu sein?

Die einfachste Möglichkeit, in einem Kern ein zusätzliches Neutron zu erzeugen, besteht darin, eines der Neutronen in ein Proton umzuwandeln. Das ergibt einen Kern mit einem Neutron mehr und einem Proton weniger, was vielleicht gerade notwendig ist, um Stabilität zu erreichen.

Phosphor 30 (^{30}P) beispielsweise hat in seinem Kern 15 Protonen und 15 Neutronen. Das einzige stabile Phosphorisotop ist Phosphor 31 mit einem Kern von 15 Protonen und 16 Neutronen. Mit anderen Worten: Phosphor 30 besitzt zu wenige Neutronen, um stabil zu sein. Nehmen wir jedoch an, daß eines der Protonen im ^{30}P-Kern in ein Neutron umgewandelt wird. Da die positive Ladung auf dem Neutron entsprechend dem Gesetz der Erhaltung der elektrischen Ladung nicht vernichtet werden kann, muß sie sich an anderer Stelle zeigen. Was aber, wenn der Kern ein Positron abgibt, eine Art positives Betateilchen? Dies sorgt dafür, daß sich das Proton von der positiven Ladung befreit. Wenn Phosphor 30 ein Positron emittiert, befinden sich in seinem Kern nicht mehr 15 Protonen und 15 Neutronen, sondern 14 Protonen und 16 Neutronen – womit das stabile Silizium 30 erreicht wäre.

Als die Joliot-Curies 1934 künstliche Radioaktivität in Form von Phosphor 30 entdeckten, erzeugten sie damit auch eine neue Art von Strahlung, die sich als Strom schneller Positronen herausstellte. So gab es einen Weg zur Erzeugung von Positronen, ohne daß man ein bestimmtes Material mit Höhenstrahlteilchen oder Alphateilchen beschießen mußte. Die Joliot-Curies hatten einen neutronenarmen Kern erzeugt und überließen ihn dem radioaktiven Zerfall.

Die Emission eines Positrons durch einen Kern führt zu einem Ergebnis, das genau das Gegenteil einer Elektronenemission ist. Während bei der Emission eines Elektrons die Ordnungszahl um eins ansteigt, indem aus einem Neutron ein zusätzliches Proton wird, sinkt die Ordnungszahl bei der Emission eines Positrons um eins, weil durch die Umwandlung in ein Neutron ein Proton verlorengeht.

Das klingt etwas verwirrend. Da das Neutron ein bißchen schwerer als das Proton ist, habe ich betont, daß ein Neutron zwar spontan in ein Proton, aber ein Proton nicht »aufwärts« in ein Neutron zerfällt.

Dies gilt jedoch nur, solange von freien Teilchen die Rede ist. In einem Kern, wo Protonen und Neutronen miteinander verbunden sind, kommt es auf die Masse des gesamten Kerns an. In einem neutronenarmen Kern kann sich die Gesamtmasse des Kerns verringern, wenn sich ein Proton in ein Neutron umwandelt, weil der Packungsanteil zunimmt. Aus diesem Grund kann die Umwandlung überhaupt erst erfolgen.

Das ist es auch, was bestimmte Isotope instabil macht. Nimmt die Gesamtmasse eines Kerns ab, wenn ein Proton zu einem Neutron oder ein Neutron zu einem Proton wird, so findet die jeweilige Umwandlung auch statt. Nimmt die Gesamtmasse eines Isotops jedoch zu, wenn ein Proton zu einem Neutron oder ein Neutron zu einem Proton wird, dann findet keine Umwandlung statt, und das Isotop bleibt stabil.

Wenn ein Kern unabhängig von der Neutronenzahl entweder 43 oder 61 Protonen enthält, verringert eine Neutron-Proton-Umwandlung immer die Gesamtmasse, und zwar unabhängig davon, in welcher Richtung sie vor sich geht. Aus diesem Grund gibt es keine stabilen Isotope von Technetium (43) und Promethium (61).

Es besteht eine weitere Möglichkeit, wie ein Proton in einem Kern zu einem Neutron werden kann: Wenn ein Kern eines der Elektronen außerhalb des Kerns aufnimmt, neutralisiert er damit die elektrische Ladung eines seiner Protonen und kann es in ein Neutron umwandeln. Das Elektron wird fast immer aus der K-Schale entnommen, der innersten Elektronenschale, die dem Kern am nächsten liegt. Der Vorgang, der daher als K-Einfang bezeichnet wird, wurde erstmals 1938 von dem amerikanischen Physiker Luis Walter Alvarez (1911–1988) beobachtet. Dies kommt jedoch viel seltener vor als die Emission eines Positrons.

Es gibt keinen theoretischen Grund, warum die Umwandlung eines Protons in ein Neutron nicht auch umgekehrt funktionieren sollte. Um ein Neutron in ein Proton umzuwandeln, könnte ein Kern ein nahes Positron aufnehmen, anstatt ein Elektron abzugeben. Das einzige Problem dabei ist, daß es in der gewöhnlichen Materie um uns herum kaum Positronen gibt; die Chance auf einen Positroneneinfang ist damit gleich null.

Teilchenbeschleuniger

Seit erstmals ein Antielektron bzw. Positron erzeugt und beobachtet wurde, konnten sich die Wissenschaftler völlig sicher sein, daß auch ein Antiproton existieren mußte. Es genügte ihnen aber nicht, davon überzeugt zu sein; sie wollten es auch realiter beobachten.

In unserer Umgebung scheint es jedoch genauso wenig Antiprotonen wie Antielektronen zu geben. Man muß sie erst durch eine bestimmte Kernreaktion erzeugen und anschließend beobachten, aber das ist leichter gesagt als getan. Ein Proton ist 1836mal so schwer wie ein Elektron;

man kann also getrost davon ausgehen, daß ein Antiproton 1836mal so schwer ist wie ein Antielektron.
Die Physiker konnten Elektron-Antielektron-Paare erzeugen, indem sie Alphateilchen in Blei einschlagen ließen, aber zur Bildung von Proton-Antiproton-Paaren benötigt man Geschosse mit der 1836fachen Energie von Alphateilchen, die für die leichtere Aufgabe ausreichen. Derartig energiereiche Alphateilchen gibt es aber leider nicht.
Zweifellos existieren Teilchen der kosmischen Strahlung, die energiereich genug sind, um diese Aufgabe zu erfüllen, aber sie kommen weit seltener vor als die Teilchen, die genügend Energie für die Erzeugung eines Positrons besitzen. Man müßte lange warten, bis eines dieser seltenen Teilchen zufällig vorbeikommt und ein Antiproton genau dort erzeugt, wo man es nachweisen kann.
Ende der 20er Jahre begannen die Physiker jedoch selbst mit der Herstellung energiereicher Geschosse. Zu diesem Zweck benötigt man zunächst ein massereiches Teilchen, weil die Energie eines schnellen Teilchens mit seiner Masse zunimmt; gefragt ist also etwas, das mindestens so schwer ist wie ein Proton. Diese Wahl ist naheliegend, denn um einen Vorrat an Protonen zu erhalten, muß man von Wasserstoffatomen lediglich das äußere Elektron entfernen, was sich ohne größere Probleme bewerkstelligen läßt. Alphateilchen wären natürlich noch schwerer, aber sie müßten aus Heliumkernen gewonnen werden; Helium ist jedoch ein Element, das viel seltener als Wasserstoff ist und dessen Atome sich viel schwieriger von der Atomhülle befreien lassen.
Wenn man nun eine bestimmte Menge Protonen zur Verfügung hat, kann man sie durch ein Magnetfeld schicken, um sie zu beschleunigen. Je stärker das Magnetfeld ist, desto kräftiger wird ein Proton beschleunigt. Falls das schnelle

Proton auf einen Atomkern aufprallen kann, ist eine Kernreaktion möglich. Geräte, in denen dies geschieht, nennt man Teilchenbeschleuniger.

Der erste funktionstüchtige Teilchenbeschleuniger wurde 1929 gemeinsam von dem englischen Physiker John Douglas Cockcroft (1897–1967) und seinem Mitarbeiter, dem irischen Physiker Ernest Thomas Sinton Walton (geb. 1903), erfunden. Mit Hilfe ihres Teilchenbeschleunigers beschossen sie Lithium-7-Kerne (3 Protonen, 4 Neutronen) mit energiereichen Protonen. Bei diesem Vorgang drang ein Proton in einen Kern ein und blieb dort, so daß Beryllium 8 (4 Protonen, 4 Neutronen) entstand. Beryllium 8 ist aber extrem instabil und spaltet sich in etwa einem Milliardstel einer Billionstelsekunde in zwei Helium-4-Kerne (2 Protonen, 2 Neutronen). Dies war die erste durch ein beschleunigtes Teilchen ausgelöste Kernreaktion, wofür sich Cockcroft und Walton 1951 den Nobelpreis teilten.

In den Jahren unmittelbar danach wurden andere Arten von Teilchenbeschleunigern entwickelt. Die fruchtbarsten Ergebnisse erbrachte dabei das 1930 von dem amerikanischen Physiker Ernest Orlando Lawrence (1901–1958) entworfene Modell. Er beschäftigte sich mit dem Problem, daß ein normales Magnetfeld ein Proton in gerader Linie vorwärtsbeschleunigt, dieses Proton aber das Magnetfeld rasch passiert und dann nicht mehr schneller wird. Das Feld müßte also stark ausgedehnt werden, damit das Proton weiter beschleunigt werden könnte.

Lawrence entwickelte ein Verfahren, das einen Wechsel der Ausrichtung des Magnetfelds erlaubte; auf diese Weise wurde ein Proton gezwungen, sich auf einer gekrümmten Bahn zunächst in die eine Richtung und anschließend auf einer anderen gekrümmten Bahn in die andere Richtung zu bewegen. Das Proton beschrieb damit eine »Kreisbahn«

und blieb ganz innerhalb des Magnetfelds. Wenn man das ständig wiederholte, würde sich das Teilchen auf langsam größer werdenden Kreisbahnen bewegen. Obwohl die Teilchen durch die Ausdehnung der Kreisbahn eine immer größere Strecke zurücklegen mußten, wurden sie doch genau um so viel schneller, daß sie für den Umlauf genau die gleiche Zeitspanne brauchten und so mit dem wechselnden Feld im Gleichklang blieben. Auch wenn das Gerät selbst nicht besonders groß war, blieben die Teilchen doch recht lang innerhalb des Magnetfelds. Auf diese Weise konnte eine kleine Anlage Teilchen mit unerwartet hoher Energie erzeugen. Lawrence bezeichnete sein Gerät als Zyklotron; 1939 wurde ihm für diese Entwicklung der Nobelpreis verliehen.

Bald wurden größere und leistungsfähigere Zyklotrone gebaut. Man verwendete neue Techniken, bei denen das Magnetfeld stärker wurde, wenn die Geschwindigkeit der Teilchen zunahm. Das hielt die Teilchen weiterhin auf einer engen Kreisbahn, so daß sie das Feld so lange nicht verließen, bis die Wissenschaftler das wollten. Diese Protonensynchrotrone erzeugten sogar noch energiereichere Teilchen. Es wurde möglich, daß sich zwei kreisende Teilchengruppen in entgegengesetzter Richtung bewegten und schließlich frontal aufeinanderprallten. Dies verdoppelte die vorher mögliche Energieerzeugung, als jeweils ein einzelner Teilchenstrom auf ein feststehendes Objekt auftraf.

1987 kamen in den Vereinigten Staaten Überlegungen auf, etwa sechs Milliarden Dollar für den Bau eines supraleitfähigen »Super-Colliders« aufzuwenden – eines Teilchenbeschleunigers, in dem Teilchen auf eine 84 km lange Kreisbahn geschickt werden und dabei zehnmal mehr Energie erzeugen sollen als in jeder anderen derzeit betriebenen Anlage. (Später wird Gelegenheit sein, darauf einzugehen, was man sich von einer solch unvorstellbar leistungsfähigen Anlage erhofft. Natürlich gibt es ab und zu Teilchen der kosmischen Strahlung, die ein Millionenfaches der Energie haben, die selbst dieser Beschleuniger produzieren kann, aber auf das Erscheinen solcher Teilchen zu warten wäre eine sehr langwierige und undankbare Aufgabe.)

Bereits in den frühen 50er Jahren hatte man Teilchenbeschleuniger gebaut, die energiereich genug waren, um ein Proton-Antiproton-Paar zu erzeugen. Wenn sie auf ein geeignetes Objekt auftrafen, lösten solche energiereichen Teilchen natürlich alle Arten von Kernreaktionen aus und führten zur Entstehung aller möglichen Teilchen. Diese Ansammlung von unterschiedlichen Teilchen wurde anschließend durch ein Magnetfeld geschickt. Alle positiv geladenen Teilchen wurden in die eine Richtung, alle negativ geladenen in die andere abgelenkt. Hinter den massereichsten negativ geladenen Teilchen vermutete man Antiprotonen; ihre Bahnen wurden am wenigsten gekrümmt. In beträchtlicher Entfernung vom Target flogen alle anderen Teilchen aus dem Feld heraus, so daß nur noch die Antiprotonen (sofern welche entstanden waren) übrigblieben.

Auf diese Weise gelang Segrè, dem Entdecker von Technetium und mittlerweile amerikanischer Staatsbürger, 1955 zusammen mit dem amerikanischen Physiker Owen Chamberlain (geb. 1920) die Entdeckung von Antiprotonen. Für diese Arbeit erhielten sie 1959 gemeinsam einen Nobelpreis.

Trotz der Tatsache, daß Antielektronen (Positronen) fast unmittelbar nach ihrer Entstehung durch Paarvernichtung mit dem ersten Elektron, dem sie begegnen, wieder verschwinden, darf man das Antielektron ruhig als stabiles Teilchen betrachten. Schließlich bleibt ein Antielektron ohne äußeren Einfluß – soweit bekannt ist – unendlich lange ein Antielektron. Es wird sich niemals aus eigenem Antrieb in etwas anderes umwandeln.

Der Grund dafür ist, daß bei einem Elementarteilchen jede spontane Umwandlung mit einem Massenverlust und der Umwandlung dieser Masse in Energie einhergeht. Doch das Elektron bleibt auch fast ein Jahrhundert nach seiner Entdeckung das leichteste bekannte Objekt, das eine negative elektrische Ladung tragen kann, während das Antielektron das leichteste bekannte Objekt mit einer positiven elektrischen Ladung ist. Die einzigen Objekte, die leichter sind als ein Elektron oder ein Antielektron, sind (soweit wir heute wissen) absolut masselose Teilchen – und keines von ihnen trägt eine elektrische Ladung. Der Satz von der Erhaltung der elektrischen Ladung steht also der spontanen Umwandlung von Elektronen oder Antielektronen entgegen, wenngleich sie sich gegenseitig durch die Neutralisierung ihrer jeweiligen Ladungen vernichten können.

Doch nun stellt sich die Frage, warum das Proton stabil ist. Solange das Antielektron nicht bekannt war, hätte man behaupten können, das Proton sei das leichteste Teilchen mit einer positiven elektrischen Ladung, so daß es nach dem Satz von der Erhaltung der elektrischen Ladung stabil sein müsse. Nach 1932 jedoch galt dieses Argument nicht mehr. Warum konnte das Proton nicht zu einem Antielektron zerfallen? Die positive elektrische Ladung wäre immer noch vorhanden, und fast die gesamte Masse des Protons würde in Energie umgewandelt. Analog dazu konnte man fragen: Warum konnte das Antiproton nicht zu einem Elektron zerfallen? Die Antwort lautet: Sie tun es einfach nicht (Gott sei Dank, denn sonst könnte das Universum – und wir dazu – in seiner gegenwärtigen Form vielleicht gar nicht existieren!).

Aus der Tatsache, daß diese Teilchen nicht in dieser Weise zerfallen, und aus den gesammelten Daten über alle Kernreaktionen, die die Wissenschaftler in all den Jahrzehnten studiert haben, seit sie sich mit Elementarteilchen beschäftigten, darf man offensichtlich schließen, daß ein Erhaltungssatz die Protonen stabil hält. Wenn es nicht die Erhaltung der elektrischen Ladung ist, dann ist es die Erhaltung von etwas anderem.

Elektronen und Positronen sind Beispiele für Leptonen (nach dem griechischen Wort für »klein«); sie haben eine geringe Masse. Protonen, Neutronen und Antiprotonen sind Baryonen (nach dem griechischen Wort für »schwer«); sie sind viel schwerer als Leptonen. Der Erhaltungssatz, der ein Proton stabil hält, ist der Satz von der Erhaltung der Baryonenzahl. Er funktioniert wie folgt: Ein Proton und ein Neutron haben beide die Baryonenzahl +1, ein Antiproton die Baryonenzahl –1. Nachdem das Elektron und das Antielektron keine Baryonen sind, erhalten sie beide die Baryonenzahl 0. Ein Proton und ein Antiproton besitzen zusammen die Baryonenzahl (+1) + (–1) = 0. Die beiden können sich damit gegenseitig vernichten; zurück bleiben kein Proton und kein Antiproton mit der Gesamtbaryonenzahl 0, die sie auch ursprünglich hatten. Der Erhaltungssatz der Baryonenzahl wird nicht verletzt. In gleicher Weise kann eine große Energiemenge ein Proton-Antiproton-Paar erzeugen, das vorher und nachher die Baryonenzahl 0 hat. Wiederum wird der Baryonenzahlerhaltungssatz nicht verletzt. (In beiden Fällen wird darüber hinaus dem Satz von der Erhaltung der elektrischen Ladung Genüge getan. Wenn man *einen* Erhaltungssatz beachtet, bedeutet das nicht, daß man die anderen ignorieren dürfte. *Alle* Erhaltungssätze müssen befolgt werden, sofern sie anwendbar sind. Wir werden aber noch Fälle sehen, in denen ein Erhaltungssatz möglicherweise *nicht* anwendbar ist.)

Ein Neutron (Baryonenzahl +1) kann in das etwas leichtere Proton (Baryonenzahl +1) und ein Elektron (Baryonenzahl 0) zerfallen, ohne dabei den Satz von der Erhaltung der Baryonenzahl oder den Satz von der Erhaltung der elektrischen Ladung zu verletzen.

Ein einzelnes Proton (Baryonenzahl +1) kann dagegen nicht in ein Positron (Baryonenzahl 0) zerfallen, ohne den Erhaltungssatz der Baryonenzahl zu verletzen; ein solcher Zerfall ist offensichtlich unmöglich. Der Satz von der Erhaltung der elektrischen Ladung wird zwar respektiert, doch das genügt nicht. Aus dem gleichen Grund zerfällt auch ein einzelnes Antiproton (Baryonenzahl –1) nicht in ein Elektron (Baryonenzahl 0).

Man könnte natürlich nach dem *Grund* für einen solchen Erhaltungssatz fragen. Die Wissenschaftler sind derzeit nicht in der Lage, diese Frage zu beantworten. Sie können lediglich die Feststellung äußern, daß die Beobachtung von Kernreaktionen die Existenz eines solchen Erhaltungssatzes aufzeigt. (Allerdings wurde in den letzten Jahren in Frage gestellt, ob dieser Erhaltungssatz absolut gilt oder ob er unter gewissen Bedingungen auch verletzt werden kann.)

Das Proton ist stabil, weil es das Baryon mit der kleinstmöglichen Masse ist und nicht zerfallen kann, ohne seinen Status als Baryon zu verlieren. Das Antiproton ist stabil, weil es das Antibaryon mit der kleinstmöglichen Masse ist.

Selbstverständlich muß man bei jedem Erhaltungssatz aufpassen, ob ein scheinbarer Verstoß dagegen nicht eine neue Gegebenheit oder eine notwendige Einschränkung des Satzes erkennen läßt, die eine bessere (d. h. genauere und auch schönere) Auffassung vom Universum ergibt.

Eine mögliche Verletzung des Satzes von der Erhaltung der Baryonenzahl beispielsweise wurde 1956 aufgedeckt, als eine Gruppe von Physikern folgende Entdeckung machte: Wenn sich ein Proton und ein Antiproton sehr nahe kommen, ohne wirklich zusammenzustoßen, ist es möglich, daß sich die beiden Ladungen gegenseitig aufheben, während der Rest der Teilchen anscheinend nicht angetastet wird. Ohne ihre elektrische Ladung werden sowohl das Proton als auch das Antiproton neutral; man könnte also annehmen, daß sich beide zu Neutronen umgewandelt haben. Das kann aber nicht der Fall sein. Zusammen besitzen ein Proton und ein Antiproton die Baryonenzahl 0, während zwei Neutronen die Gesamtbaryonenzahl +2 aufweisen. Wie das?

Als Antwort bietet sich folgende Annahme an: Wenn sich die elektrischen Ladungen gegenseitig aufheben, wird zwar das Proton zu einem Neutron (Baryonenzahl +1), das Antiproton aber zu einem Antineutron (Baryonenzahl –1). Ein Proton-Antiproton-Paar (Baryonenzahl 0) wird zu einem Neutron-Antineutron-Paar (Baryonenzahl 0), wodurch der Satz von der Erhaltung der Baryonenzahl in Kraft bleibt.

Doch wie kann es ein Antineutron geben? Ein Antielektron hat die entgegengesetzte Ladung eines Elektrons, ein Antiproton die entgegengesetzte Ladung eines Protons. Aber weder das Neutron noch das Antineutron sind elektrisch geladen. Was unterscheidet die beiden dann voneinander? Sowohl das Neutron als auch das Antineutron haben zwar insgesamt keine elektrische Ladung, aber sie besitzen hier und dort kleine lokale Ladungen, die sich über das gesamte

Teilchen ausgleichen (wie noch zu sehen sein wird). Das Neutron und das Antineutron drehen sich beide um ihre eigene Achse, und durch die Wirkung der Eigendrehung auf die lokalen Ladungen wird ein kleines Magnetfeld erzeugt. Das Neutron besitzt einen magnetischen Nordpol, der in die eine Richtung weist; das Antineutron, das sich in die gleiche Richtung dreht wie das Neutron, weist dagegen genau in die entgegengesetzte Richtung. Nicht die Drehrichtung ist also gegensätzlich, sondern die Ausrichtung des Magnetfeldes, und sie ist es auch, die das Neutron vom Antineutron unterscheidet.

Das Proton, das Neutron und das Elektron bilden die Atome, die Planeten, die Sterne – die gesamte Materie, die wir kennen. Wenn es Antiprotonen, Antineutronen und Antielektronen an einem eigenen Ort in großen Mengen gäbe, würden sie zweifellos alle Funktionen von Protonen, Neutronen und Elektronen erfüllen. Die Antiteilchen könnten Antiatome, Antiplaneten, Antisterne und – ganz allgemein – Antimaterie bilden.

Das ist nicht bloße Theorie. Es gibt tatsächlich einige (zugegeben sehr einfache) Beobachtungen, die diese These stützen. 1965 wurden ein Antiproton und ein Antineutron zu einem Antiwasserstoff-2-Kern vereint. Später wurden zwei Antiprotonen und ein Antineutron kombiniert, so daß sie einen Antihelium-3-Kern bildeten. (Jeder davon war in Wirklichkeit nur ein Antiatomkern.)

Eine Betrachtung der verschiedenen Erhaltungssätze ergibt, daß bei der Entstehung der Materie des Universums gleichzeitig dieselbe Menge an Antimaterie entstanden sein muß. Wenn das so ist, wo befindet sie sich dann?

Wir wissen mit Bestimmtheit, daß die Erde vollständig aus Materie besteht. Es steht außer Zweifel, daß unser gesamtes Sonnensystem und sogar unsere Galaxie aus Materie bestehen; Antimaterie kommt darin, wenn überhaupt, nur in unbedeutenden Spuren vor. Andernfalls gäbe es hin und wieder Wechselwirkungen zwischen Materie und Antimaterie; zudem würden regelmäßig Gammastrahlen erzeugt werden. Gammastrahlen aus dem Weltraum erreichen uns aber nicht annähernd in einem Umfang, den man erwarten würde, wenn in der Galaxie beträchtliche Mengen an Antimaterie vorhanden wären.

Einige Wissenschaftler haben die Vermutung geäußert, »Urmaterie« und »Urantimaterie« seien nach ihrer Entstehung irgendwie getrennt worden, weswegen es sogar heute noch Nebelhaufen aus Materie und Antinebelhaufen aus Antimaterie gebe. Sie würden getrennt bleiben und deshalb keine besonders intensive Gammastrahlung erzeugen. Doch selbst diese These klingt unwahrscheinlich, denn danach müßte sich unter den Teilchen der kosmischen Strahlung, die zum Teil zweifellos aus anderen Galaxien stammen, eigentlich eine beachtliche Menge an Antiprotonen und an Antiatomkernen überhaupt befinden, was nicht der Fall ist.

Vielleicht sind in Wirklichkeit ursprünglich sogar zwei Universen entstanden, eines aus Materie und eines (ein »Antiuniversum«) aus Antimaterie, die jedoch nicht miteinander in Verbindung treten können. In diesem Falle würden die intelligenten Bewohner des Antiuniversums (ihre Existenz vorausgesetzt) natürlich glauben, ihr Universum bestehe aus Materie und unseres aus Antimaterie. Sie könnten ihre Behauptungen mit dem gleichen Recht vorbringen wie wir unsere Gegenposition.

Wie noch zu sehen sein wird, sind in den letzten Jahren aber neue Theorien zu diesem Thema entwickelt worden. Die Wissenschaftler erwägen nun auch die Möglichkeit, daß ursprünglich vielleicht *nicht* die gleichen Mengen an Materie und Antimaterie entstanden sind.

9. Neutrinos

Die Rettung der Erhaltungssätze

Alle Erhaltungssätze sind richtungweisend für das Verständnis der Kernreaktionen und des Verhaltens der Elementarteilchen. Etwas, das mit einem Erhaltungssatz nicht in Einklang steht, sollte auch nicht vorkommen, so daß nur eine beschränkte Anzahl von Aktionsmöglichkeiten übrigbleibt. Anders ausgedrückt: Die Erhaltungssätze verhindern eine totale Anarchie und zeigen den Wissenschaftlern letztlich, wonach sie suchen müssen.

Alles, was einen Erhaltungssatz zu verletzen *scheint,* ist deshalb sehr beunruhigend. Das gilt insbesondere dann, wenn es sich um den vermeintlich grundlegendsten, wichtigsten und deshalb unverletzlichsten Satz handelt. Die Rede ist vom Energieerhaltungssatz, der in den 20er Jahren in Gefahr zu sein schien.

Im allgemeinen verhalten sich Elementarteilchen strikt gemäß diesem Satz. Wenn sich ein Elektron und ein Positron gegenseitig vernichten, entspricht die in Form von Gammastrahlen freigesetzte Energie genau der Summe aus der Masse dieser beiden Teilchen und ihrer kinetischen Energie, wenn sie sich einander nähern. Das gleiche gilt, wenn sich ein Proton und ein Antiproton gegenseitig vernichten. Wenn ein Atomkern radioaktivem Zerfall ausgesetzt ist und ein Alphateilchen aussendet, haben der neue Kern und das Alphateilchen zusammen eine etwas niedrigere Gesamtmasse als der ursprüngliche Kern. (Dies ist der Grund, warum der Kern überhaupt und dazu auf diese Weise spontan zerfällt.) Der Massenverlust macht sich in Form der kinetischen Energie des abgestrahlten Alphateilchens bemerkbar.

Das bedeutet, daß die Alphateilchen, die beim Zerfall von Kernen eines bestimmten Isotops abgestrahlt werden, alle die gleiche Geschwindigkeit haben und gleich energiereich und durchdringend sind. Messungen haben ergeben, daß bei der Erzeugung von Alphateilchen die Energie immer erhalten bleibt.

Gelegentlich erzeugt ein Kern, der eine radioaktive Umwandlung durchläuft, zwei oder mehr Schübe von Alphateilchen mit unterschiedlicher Geschwindigkeit und Energie. Das deutet darauf hin, daß ein solcher Kern in einem von zwei oder mehr möglichen Energiezuständen existieren könnte. Die Kerne im höheren Zustand erzeugen demnach schnellere Alphateilchen als diejenigen im niedrigeren Energiezustand.

Bei den Betateilchen sieht die Situation ganz anders aus. Wenn ein Kern ein Betateilchen (d. h. ein schnelles Elektron) abgibt, ist der neue Kern zusammen mit dem Betateilchen etwas leichter als der alte Kern. Der Massenunterschied ist durch die kinetische Energie des Betateilchens erklärbar.

Manchmal bewegt sich das Betateilchen so schnell, daß es eine kinetische Energie besitzt, die den Massenverlust so gut wie ausgleicht. Ein Betateilchen bewegt sich nie schneller; es erzeugt niemals eine kinetische Energie, die den Massenverlust übersteigt. Wenn ihm das gelänge, würde es aus nichts Energie erzeugen und damit gegen den Energieerhaltungssatz verstoßen.

Normalerweise bewegt sich das Betateilchen jedoch langsa-

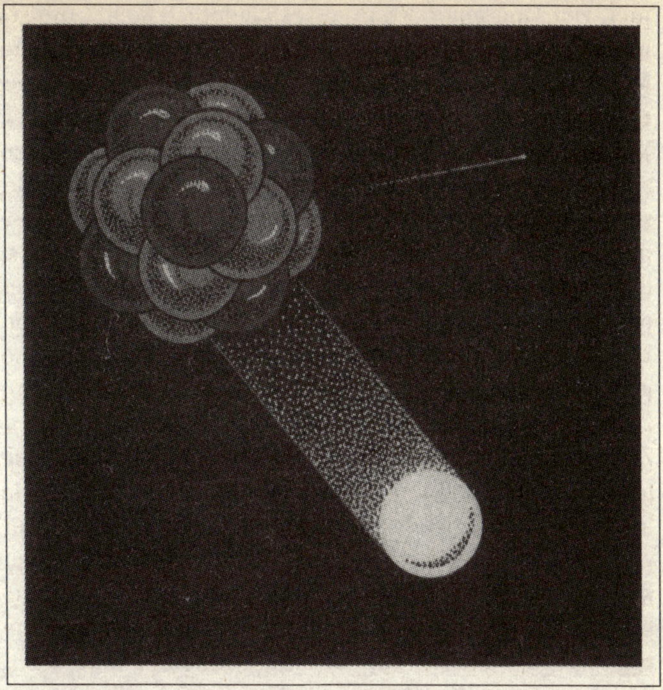

Wenn ein Kern ein Betateilchen abgibt, sind der neue Kern und das Betateilchen zusammen etwas leichter als der alte Kern. Der Massenunterschied, der sich nicht vollständig durch die kinetische Energie des Betateilchens erklären läßt, wird dem fast nicht nachweisbaren »Geisterteilchen«, dem Neutrino, zugeschrieben.

mer, viel langsamer sogar, als es eigentlich sollte, und es besitzt nicht genug kinetische Energie, um den Verlust an Masse wettzumachen. Das aber widerspricht dem Energieerhaltungssatz; zuwenig ist genauso schlecht wie zuviel. Wenn gleichartige Kerne zerfallen und dabei Betateilchen ausstrahlen, bewegen sich die daraus resultierende Geschwindigkeit und die kinetische Energie der Teilchen innerhalb einer gewissen Bandbreite. Im Durchschnitt beläuft sich die kinetische Energie der Betateilchen nur auf ein Drittel der Größe, die dem Massenverlust entspricht. Hier blieb schlicht und einfach Energie nicht erhalten – so jedenfalls erschien es denjenigen, die sich als erste mit dem Phänomen befaßten.

Zwanzig Jahre lang wurde diese Geschwindigkeitsbandbreite bei den Betastrahlen beobachtet und erforscht, aber sie blieb ein Rätsel. Niels Bohr war so bekümmert, daß er vorschlug, wenigstens im Hinblick auf die Betateilchen könne man den Energieerhaltungssatz genausogut aufgeben. Doch dazu waren nur wenige Physiker bereit. (Eine allgemeine Regel, die mit nur einer Ausnahme unter allen Bedingungen gilt, sollte man so lange nicht aufgeben, bis alles unternommen worden ist, die Ausnahme zu erklären.)

1930 lieferte Pauli einen Erklärungsversuch zum Problem der Energieerhaltung bei der Beta-Emission. Wenn ein Kern ein Betateilchen abgab, so sollte er nach dieser Theorie gleichzeitig immer ein zweites Teilchen emittieren, das die Energie wegtransportierte, die das Elektron nicht mitnahm. Die kinetische Energie der *beiden* Teilchen zusammen würde dann genau den Massenverlust bei der Erzeugung von Betateilchen erklären. Das einzige Problem bei Paulis Theorie war jedoch: Wenn ein zweites Teilchen produziert wird, warum wird es dann nie entdeckt? Die Antwort lag darin begründet, daß das Elektron die gesamte

Ladung mitnahm, die bei der Umwandlung eines Neutrons zu einem Proton erforderlich war; das zweite Teilchen mußte somit elektrisch neutral sein und war deshalb viel schwieriger nachzuweisen als ein elektrisch geladenes.
Man entdeckte das Neutron – ein neutrales, schweres Teilchen, das Protonen aus Kernen herauslösen konnte. Diese Fähigkeit war es auch, die den Forschern die Lokalisierung des Teilchens ermöglichte. Im Falle des bei der Beta-Erzeugung vermutlich entstehenden Teilchens reicht die mitgeführte Energiemenge gerade aus, um seine Geschwindigkeit zu begründen, es konnte also höchstens eine ganz winzige Masse haben. Einige Betateilchen werden nämlich mit einer Geschwindigkeit abgegeben, die gerade groß genug ist, um den *gesamten* Energieverlust im Kern zu erklären; das zweite Teilchen mochte deshalb vielleicht völlig masselos sein.
Es könnte nun den Anschein haben, daß sich ein Teilchen ohne elektrische Ladung und ohne Masse zwangsläufig schwer nachweisen läßt, aber das Beispiel des Photons bestätigt diese Annahme nicht: Es besitzt weder eine elektrische Ladung noch eine Masse und ist sehr leicht nachzuweisen. Aber das Photon ist eine Art verzerrtes Wellenpaket, das sofort mit jedem Stückchen Materie reagiert, auf das es trifft. Was war jedoch, wenn der Gefährte des Betateilchens ein winziges Teilchen war, das nicht mit Materie reagierte? 1934 griff Fermi die Frage nach diesem Teilchen wieder auf und nannte es Neutrino (italienisch für »kleines Neutron«). Fermi arbeitete mit bemerkenswerter Genauigkeit die einzelnen Eigenschaften heraus, die das Teilchen haben sollte. Er glaubte, daß es sich dabei tatsächlich um etwas handelte, das weder Masse noch elektrische Ladung hatte und zudem praktisch keine Neigung zeigte, mit Materie in Wechselwirkung zu treten. Es war ein »Nichts-Teilchen« oder – wie es

mitunter auch bezeichnet wurde – ein Geisterteilchen. Wenn es nicht dazu gedient hätte, den Energieerhaltungssatz im Gleichgewicht zu halten, hätte es überhaupt nicht zu existieren brauchen – eine Auffassung, die für sich genommen nicht gerade beeindruckend war. Man könnte einwenden (und manche taten dies auch), daß diese Auffassung nur entwickelt wurde, um Naturerscheinungen zu erklären. Wenn die einzige Möglichkeit zur Rettung des Energieerhaltungssatzes darin bestand, ein Geisterteilchen zu erfinden, war der Satz es nicht wert, daß man ihn beibehielt. Doch das Neutrino rettete auch andere Erhaltungssätze.

Man denke beispielsweise an ein bewegungsloses Neutron. Seine Geschwindigkeit ist null; damit beläuft sich auch sein Impuls (Masse mal Geschwindigkeit) auf null. Es existiert ein Impulserhaltungssatz, den sich die Wissenschaftler bereits vor dem Energieerhaltungssatz zu eigen gemacht hatten. Mit anderen Worten: Was immer mit einem bewegungslosen Neutron geschieht, der Gesamtimpuls der Teilchen, die das Neutron hervorbringt, muß null bleiben – wenn nicht der Rest des Universums in irgendeiner Weise einwirkt.

Nach einer bestimmten Zeit zerfällt das bewegungslose Neutron in ein Proton und ein Elektron. Das Elektron fliegt mit hoher Geschwindigkeit in eine Richtung davon und besitzt deshalb einen ansehnlichen Impuls. Das Neutron, das mittlerweile zu einem Proton geworden ist, prallt mit viel geringerer Geschwindigkeit in die entgegengesetzte Richtung zurück, besitzt aber eine weit größere Masse. Im Idealfall sollte der Impuls des Elektrons (geringe Masse × große Geschwindigkeit) dem Impuls des Protons (große Masse × geringe Geschwindigkeit) entsprechen. Wenn die beiden in genau entgegengesetzte Richtungen davonfliegen, besitzt eines einen Impuls von $+x$ und das andere von $-x$. Diese beiden Impulse addieren sich zu 0; der Impulserhaltungssatz sollte damit also bestätigt sein.

Aber so verhält es sich *nicht*. Normalerweise ist der Impuls des Elektrons zu niedrig; außerdem bewegt sich das Proton nicht in die genau entgegengesetzte Richtung. Für einen kleinen Teil des Impulses gibt es keine Erklärung. Wenn wir aber die Existenz eines Neutrinos zulassen, könnte es sich in eine Richtung bewegen, die nicht nur die fehlende Energie, sondern auch den fehlenden Impuls erklären würde.

Das Neutron hat zudem einen Spin von entweder $+^1/_2$ oder $-^1/_2$. Nehmen wir an, es zerfällt in ein Proton, und ein Elektron und sonst nichts. Das Proton hat ebenso wie das Elektron einen Spin $+^1/_2$ oder $-^1/_2$. Der Gesamtspin des Protons und des Elektrons beläuft sich (je nach Zuordnung der Vorzeichen) immer auf +1, –1 oder 0. Ein Proton und ein Elektron zusammen können *nie* einen Gesamtspin $+^1/_2$ oder $-^1/_2$ haben, wie ihn das ursprüngliche Neutron besaß. Damit aber wird der Drehimpulserhaltungssatz (ein anderer sehr bekannter und streng befolgter Erhaltungssatz) verletzt.

Wenn aber das Neutron in ein Proton, ein Elektron und ein Neutrino zerfällt, die alle drei einen Spin von entweder $+^1/_2$ oder $-^1/_2$ besitzen und die Summe der drei (beispielsweise $+^1/_2$, $+^1/_2$ und $-^1/_2$) sich zu $+^1/_2$ addiert, was dem Spin des ursprünglichen Neutrons entspricht, bleibt der Drehimpuls erhalten.

Es gibt einen vierten Erhaltungssatz, der viel später als die anderen entdeckt wurde: den Satz von der Erhaltung der Leptonenzahl. Das Neutron und das Proton haben jeweils die Leptonenzahl 0, während das Elektron die Leptonenzahl +1 und das Positron die Leptonenzahl –1 hat.

Ein Neutron hat also zunächst die Baryonenzahl +1 und die Leptonenzahl 0. Wenn es in ein Proton (mit der Baryonenzahl +1 und der Leptonenzahl 0) und ein Elektron (mit der Baryonenzahl 0 und der Leptonenzahl +1) zerfällt, bleibt zwar die Baryonenzahl erhalten, *nicht* aber die Leptonenzahl.

Nehmen wir aber an, zusätzlich entstünde ein Neutrino mit der Leptonenzahl –1. In diesem Falle zerfällt das Neutron (Baryonenzahl +1 und Leptonenzahl 0) in ein Proton (Baryonenzahl +1 und Leptonenzahl 0), ein Elektron (Baryonenzahl 0 und Leptonenzahl +1) und ein Neutrino (Baryonenzahl 0 und Leptonenzahl –1). Somit hat man am Anfang ein Neutron (Baryonenzahl +1 und Leptonenzahl 0) und erhält am Ende drei Teilchen mit einer Gesamtbaryonenzahl +1 und einer Gesamtleptonenzahl 0. Nunmehr bleibt die Baryonenzahl ebenso wie die Leptonenzahl erhalten.

Da das Neutrino die Leptonenzahl –1 hat, sollte es sich ja eigentlich um das Spiegelbild (Antineutrino) des Teilchens handeln, aber das geht schon in Ordnung. Das Antineutrino bewahrt den Energie-, Ladungs-, Impuls- und Drehimpulssatz genauso gut wie das Neutrino; das Antineutrino erhält darüber hinaus aber auch die Leptonenzahl.

Ein nicht nachweisbares Teilchen, das einfach zur Rettung eines einzigen Erhaltungssatzes postuliert wird, ist nicht sehr überzeugend. Vier verschiedene nicht nachweisbare Teilchen, die zur Rettung aller vier Erhaltungssätze postuliert werden, sind noch weniger überzeugend. Doch ein einziges nicht auffindbares Teilchen, das ganz allein alle vier Erhaltungssätze – Energie, Impuls, Drehimpuls und Leptonenzahl – rettet, ist durchaus überzeugend. Im Laufe der Jahre erschien den Physikern die Existenz von Neutrinos und Antineutrinos immer zwingender notwendig, ob man sie nun entdeckte oder nicht.

Die Entdeckung des Antineutrinos

Bis zur Entdeckung der Neutrinos und Antineutrinos war den Physikern nicht ganz wohl bei dem Gedanken an diese Teilchen. (Der Einfachheit halber soll der Begriff Neutrino normalerweise das Antineutrino mit einschließen.)

Damit man ein Neutrino entdecken kann, muß es mit einem anderen Teilchen in Wechselwirkung treten. Diese Wechselwirkung muß sowohl nachweisbar als auch von anderen Wechselwirkungen unterscheidbar sein. Mit anderen Worten: Es muß erkennbar sein, daß eine Wechselwirkung von einem Neutrino und von nichts anderem hervorgerufen worden ist.

Das ist nicht einfach, weil das Neutrino kaum einmal mit etwas anderem in Wechselwirkung tritt. Man hat berechnet, daß ein durchschnittliches Neutrino eine 3500 Lichtjahre dicke Bleischicht durchdringen kann, bevor es absorbiert wird.

Das ist das *durchschnittliche* Neutrino. Einzelne Neutrinos könnten durch puren Zufall vielleicht auch länger jeden direkten Zusammenprall vermeiden und noch doppelt oder eine Million Male so lange unterwegs sein, bis sie absorbiert werden. Andere werden bereits nach der Hälfte oder einem Millionstel der durchschnittlichen Strecke in einen direkten Zusammenstoß verwickelt und absorbiert. Das bedeutet, wenn man mit einem Strahl aus Billionen und Aberbillionen Neutrinos arbeitet, die man im Labor alle durch eine bestimmte Materie schickt, würden möglicherweise ganz wenige von ihnen zufällig auf ein Teilchen in dieser Materie prallen und damit in Wechselwirkung treten.

Damit man überhaupt eine Chance hat, ein Neutrino zu entdecken, benötigt man somit eine ergiebige Quelle. Verfügbar wurde diese Quelle aber erst durch den Bau von Kernreaktoren, die auf der Spaltung von Urankernen beruhen.

Urankerne sind sehr komplex und brauchen recht viele Neutronen, um wenigstens annähernd stabil zu sein; in Uran 235 kommen auf 92 Protonen nicht weniger als 143 Neutronen. Wenn der Urankern in zwei kleinere Teile zerfällt, benötigt jedes der Bruchstücke weniger Neutronen, um stabil zu sein – und so werden einige Neutronen freigesetzt. Mit der Zeit zerfallen viele von ihnen in Protonen, womit zugleich Antineutrinos frei werden. Ein herkömmlicher Kernspaltungsreaktor dürfte in jeder Sekunde leicht eine Trillion (10^{18}) Antineutrinos abgeben.

Das nächste Problem besteht darin, das Verhalten des Antineutrinos einzuschätzen. Wir wissen, daß ein Neutron in ein Proton zerfällt, indem es ein Elektron und ein Antineutrino abgibt. Kann man diesen Prozeß umkehren und bewirken, daß ein Proton gleichzeitig ein Elektron und ein Antineutrino aufnimmt und so wieder zu einem Neutron wird?

Dazu wären sehr viele Voraussetzungen notwendig. Es ist schon an sich sehr unwahrscheinlich, daß ein Antineutrino auf ein Proton auftrifft. Aber zu erwarten, daß ein Antineutrino ein bestimmtes Proton genau zum gleichen Zeitpunkt trifft, an dem dort auch ein Elektron aufprallt, ist vollends zuviel verlangt. Dies kommt so selten vor, daß der Vorgang nahezu unpraktikabel ist. Wenn ein Elektron ein Proton trifft, ist das jedoch dasselbe, wie wenn ein Proton ein Positron abgibt. (Analog gilt: Wenn Ihnen jemand eine Mark gibt, ist dies das gleiche, wie wenn jemand eine Mark Schulden bezahlt, die sie vielleicht bei einem anderen haben. Ihr Haben erhöht sich in beiden Fällen um eine Mark.)

Es ist also möglich, daß ein Antineutrino ein Proton trifft, das dann ein Positron abgibt und zu einem Neutron wird. Dies hält die Baryonenzahl konstant, weil ein Proton zu einem Neutron wird und beide die Baryonenzahl +1 haben. Auch die Leptonenzahl bleibt konstant, denn während ein Antineutron verschwindet, erscheint ein Positron, die beide die Leptonenzahl –1 haben. Die elektrische Ladung bleibt ebenfalls erhalten, weil ein Proton verschwindet und ein Positron zum Vorschein kommt; bei beiden ist die Ladung +1. Auch der Energie-, Impuls- und Drehimpulserhaltungssatz bleiben in Kraft.

Nehmen wir also an, daß ein Antineutrino auf ein Proton aufprallt und dadurch ein Neutron und ein Positron erzeugt. Wie kann man feststellen, daß das wirklich geschehen ist? Ein solcher Vorgang kommt nur in großen Zeitabständen vor; dazwischen finden alle möglichen anderen Wechselwirkungen statt, die die Wirkung der Antineutrinos überdecken. Wenn aber ein Neutron und ein Positron erzeugt werden, verbindet sich das Positron innerhalb einer Millionstelsekunde zwangsläufig mit dem nächstbesten Elektron, wobei es zur Paarvernichtung kommt. Dabei werden zwei gleichstarke Gammastrahlen erzeugt, die sich in entgegengesetzte Richtungen bewegen und zusammen über eine Energie verfügen, die der Masse der beiden Teilchen entspricht. Das Neutron könnte rasch vom Kern eines Kadmiumatoms aufgenommen werden (wenn es in der Nähe ein solches gäbe). Bei diesem Vorgang erhält der Kern genug Energie, um drei oder vier Photonen mit einer ganz bestimmten Gesamtenergie abzugeben.

Keine andere bekannte Wechselwirkung sonst führt zu genau diesem Ergebnis. Wenn man also Photonen lokalisiert, die alle zur selben Zeit, in die richtige Richtung und mit der richtigen Energie emittiert worden sind, hat man die Wech-

selwirkung eines Antineutrinos mit einem Proton und nichts anderes nachgewiesen.
Eine Gruppe von Physikern unter der Leitung von Frederick Reines (geb. 1918) und Clyde Lorrain Cowan (geb. 1919) machte sich 1953 daran, das Problem auf diese Weise anzugehen. Sie konnten einen Spaltungsreaktor einsetzen und sorgten dafür, daß so viele Neutrinos wie möglich große Wassertanks trafen, in denen Billionen und Aberbillionen Protonen in den Wasserstoff- und Sauerstoffkernen der Wassermoleküle enthalten waren. In dem Wasser war Kadmiumchlorid gelöst. Die Funktion der Kadmiumkerne war es, alle abgegebenen Neutronen aufzunehmen. Die Anlage enthielt außerdem Geräte, die Gammastrahlphotonen nachweisen und ihre Energie und Richtung bestimmen sollten, so daß die Wissenschaftler nur noch auf die richtige Photonenkombination zu warten brauchten.
Um die richtige Kombination möglichst leicht festzustellen, mußten sie natürlich so viele falsche Kombinationen wie möglich ausschließen; deshalb schirmten sie die gesamte Anlage mit der Zeit immer wirkungsvoller ab. Schließlich drang praktisch nichts mehr *bis auf* Antineutrinos durch. Am Ende gelang es ihnen sogar, das »Hintergrundrauschen« so weit zu reduzieren, daß sie sicher sein konnten, eine zufällige Wechselwirkung zwischen einem Antineutrino und einem Proton auch festzustellen. 1956, 26 Jahre nach der Theorie Paulis, gaben Reines und Cowan bekannt, daß sie das Antineutrino entdeckt hätten.
Andere Wissenschaftler machten sich sofort daran, das Experiment zu wiederholen oder abzuwandeln. Und bald stand außer Frage: Mit der richtigen Ausrüstung konnte jeder Antineutrinos entdecken. Es war kein Geisterteilchen mehr, sondern genau das Teilchen, das Pauli und Fermi abgeleitet hatten, um damit die Einzelheiten der Betastrah-

lung und des Neutronenzerfalls erklären zu können. (Welch ein Zeugnis wurde der Bedeutung der Logik in der Wissenschaft hier ausgestellt! Es zeigte auch, wie wichtig es ist, an einer guten Theorie festzuhalten – wie beispielsweise an den verschiedenen Erhaltungssätzen –, solange dies noch vertretbar ist. Natürlich kann immer der Fall eintreten, daß eine vermeintlich hieb- und stichfeste Theorie irgendwann aufgegeben werden muß, sogar Erhaltungssätze – und zu solchen Fällen kommen wir noch. Es gereicht der Wissenschaft zur Ehre, daß sie sich, wenn auch widerwillig, mitunter selbst korrigiert. Kein anderer Bereich des geistigen Strebens des Menschen scheint über einen vergleichbaren Mechanismus zur Selbstregulierung zu verfügen.)

Die Entdeckung des Neutrinos

Genau wie die Kernspaltung aufgrund der Vielzahl der dafür erforderlichen Umwandlungen von Neutronen in Protonen eine Flut aus Antineutrinos erzeugt, so produziert die Kernverschmelzung aufgrund der ebenso häufigen Umwandlungen dieser beiden Teilchen eine Flut von Neutrinos. Bei der Verschmelzung von Wasserstoff zu Helium werden beispielsweise vier Wasserstoffkerne, die aus insgesamt vier Protonen bestehen, in einen Heliumkern umgewandelt, der aus zwei Protonen und zwei Neutronen aufgebaut ist. Bei diesem Vorgang entstehen zwei Positronen und zusammen mit ihnen zwei Neutrinos.

Wir besitzen Spaltungsreaktoren, die uns mit einer Flut von Antineutrinos versorgen, aber wir verfügen bislang noch nicht über Fusionsreaktoren, die uns ebenso große Mengen von Neutrinos liefern könnten. Die unkontrollierte Verschmelzung bei einer Wasserstoffbombe erzeugt zwar kurzzeitig eine Flut von Neutrinos, doch die Vorstellung, nahe genug an einer Explosion zu arbeiten, um den Ausstoß nutzen zu können, ist nicht besonders realistisch. Allerdings haben wir eine gewaltige und ständig »explodierende« Wasserstoffbombe in einer Entfernung von ungefähr 150 Millionen km: die Sonne. Seit etwa viereinhalb Milliarden Jahren produziert sie in jeder Sekunde eine unglaubliche Zahl von Neutrinos.

Im Zentrum der Sonne, wo die Kernverschmelzung stattfindet, entstehen Photonen. Sie reagieren sehr rasch mit Materie und werden deshalb absorbiert, wieder ausgestoßen, erneut absorbiert usw. ad infinitum. Es dauert extrem lange, bis sich Photonen vom Zentrum der Sonne bis zu ihrer Oberfläche durchkämpfen, wo sie in den Weltraum geschleudert werden. Einige von ihnen erreichen die Erde. Diesen Photonen ist auf ihrer Reise durch die Sonne jedoch schon so viel widerfahren, daß wir nicht hoffen dürfen, von ihnen Aufschluß über die Vorgänge im Inneren der Sonne zu erhalten.

Ein anderer Fall sind die Neutrinos. Sie kommen mit Materie so wenig in Kontakt, daß sie nach ihrer Entstehung im Zentrum der Sonne in etwas mehr als zwei Sekunden an die Sonnenoberfläche gelangen. (Da Neutrinos masselos sind, bewegen sie sich – ebenso wie Photonen und Gravitonen – mit Lichtgeschwindigkeit.) Sobald die Neutrinos die Oberfläche der Sonne erreichen, fliegen sie auch schon weiter, und wenn sie sich zufällig in Richtung Erde bewegen, kommen sie bei uns in acht Minuten an.

Da die Neutrinos direkt aus dem Inneren der Sonne zu uns gelangen, besteht zumindest die Chance, daß wir aus ihren Eigenschaften Informationen über das Sonneninnere gewinnen können, die man auf andere Weise nicht erhalten kann. Die Entdeckung von Sonnenneutrinos bedeutet somit viel mehr als den bloßen Nachweis ihrer Existenz; sie erlaubt auch die Erforschung der Sonne.

Um Neutrinos festzustellen, müssen wir uns der genau umgekehrten Wechselwirkung zwischen Teilchen bedienen wie zuvor bei der Entdeckung der Antineutrinos. Wenn man Antineutrinos nachweisen will, läßt man sie auf Protonen auftreffen, um auf diese Weise Neutronen und Positronen zu erzeugen. Damit man Neutrinos nachweisen kann, muß man sie auf Neutronen auftreffen lassen, so daß Protonen und Elektronen entstehen. Zum Aufspüren von Antineutrinos benötigt man somit ein protonenreiches Target wie beispielsweise Wasser. Für den Nachweis von Neutrinos braucht man dagegen einen an Neutronen reichen »Auffänger«, so daß man einen neutronenreichen Atomkern verwenden muß.

Ein besonders neutronenreicher Kern, der von dem italienischen Physiker Bruno M. Pontecorvo (geb. 1913) vorgeschlagen wurde, ist Chlor 37 (^{37}Cl) mit einem Kern aus 17 Protonen und 20 Neutronen. Wenn Chlor 37 ein Neutrino aufnimmt, wird eines seiner Neutronen zu einem Proton, wobei ein Elektron emittiert wird.

Warum aber muß es gerade dieser neutronenreiche Kern und kein anderer sein? Wenn der ^{37}Cl-Kern ein Neutron verliert und ein Proton aufnimmt, wird er zu Argon 37 (^{37}Ar, 18 Protonen, 19 Neutronen), einem Gas, das sich leicht von dem Material trennen läßt, das die ^{37}Cl-Kerne enthält. Die Regeneration eines solchen Gases zeigt eindeutig die Aufnahme eines Neutrinos an.

Man möchte meinen, um ein Target aus Chlor 37 zu erhalten, sollte man am besten Chlor selbst verwenden; doch Chlor ist gasförmig, und es wäre schwierig, sehr kleine Mengen eines anderen Gases davon zu trennen. Man könnte das Chlor zwar verflüssigen (und Argon wäre bei der Temperatur von flüssigem Chlor noch immer gasförmig), aber dazu bräuchte man eine Kühlvorrichtung. Viel besser ist es, wenn man eine Verbindung verwendet, die bei Zimmertemperatur flüssig ist und Moleküle besitzt, die viele Chloratome enthalten.

Perchloräthylen (Tetrachlorethen) ist eine solche Verbindung, bei der jedes Molekül aus zwei Kohlenstoff- und vier Chloratomen besteht. Diese chemische Substanz wird häufig zur Trockenreinigung eingesetzt und ist nicht besonders teuer. Selbst wenn nur ein paar ^{37}Ar-Atome entstehen, können sie durch einen Heliumstrom aus der Flüssigkeit gespült und nachgewiesen werden, denn Argon 37 ist radioaktiv und läßt sich anhand seines charakteristischen Zerfalls auch in winzigen Spuren feststellen.

Der amerikanische Physiker Raymond E. Davis zeigte mit Hilfe dieser Wechselwirkung, daß das Neutrino tatsächlich existiert.

Seit 1965 hat sich Reines, einer der Entdecker des Antineutrinos, dem Nachweis von Sonnenneutrinos gewidmet. Tief in einem Bergwerk, mit einer ca. eineinhalb Kilometer dicken Felsschicht darüber, vergrub er große Fässer mit Perchloräthylen. Der Fels sollte die gesamte Strahlung, selbst die Teilchen der kosmischen Strahlung, absorbieren – *außer* den Neutrinos, die mühelos die ganze Erde durchdringen würden. (Es könnten auch ein paar Teilchen darunter sein, die aus radioaktivem Material in dem Gestein stammten, das sich in unmittelbarer Nähe des Experiments befand.)

Es ist eine eigenartige Vorstellung, daß man die Sonne von einem Punkt ca. 1,5 km unter der Erde erforschen muß, doch genau das tat Reines. Aber wie sehr er sich auch um eine Verbesserung der Methoden und um eine Verfeinerung der Instrumente bemühte, Reines fing nie mehr als ein Drittel der Neutrinos auf, die er zu entdecken erwartete. Warum? Vielleicht war die Art der Beobachtung in irgendeiner Weise unzulänglich. Oder möglicherweise wissen wir nicht alles Notwendige über Neutrinos. Oder unsere Theorien über die Vorgänge im Inneren der Sonne könnten falsch sein. Bislang hat man dieses »Geheimnis der fehlenden Neutrinos« nicht lüften können, aber wenn es soweit ist, wird es bestimmt aufregend.

Wenn die Sonne Neutrinos erzeugt, dann gilt das ganz bestimmt auch für andere Fixsterne. Doch selbst der nächste Stern, Alpha Centauri (ein System mit zwei sonnenähnlichen Sternen und einem schwach leuchtenden Zwergstern), ist etwa 270 000mal so weit von uns entfernt wie die Sonne. Die Zahl der Neutrinos, die uns von Alpha Centauri erreicht, kann bestenfalls ein Fünfzigmilliardstel der Neutrinos betragen, die uns die Sonne schickt. Da wir die Neutrinoemission der Sonne gerade noch nachweisen können, besteht nicht die geringste Chance, daß uns dies bei anderen normalen Sternen gelingen könnte.

Aber nicht alle Sterne sind normal. Immer wieder einmal explodiert ein Stern als gigantische Supernova, wobei jede Art von Strahlung plötzlich um das Hundertmillionenfache ansteigt.

Im Februar 1987 ereignete sich eine solche Supernova in der Großen Magellanschen Wolke, 150 000 Lichtjahre von der Erde entfernt. Sie war 33 000mal so weit entfernt wie Alpha Centauri, aber die dabei freiwerdenden Massen an Neutrinos konnten dies mehr als nur ausgleichen. Dies war die erdnächste Supernova in fast 400 Jahren und die erste überhaupt, für die »Neutrino-Teleskope« wie das von Reines zur Verfügung standen.

Ein solches Neutrino-Teleskop wurde unterhalb der Alpen

aufgestellt. In der Nacht, bevor die Supernova mit dem Auge wahrgenommen wurde, verzeichnete eine Gruppe italienischer und sowjetischer Astronomen dort einen plötzlichen Schub von sieben Neutrinos. Wenn die Astronomen Neutrinos immer besser entdecken und erforschen können, erfahren sie damit offensichtlich nicht nur mehr über die Vorgänge im Inneren der Sonne, sondern auch darüber, was bei gewaltigen Sternenexplosionen vor sich geht – von anderen Facetten des astronomischen Wissens ganz abgesehen.

Weitere Leptonen

Bis jetzt haben wir vier Leptonen beschrieben: das Elektron, das Positron, das Neutrino und Antineutrino. Ihre elektrische Ladung beläuft sich auf –1, +1, 0 bzw. 0. Ihre jeweilige Masse ist (wenn wir die Masse des Elektrons als 1 definieren) 1, 1, 0 bzw. 0. Ihr Spin beträgt entweder $+^1/_2$ oder $-^1/_2$; dieser halbzahlige Spin macht sie alle zu Fermionen. (Photonen und Gravitonen haben zwar keine Masse und keine elektrische Ladung, aber einen Spin von 1 bzw. 2; der ganzzahlige Spin macht sie zu Bosonen.)
So war der Stand der Dinge bis 1936, als das Neutrino, das Antineutrino und das Graviton zwar noch nicht nachgewiesen waren, ihre Existenz aber bereits so gut wie sicher erschien. Zu dieser Zeit waren auch vier Baryonen bekannt: das Proton, das Neutron, das Antiproton und das Antineutron.
Nehmen Sie noch das Photon und das Graviton hinzu, und Sie haben insgesamt zehn Teilchen, die jedes Stückchen Materie im Universum wie auch alle Wechselwirkungen, die die Wissenschaftler bis dahin beobachtet hatten, zu erklä-

ren schienen. An diesem Punkt aufzuhören wäre schön gewesen: Ein Universum mit zehn Teilchen ist recht gut überschaubar.

Doch 1936 untersuchte Anderson, der vier Jahre vorher das Positron entdeckt hatte, immer noch die kosmische Strahlung in den Bergen und bemerkte dabei eigenartig gekrümmte Teilchenspuren. Die Krümmung war weniger stark als bei einem Elektron; das Teilchen mußte also schwerer sein (wenn es die gleiche elektrische Ladung hatte). Sie war jedoch stärker ausgeprägt als bei einem Proton, was darauf schließen ließ, daß es auch leichter als dieses sein mußte. Zudem erfolgte die ansonsten genau gleiche Krümmung in beide Richtungen, was darauf hindeutete, daß es sich bei einigen um Teilchen und bei anderen um die zugehörigen Antiteilchen handelte.

Die Folgerung lautete, daß es Teilchen und Antiteilchen von mittelbarer Masse gab, die zwischen den bekannten Leptonen und den bekannten Baryonen angesiedelt waren. Messungen zeigten, daß die neuen Teilchen 207mal so schwer wie Elektronen waren und damit etwa ein Neuntel der Masse eines Protons oder Neutrons besaßen.

Anderson bezeichnete das neue Teilchen zunächst als Mesotron, wobei die Vorsilbe *meso-* aus dem Griechischen stammt und soviel wie »mittel« oder »zwischen« bedeutet. Man beachte wiederum die falsche Endung auf *-tron.* Diesmal blieb die Endung jedoch glücklicherweise nicht in Gebrauch; als umfassende Bezeichnung für alle mittelschweren Teilchen verwendete man statt dessen später den Begriff *Meson.* Da es sich schließlich herausstellte, daß Andersons Teilchen nur eines aus einer ganzen Reihe solcher mittelschwerer Teilchen war, mußte jedes von den anderen unterschieden werden. Andersons Teilchen wurde nach einem Buchstaben aus dem griechischen Alphabet als *My-*

Meson bezeichnet. Dann zeigte es sich (wie ich später noch erklären werde), daß sich das My-Meson auf grundlegende Weise von anderen mittelschweren Teilchen unterschied. Die Bezeichnung Meson wurde deshalb auf die anderen Teilchen beschränkt und schloß das My-Meson *nicht mehr* ein. Heute bezeichnet man Andersons Teilchen daher als Myon (oder zumeist Müon).

Beim Müon handelte es sich um das erste Teilchen, das keine klar erkennbare Funktion besaß: Es bildet keinen Bestandteil der Atomstruktur, ist nicht für die Erhaltungssätze notwendig und vermittelt keine subatomaren Wechselwirkungen. Der österreichisch-amerikanische Physiker Isidor Isaac Rabi (1898–1988) soll bei der Nachricht von der Entdeckung des Müons gefragt haben: »Wer hat denn das bestellt?«

Das Müon hat eine elektrische Ladung von –1 (genau wie das Elektron), das Antimüon eine elektrische Ladung von +1 (genau wie das Positron). Das negative Müon entspricht mit Ausnahme seiner Masse und einer weiteren Eigenschaft tatsächlich in jeder Hinsicht dem Elektron, während das Antimüon fast genau dem Positron entspricht. Das gilt für solche Dinge wie elektrische Ladung, Spin und Magnetfeld. Ein negatives Müon kann sogar ein Elektron in einem Atom ersetzen und so ein kurzlebiges müonisches Atom entstehen lassen.

Um den Drehimpuls zu erhalten, muß das Müon den gleichen Drehimpuls aufweisen wie das ersetzte Elektron. Nachdem das Müon viel mehr Masse als ein Elektron hat, was zu seinem Drehimpuls hinzukommen würde, muß das Müon den Drehimpuls vermindern, indem es sich dem Kern stärker als ein Elektron annähert. Die Notwendigkeit hierzu kann man auch daran ablesen, daß das Müon aufgrund seiner weit größeren Masse eine viel kürzere mit ihm

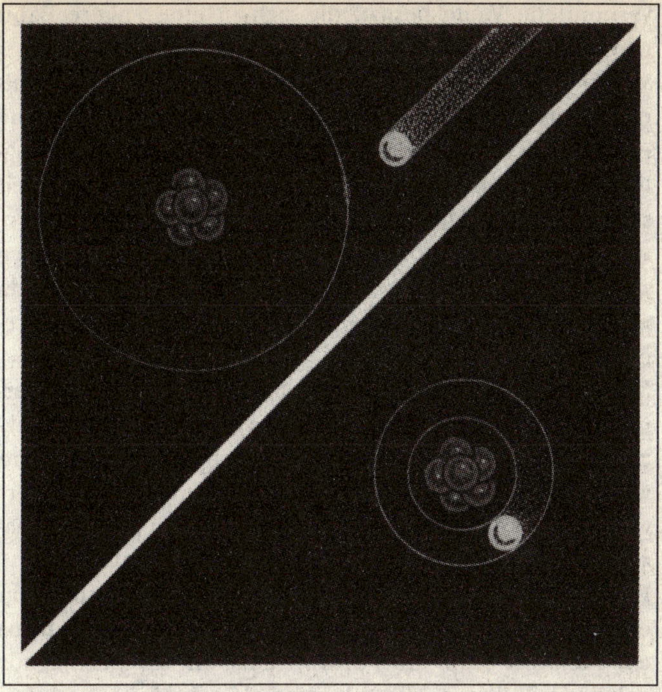

Ein negatives Müon ist mit Ausnahme seiner Masse und einer weiteren Eigenschaft mit einem Elektron identisch. Es kann sogar ein Elektron in einem Atom ersetzen und ein kurzlebiges müonisches Atom erzeugen.

verbundene Welle besitzt, die sich in eine engere Bahn pressen kann.

Weil müonische Atome aus diesen Gründen viel kleiner als elektronische Atome sind, können zwei müonische Atome einander viel näher kommen, als dies bei Elektronen möglich ist. Die Kerne müonischer Atome neigen deshalb weit stärker zur Verschmelzung als normale elektronische Atome. So könnten müonische Atome als ein möglicher Weg zur kontrollierten Verschmelzung erscheinen – wäre da nicht ein riesiger Haken, auf den wir später noch zu sprechen kommen.

Müonen und Antimüonen können sich gegenseitig vernichten und dabei 207mal mehr Energie erzeugen als Elektronen und Positronen. Wenn entsprechend dazu an einem winzigen Punkt die 207fache Energiemenge konzentriert wird, die man zur Erzeugung eines Elektron-Positron-Paares benötigt, kann ein Müon-Antimüon-Paar entstehen.

Doch was geschieht, wenn ein Müon ohne sein Antimüon erzeugt wird, ähnlich wie etwa beim Zerfall eines Neutrons ein Elektron ohne ein Positron entsteht? Es gibt negativ geladene Teilchen, die schwerer als ein Müon sind (sie werden später behandelt) und bei ihrem Zerfall ein Müon bilden, *ohne* ein Antimüon zu erzeugen. In ähnlicher Weise gibt es positiv geladene Teilchen, die ein Antimüon ohne ein Müon erzeugen.

Das verletzt zwar nicht den Ladungserhaltungssatz, aber wie beim Neutronenzerfall kommt es zu einem Verstoß gegen den Energie- und Impulserhaltungssatz. Außerdem sind die schweren Teilchen, die zu Müonen zerfallen, selbst weder Baryonen noch Leptonen, das Müon dagegen *ist* ein Lepton. Während der Zerfall somit den Satz von der Erhaltung der Baryonenzahl nicht verletzt, verstößt er gegen den Satz von der Erhaltung der Leptonenzahl, weil hierbei ein Lepton aus nichts zu entstehen scheint. Genau wie beim Neutronenzerfall rettet die gleichzeitige Bildung von Neutrinos und Antineutrinos auch hier die Erhaltungssätze – abgesehen von einer zusätzlichen Komplikation, die später noch behandelt werden soll.

Man kann sich das Müon einfach als schweres Elektron und das Antimüon als schweres Positron vorstellen, aber wozu gibt es sie, und warum besitzen sie ausgerechnet die 207fache Masse eines Elektrons oder Positrons?

Ziehen wir eine Analogie und nehmen an, ein Elektron sei ein Golfball auf dem Grunde eines Energietals. Er kann nicht mehr tiefer sinken, also bleibt er liegen. Wird ihm aber Energie zugeführt (was geschieht, wenn er in dieser Lage von einem Golfschläger getroffen wird), so bringt ihn die zusätzliche Energie dazu, den Hang hinaufzurollen. Nachdem er eine maximale Höhe erreicht hat, rollt er wieder ins Tal zurück und gibt dabei die zugeführte Energie ab.

Je stärker der Golfball geschlagen wird, desto höher rollt er den Hang hinauf, bevor er wieder zurückkommt. Ist der Schlag kräftig genug, rollt er vielleicht gerade so hoch hinauf, daß er einen kleinen Absatz erreicht und oben liegenbleibt. Es ist dann nach wie vor ein Golfball (d. h. ein Elektron), aber er hat genügend Energie aufgenommen, um weit oberhalb seiner alten Position am Grunde des Tals zu bleiben. In subatomaren Kategorien gedacht, heißt das: Er besitzt nun weit mehr Masse als unten im Tal.

Der Absatz befindet sich zufällig auf einer Energiehöhe, die der 207fachen Masse des Elektrons entspricht. Warum befindet er sich gerade auf dieser Höhe? Man weiß es nicht. Daß wir nicht in der Lage sind, eine genaue Begründung dafür zu finden, ist aber nicht sonderlich störend. (Es ist der Wissenschaft nicht gelungen, in jedem wichtigen Wissensbereich alles zu erklären, und vielleicht wird das auch niemals möglich sein. Die Wissenschaftler haben unzählige Antworten oder zumindest scheinbare Antworten auf unzählige Probleme gefunden, aber jede Antwort schafft neue und verzwicktere Probleme, die wir vielleicht noch weniger in den Griff bekommen können.)

Instabile Teilchen

Das Elektron ist, wie wir wissen, ein stabiles Teilchen. Mit stabil meine ich aber nicht, daß ihm nichts zustoßen kann. Wenn ein Elektron ein Positron trifft, vernichten sich die beiden gegenseitig und werden zu Photonen. Wenn ein Elektron mit einem anderen Teilchen als einem Positron kollidiert, kann es auch andere Umwandlungen durchmachen.

Wenn sich jedoch ein Elektron isoliert im Weltraum befindet und auf keine anderen Teilchen trifft, bleibt es (soweit wir wissen) erhalten und bewahrt all seine Eigenschaften für immer unverändert.

Das gleiche gilt für das Positron ebenso wie für das Neutrino und das Antineutrino. Alle vier Leptonen, die schon vor der Entdeckung des Müons bekannt waren, sind stabile Teilchen. (Das gleiche gilt für die beiden schon in den 30er Jahren bekannten Bosonen, das Photon und das Graviton).

Von den Teilchen, die *keine* Leptonen sind und bereits vor der Entdeckung des Müons bekannt waren – Proton, Antiproton, Neutron und Antineutron –, scheinen das Proton und das Antiproton stabil zu sein (auch wenn sich inzwischen Zweifel auftun, wie wir noch sehen werden).

Das Neutron und das Antineutron sind *nicht* stabil. Auch wenn ein Neutron von allen anderen Teilchen isoliert ist, zerfällt es dennoch zu einem Proton, einem Elektron und einem Antineutrino, während ein Antineutron zu einem Antiproton, einem Positron und einem Neutrino zerfällt. Dies ist jedoch ein relativ langsamer Vorgang, der im Durchschnitt mehrere Minuten dauert. Ein Neutron, das zu einem nichtradioaktiven Kern gehört, ist außerdem stabil und kann unverändert und unendlich lange an seinem Platz bleiben. Müonen dagegen zerfallen beinahe sofort zu Elektronen. Wenn es absolut sich selbst überlassen bleibt, zerfällt das durchschnittliche Müon in nur $^{1}/_{500\,000}$ Sekunde.

Warum besteht das Müon nur so kurze Zeit? Denken Sie an die Analogie, in der ein Elektron den Abhang der Masse hinaufbefördert wird und auf einem Absatz zu liegen kommt, der die 207fache Masse auf dem Talgrund repräsentiert. Man kann sich den Absatz schmal und das Müon darauf vibrierend oder zitternd vorstellen. Aufgrund des Zitterns wird das Müon früher oder später hinunterstürzen, ins Tal hinunterrollen und wieder zu einem Elektron werden. Das »früher oder später« beläuft sich, bedingt durch die Breite des Absatzes und die Stärke des Vibrierens, auf $^{1}/_{500\,000}$ Sekunde.

Alle Objekte, Sie und ich eingeschlossen, zeigen ein gewisses Zittern. Dafür verantwortlich ist das von der Quantenmechanik aufgezeigte Phänomen, daß alle Objekte mit einem Wellenaspekt verbunden sind. Bei gewöhnlichen Dingen ist die Vibration so außerordentlich gering, daß sie keine Rolle spielt, aber je kleiner die Masse ist, desto deutlicher ist das Zittern im Verhältnis zur Größe des Objekts. Elementarteilchen besitzen so wenig Masse, daß das Zittern beträchtlich an Bedeutung zunimmt und in jede Untersuchung ihrer Eigenschaften einbezogen werden muß.

Auch das Elektron vibriert – sogar stärker als das Müon –,

aber es befindet sich auf dem Grunde des Tals. Es kann nicht mehr weiter fallen und ist deshalb stabil.
Unter den Zerfallsteilchen, die bei Kollisionen in Teilchenbeschleunigern entstanden, entdeckte der amerikanische Physiker Martin Perl 1975 ein elektronenähnliches Teilchen, das noch schwerer war als das Müon. Er nannte es Tau-Teilchen; *tau* ist ein Buchstabe aus dem griechischen Alphabet, der unserem *t* entspricht. Das Teilchen wird auch als Tauon bezeichnet.
Von zwei Ausnahmen abgesehen, hat das Tauon die gleichen Eigenschaften wie das Elektron und das Müon. Der eine Unterschied besteht in der Masse. Das Tauon ist ein superschweres Elektron, das etwa 3500mal so schwer wie ein Elektron und beinahe 17mal so schwer wie ein Müon ist. Es wiegt beinahe doppelt so viel wie ein Neutron oder Proton. Sein Verhalten kennzeichnet es dennoch eindeutig als Lepton, auch wenn diese Bezeichnung hauptsächlich für die weit bekannteren Teilchen mit geringer oder überhaupt keiner Masse verwendet wird. (Es klingt vielleicht verwirrend und scheint mit dem gesunden Menschenverstand nicht vereinbar, wenn eine Bezeichnung, die etwas Kleines impliziert, hier auf ein sehr schweres Teilchen angewendet wird, aber bedenken Sie einmal die folgende Analogie. Reptilien, darunter Krokodile, Anakondas und die ausgestorbenen Dinosaurier, sind *viel* größer als Insekten, wenn man die beiden Gruppen insgesamt betrachtet. Es gibt aber faustgroße Goliathkäfer und zugleich Eidechsen, die so klein sind, daß sie auf Ihre Fingerspitze passen; trotzdem ist der Goliathkäfer ein Insekt und die Eidechse ein Reptil.)
Das zweite Unterscheidungsmerkmal des Tauons ist seine Instabilität. Es ist viel weniger stabil als das Müon, denn es zerfällt in gerade einer Fünfbillionstelsekunde. Dabei wird

es zu einem Müon, das sich wiederum in ein Elektron umwandelt.

Wir können uns vorstellen, daß das Tauon aus einem Energiezuwachs hervorgeht, der es den Massenabhang viel weiter nach oben treibt. Es erreicht einen weit höheren und viel schmaleren Absatz als das Müon. Das Tauon bleibt nur einen winzigen Augenblick auf dem Absatz, bevor es herunterfällt. Können wir also erwarten, auf weitere Leptonen zu stoßen, die noch schwerer und instabiler als das Tauon sind? Gibt es an unserem allegorischen Hang eine unendliche Zahl von Absätzen, von denen jeder noch höher und schmaler als der vorhergehende ist?

Anscheinend nicht. Auf der Grundlage einiger neuerer, ziemlich komplizierter Beobachtungen nehmen die Physiker nun an, daß bei drei die Grenze liegt und mittlerweile alle Leptonen entdeckt worden sind.

Falls tauonische Atome überhaupt existieren, sind sie kleiner als müonische Atome und lassen sich deshalb noch leichter verschmelzen. Aber vielleicht erkennen sie inzwischen den Haken an der Sache. Diese schweren Leptonen sind bei weitem zu instabil, um einen praktikablen Weg für die Kernfusion zu eröffnen. Bevor man viel mit ihnen anstellen könnte, wären sie schon wieder verschwunden.

Neutrino-Varianten

Befassen wir uns etwas genauer mit dem Zerfall des Müons, denn es gibt hier ein Problem, das mit den Erhaltungssätzen zu tun hat. Nehmen wir an, das Müon zerfällt zu einem Elektron und einem Antineutrino. Dabei bleiben die elektrische Ladung und der Impuls erhalten, *nicht* jedoch der Drehimpuls. Das Müon hat einen Spin von $+^1/_2$ oder $-^1/_2$, was auch für das Elektron und das Antineutrino gilt. Ein Elektron und ein Antineutrino besitzen zusammen einen Spin von +1, 0 oder 1, je nach dem Vorzeichen ihrer Spins. Die beiden können also keinen Gesamtspin $+{}^{1}/_{2}$ oder $-{}^{1}/_{2}$ haben.

Warum scheint der Müonenzerfall – ganz im Gegensatz zum Neutronenzerfall – den Satz von der Erhaltung des Drehimpulses selbst dann zu verletzen, wenn man das Antineutrino berücksichtigt? Weil das Neutron in *drei* Teilchen zerfällt – ein Proton, ein Elektron und ein Antineutrino – und sich drei halbzahlige Werte wiederum zu einem halben Wert addieren können. Der Müonenzerfall, wie wir ihn bisher beschrieben haben, erzeugt nur zwei Teilchen – ein Elektron und ein Antineutrino –, und zwei halbzahlige Werte können sich nur zu einer ganzen, nie zu einer halben Zahl addieren. Mit anderen Worten: Wir müssen annehmen, daß das Müon bei seinem Zerfall ebenfalls drei Teilchen erzeugt – ein Elektron und vielleicht *zwei* Antineutrinos.

Leider bedeutet das nicht zwangsläufig, daß die Erhaltungssätze damit gerettet wären. Das Müon hat die Leptonenzahl +1. Das Elektron und das Antineutrino besitzen jedes die Leptonenzahl +1, so daß man am Anfang +1 und am Ende +2 hat, was gegen die Erhaltung der Leptonenzahl verstößt. Wenn wir ein zweites Antineutrino hinzufügen, beginnen wir mit +1 und enden mit +3, was noch schlimmer ist. Doch nehmen wir an, das Müon zerfällt zu einem Elektron, einem Neutrino und einem Antineutrino. Da das Neutrino die Leptonenzahl –1 besitzt, haben die drei erzeugten Teilchen die Leptonenzahlen +1, +1 und –1, was zusammen +1 ergibt und der Leptonenzahl des ursprünglichen Müons entspricht. Wenn man also davon ausgeht, daß ein Müon bei seinem Zerfall zu einem Elektron sowohl ein Antineutrino als auch ein Neutrino produziert, wird keiner der Erhaltungssätze angetastet.

Ein Happy-End? Ja, wenn man von einem kleinen Punkt absieht. Bei allen neutrinoproduzierenden Wechselwirkungen, die die Physiker bis zur Entdeckung des Müons beobachtet hatten, wurde *entweder* ein Neutrino *oder* ein Antineutrino erzeugt. Das Eigenartige am Müonenzerfall ist, daß dabei *sowohl* ein Neutrino *als auch* ein Antineutrino entstehen.
Gibt es möglicherweise zwei Arten von Neutrinos? Wird das eine vielleicht nur von Elektronen und das andere nur von Müonen erzeugt, so daß man von einem Elektronen-Neutrino (bzw. -Antineutrino) und einem Müonen-Neutrino (bzw. -Antineutrino) sprechen kann? Ist es möglich, daß beim Zerfall eines Müons zu einem Elektron sowohl das Müon als auch das Elektron eine Spielart des Neutrinos erzeugen und dies der Grund dafür ist, daß am Müonenzerfall zwei Neutrinos beteiligt sind? Man bezeichnet dies als Zwei-Neutrino-Problem.
Wenn ein Elektronen-Neutrino und ein Müonen-Neutrino verschieden sind, muß dies an einem Unterschied zwischen ihren Eigenschaften liegen – aber die Physiker konnten noch keinen finden. Die Untersuchung der von Müonen erzeugten Neutrinos ist sogar noch schwieriger als die Untersuchung der von Elektronen erzeugten Neutrinos, aber soweit man dies schon beurteilen kann, sind die beiden Arten von Neutrinos identisch. Beide haben keine Ladung, keine Masse, einen Spin $+^1/_2$ oder $-^1/_2$ usw.
Ist die Frage damit erledigt? Natürlich nicht. Es könnte gut sein, daß es einen Unterschied in einem Punkt gibt, an den noch kein Wissenschaftler gedacht hat und den folglich auch noch kein Wissenschaftler je zu messen versuchte – angenommen, man hat überhaupt die erforderlichen Instrumente dazu.
Wenn sich aber kein Unterschied direkt feststellen läßt, kann man ihn vielleicht mittelbar entdecken, indem man

den Teilchen selbst die Beurteilung überläßt. Nehmen wir beispielsweise an, daß ein von einem Elektron erzeugtes Antineutrino ein von einem Müon erzeugtes Neutrino trifft. Falls die beiden in allen Punkten identisch sind, außer daß sie Spiegelbilder voneinander sind, sollten sie sich gegenseitig vernichten und dabei einen winzigen Energieimpuls erzeugen. Wenn sie sich, abgesehen von ihrer Spiegelbildlichkeit, aber in *irgendeinem* Punkt unterscheiden, dürften sie sich *nicht* gegenseitig vernichten. Falls die Vernichtung ausbleibt, erkennen die Teilchen einen Unterschied zwischen sich, und das reicht aus. Ihr Urteil gilt, auch wenn wir nicht wissen, wie der Unterschied beschaffen ist.

Neutrinos sind aber unendlich winzige, reaktionslose Teilchen; die Wahrscheinlichkeit, daß sich zwei von ihnen treffen, ist deshalb praktisch gleich null. Selbst wenn sie es täten, dürfte die erzeugte Energie wohl zu klein sein, als daß wir sie beobachten könnten. Es gibt jedoch einen anderen Weg, um Neutrinos dazu zu bringen, ihr Wesen zu offenbaren. Wenn ein Elektron nur Elektronen-Neutrinos und ein Müon nur Müonen-Neutrinos hervorbringt und anschließend die Wechselwirkungen umgekehrt werden, sollte das Elektronen-Neutrino nur Elektronen und das Müonen-Neutrino nur Müonen produzieren. Falls die beiden Neutrinos jedoch wirklich identisch sind, sollten sie auch gleich viele Elektronen und Müonen erzeugen.

Ein solches Experiment wurde 1961 von einer Gruppe von Wissenschaftlern unter der Leitung des amerikanischen Physikers Leon Max Lederman (geb. 1922) durchgeführt. Die Forscher begannen damit, energiereiche Protonen in ein Target aus dem Metall Beryllium zu schießen. Dabei entstand eine riesige Zahl von Teilchen; darunter befanden sich auch energiereiche Müonen, die bei ihrem Zerfall energiereiche Müonen-Neutrinos erzeugten. Dieses ganze Teilchengemisch wurde anschließend auf einen 12 m starken Stahlblock gelenkt, der alle Teilchen bis auf die Neutrinos (die alles durchdringen können) absorbierte. Auf der anderen Seite des Stahls erreichte der Strom der energiereichen Müonen-Neutrinos eine Vorrichtung, die Zusammenstöße zwischen Neutrinos registrieren konnte. Natürlich gab es nicht viele davon, aber über einen Zeitraum von acht Monaten wurden 56 dieser Kollisionen aufgezeichnet, bei denen jeweils ein Müon entstand.

Dies war der Beweis, daß ein Müonen-Neutrino *kein* Elektron erzeugen konnte und sich deshalb auf eine bestimmte Weise (ob wir diese nun kannten oder nicht) von einem Elektronen-Neutrino unterschied. Für diese Arbeit erhielt Lederman 1988 den Nobelpreis.

Aus der Arbeit Ledermans ergab sich, daß die Erhaltung der Leptonenzahl etwas komplizierter ist, als man geglaubt hatte. Es gibt eine Erhaltung der Elektronenzahl und davon unabhängig eine Erhaltung der Müonenzahl. So besitzt ein Elektron eine Elektronenzahl +1, ein Positron –1. Ein Elektronen-Neutrino hat eine Elektronenzahl +1, ein Elektronen-Antineutrino –1. Alle vier besitzen die Müonenzahl 0. In gleicher Weise hat ein Müon eine Müonenzahl +1, ein Antimüon –1. Ein Müonen-Neutrino hat eine Müonenzahl +1, ein Müonen-Antineutrino –1. Alle vier besitzen die Elektronenzahl 0.

Wenn ein Müon mit der Müonenzahl +1 und der Elektronenzahl 0 zerfällt, bildet es ein Elektron (Elektronenzahl +1, Müonenzahl 0), ein Elektronen-Antineutrino (Elektronenzahl –1, Müonenzahl 0, und ein Müonen-Neutrino (Elektronenzahl 0, Müonenzahl +1). Alle drei Zerfallsteilchen zusammengenommen haben die Müonenzahl +1 und die Elektronenzahl 0, was auch für das ursprüngliche Müon gilt. Bei dem Zerfall wird damit sowohl die Elektronen- als auch die Müonenzahl erhalten.

Das Tauon erzeugt ebenfalls ein Neutrino, das man bislang wenig untersucht hat. Die Physiker schreiben ihm zwar alle bekannten Eigenschaften der anderen beiden Neutrinos zu, glauben aber, daß es sich trotzdem irgendwie von ihnen unterscheidet. Die Annahme erscheint unvermeidlich, daß es auch so etwas wie eine Erhaltung einer Tauonenzahl gibt.

Die Physiker sprechen inzwischen von drei »Geschmacksrichtungen« (engl. *flavors*) von Leptonen. Dabei handelt es sich 1) um das Elektron und das Elektronen-Neutrino, 2) um das Müon und das Müonen-Neutrino und 3) um das Tauon und das Tauonen-Neutrino. Entsprechend gibt es auch drei Flavors von Antileptonen: 1) das Antielektron (Positron) und das Elektronen-Neutrino, 2) das Antimüon und das Müonen-Antineutrino und 3) das Antitauon und das Tauonen-Antineutrino. (Der Begriff »Geschmack« ist in gewisser Hinsicht unglücklich gewählt. Er wird normalerweise verwendet, um Dinge mit Hilfe des Geschmackssinns zu unterscheiden, wie etwa verschiedene Eissorten. Es stimmt nicht ganz, wenn man bei wissenschaftlichen Laien den Eindruck erweckt, es handle sich bei den Unterschieden zwischen Elementarteilchen nicht um absolute und meßbare Unterschiede, sondern um fließende »Schattierungen«. Doch Wissenschaftler sind auch nur Menschen und greifen mitunter zu einem dramatischen oder sogar humorvollen Ausdruck.)

Damit gibt es insgesamt zwölf Leptonen und Antileptonen. Sie sind Elementarteilchen (jedenfalls gelten sie derzeit als solche), weil sie nicht spontan zu noch einfacheren Teilchen zerfallen. Das Tauon und das Müon zerfallen zu Elektronen, während das Antitauon und das Antimüon zu

Positronen zerfallen. Das Elektron, das Positron, die drei Neutrinos und die drei Antineutrinos zerfallen anscheinend überhaupt nicht.

Warum gibt es zwölf Leptonen, wenn doch im Universum anscheinend nur Elektronen und Elektronen-Neutrinos in größerer Zahl vorhanden sind? Elektronen-Antineutrinos entstehen nur bei radioaktiven Umwandlungen, die im Universum als Ganzem nur selten vorkommen. Positronen entstehen bei einigen radioaktiven Umwandlungen, aber noch seltener als Elektronen-Antineutrinos. Die schwereren Leptonen und ihre Neutrinos werden, soweit wir wissen, nur im Labor erzeugt, beispielsweise durch den Beschuß mit kosmischer Strahlung.

Warum kommt das Universum dann nicht einfach mit Elektronen und Elektronen-Antineutrinos aus? Warum wird alles unnötig verkompliziert? Weil – sagt mir mein Instinkt – diese Komplikationen nicht überflüssig sind. Das Universum ist so aufgebaut, daß jede Wechselwirkung eine bestimmte Aufgabe zu erfüllen hat. Wir erkennen vielleicht nicht, war für eine Funktion das Tauon hat, aber ich habe das starke Gefühl, daß die Existenz von allem, was unser Universum in Gang hält, auch wirklich notwendig ist; ohne das Tauon wäre das Universum nicht das Universum, in dem wir leben, und vielleicht könnte es nicht einmal existieren.

10. Wechselwirkungen

Die starke Wechselwirkung

Stellen wir die Leptonen einmal zurück und fragen nach den Baryonen. Was ist mit diesen Teilchen, aus denen sich der Atomkern zusammensetzt? Zu einem echten Problem wurden sie, sobald man das Neutron entdeckte und das Proton-Neutron-Modell des Kerns entwickelte. Die »Kernfrage« dabei lautet: Was hält den Kern zusammen?

Bis 1935 kannte man nur zwei Wechselwirkungen, die Dinge zusammenhalten konnten: die Gravitationswechselwirkung und die elektromagnetische Wechselwirkung. Die erstere war aber so schwach, daß man sie im Bereich der Teilchenphysik völlig ignorieren konnte. Sie macht sich erst dann deutlich bemerkbar, wenn sich eine große Masse angehäuft hat. Auf der Ebene von Satelliten, Planeten, Sternen und Galaxien ist sie zwar wichtig, nicht aber da, wo es um Atome und Elementarteilchen geht.

Damit blieb noch die elektromagnetische Wechselwirkung. Die elektromagnetische Anziehung zwischen positiven und negativen elektrischen Ladungen kann perfekt erklären, wie Moleküle in Kristallen, Atome in Molekülen sowie Elektronen und Kerne in Atomen zusammengehalten werden, aber als die Physiker bis zum Atomkern vordrangen, stießen sie auf ein Problem.

Solange sie glaubten, daß Atomkerne aus Protonen und

Elektronen bestanden, erschien alles ganz einfach. Die Protonen und Elektronen zogen sich gegenseitig stark an; je stärker, desto dichter waren sie beieinander. Im Kern berührten sie sich praktisch. Die Protonen standen ebenfalls so gut wie in Berührung miteinander, genauso wie auch die Elektronen. Zwischen Objekten mit der gleichen elektrischen Ladung bestand eine Abstoßung, die genauso stark wie die Anziehung zwischen Objekten mit gegensätzlicher Ladung war.

Man konnte also erwarten, daß sich im Kern sowohl die Protonen als auch die Elektronen gegenseitig abstießen, aber vermutlich waren sie miteinander vermischt und so angeordnet, daß die Anziehung wirksamer als die Abstoßung war. Das galt für Kristalle, die oft aus einer Mischung positiv und negativ geladener Ionen aufgebaut sind. In ihnen sind die gegensätzlichen Ladungen so verteilt, daß die Anziehungskräfte die Abstoßungskräfte überwiegen und die Kristalle zusammenhalten. Kurz gesagt: Die Elektronen im Kern wirken als eine Art Zement für die Protonen und umgekehrt. Durch die Wirkung der beiden Zementkomponenten hält der Kern zusammen.

Der Charakter des Kernspins und die Notwendigkeit der Erhaltung des Drehimpulses ließen allerdings ernste Zweifel an der Gültigkeit des Proton-Elektron-Modells der Kernstruktur aufkommen. Durch die Entdeckung des Neutrons wurde rasch deutlich, daß man eine Proton-Neutron-Struktur annehmen mußte, um alle Schwierigkeiten mit der Proton-Elektron-Struktur auszuräumen – mit einer Ausnahme. Der Zement war verschwunden.

Wenn man nur die elektromagnetische Wechselwirkung betrachtet, ist die einzige Kraft, die sich in einem Proton-Neutron-Kern bemerkbar machen könnte, die extrem starke Abstoßung der Protonen untereinander. Die elektrisch ungeladenen Neutronen können die Protonen weder anziehen noch abstoßen und stehen sozusagen nur unbeteiligt herum. Die starke Abstoßung zwischen den Protonen müßte eigentlich ausreichen, den Kern auf der Stelle in einzelne Protonen auseinanderbersten zu lassen.

Dazu kommt es aber nicht. Der Atomkern bleibt ruhig an seinem Platz, ist recht stabil und zeigt keinerlei Anzeichen einer sich gegenseitig vernichtenden Abstoßung zwischen den Protonen. Selbst bei den radioaktiven Kernen finden Explosionen nur in einem eng begrenzten Rahmen statt: wenn ein Proton zu einem Neutron wird (oder umgekehrt) und dabei ein Zwei-Proton- bzw. ein Zwei-Neutron-Alphateilchen frei wird oder wenn der Kern im Extremfall in zwei Hälften zerbricht. All dies geht relativ langsam, manchmal sogar außerordentlich langsam vor sich. *Nie* explodiert ein Atomkern augenblicklich in einzelne Protonen.

Die naheliegende Schlußfolgerung lautet, daß hier eine Wechselwirkung im Spiel sein muß, die weder mit der Gravitation zu tun hat noch elektromagnetisch ist – eine Wechselwirkung, die sich der Mensch niemals vorgestellt, geschweige denn untersucht hat –, und daß diese Wechselwirkung den Kern zusammenhält. Man könnte sie als nukleare Wechselwirkung bezeichnen.

Die nukleare Wechselwirkung, wie immer sie beschaffen ist, muß eine starke Anziehungskraft ausüben, weit stärker als die Abstoßungskraft, die durch die positiven Ladungen der verschiedenen Protonen erzeugt wird. Wie man später herausfand, produziert die nukleare Wechselwirkung tatsächlich eine Anziehungskraft, die über 100mal so stark wie die der elektromagnetischen Wechselwirkung ist. Damit handelt es sich in der Tat um die stärkste bekannte Kraft zwischen Elementarteilchen (und – wie man glaubt – auch um die stärkstmögliche Kraft überhaupt). Aus diesem

Grund wird sie normalerweise als starke Wechselwirkung bezeichnet. Aber was ist die starke Wechselwirkung? Wie funktioniert sie?

Der erste, der sich mit der starken Wechselwirkung beschäftigte, war Heisenberg, der 1932 das Proton-Neutron-Modell des Atomkerns vorgestellt hatte. Das ist keine große Überraschung. Wenn ein Wissenschaftler eine verblüffende Theorie entwickelt, die eine Vielzahl von Problemen löst, in der aber noch eine Lücke klafft, so wird er auf jeden Fall sein Bestes tun, dieses Loch zu stopfen. Schließlich ist es ja seine Theorie.

Heisenberg entwickelte die Theorie der Austauschkräfte. Das ist etwas, das die klassische Physik – die Art von Physik, die vor der Quantenmechanik betrieben wurde – nicht handhaben oder verstehen konnte. Wenn man jedoch die Quantenmechanik anwendet, erkennt man, daß Austauschkräfte denkbar und effektiv sind.

Um es ohne Mathematik zu erklären: Man kann sich vorstellen, daß Protonen und Neutronen ständig etwas austauschen, sagen wir (wie Heisenberg zunächst annahm) elektrische Ladung. Das bedeutet, daß die in einem Kern vorhandenen positiven elektrischen Ladungen ständig von einem positiv geladenen Teilchen auf ein ungeladenes Teilchen übertragen werden. Das wiederum heißt, daß jedes Baryon in ungeheuer raschem Wechsel zu einem Proton und dann wieder zu einem Neutron wird. Kein Proton kann die Abstoßung empfinden, denn noch bevor es darauf reagieren kann, ist es bereits ein Neutron. (Ganz ähnlich verhält es sich, wenn man eine heiße Kartoffel von einer Hand in die andere fallen läßt, um sich nicht zu verbrennen.)

Eine solche Austauschkraft würde eine starke Anziehung ergeben und den Kern zusammenhalten; bei näherer Betrachtung erwies sich Heisenbergs Theorie aber leider als unhaltbar. Daraufhin nahm sich der japanische Physiker Hideki Yukawa (1907–1981) des Problems an. Es schien ihm, als müßten die Austauschkräfte, wenn sie im Atomkern für die starke Wechselwirkung arbeiteten, für alle Wechselwirkungen zuständig sein. Als er die Quantenmechanik auf die elektromagnetische Wechselwirkung anwandte, kam es ihm vor, als würde ein ganz bestimmtes Teilchen ausgetauscht: das Photon. Der kontinuierliche und extrem rasche Austausch von Photonen zwischen zwei beliebigen elektrisch geladenen Teilchen war für die elektromagnetische Wechselwirkung verantwortlich. Zwischen Teilchen mit der gleichen Ladung erzeugte der Austausch eine Abstoßung, zwischen Teilchen mit entgegengesetzter Ladung eine Anziehung.

Zwischen zwei Teilchen mit Masse fand auch in rascher Abfolge ein Austausch von Gravitonen statt. (Diese Teilchen sind noch nie entdeckt worden, weil sie so energiearm sind, daß derzeit kein Gerät empfindlich genug ist, um sie eindeutig nachzuweisen; an ihrer Existenz zweifelt jedoch kein Physiker mehr.) Da es nur eine einzige Art von Masse zu geben scheint, erzeugt die Gravitationswechselwirkung auch nur eine Anziehung.

Im Inneren des Kerns mußte es damit ein weiteres Austauschteilchen geben, das unablässig zwischen den Protonen und den Neutronen hin- und herjagt. Hier ergab sich aber ein Unterschied. Sowohl die elektromagnetische als auch die Gravitationswechselwirkung sind Fernwirkungen, deren Stärke mit der Entfernung nur langsam abnimmt. Die Wirkung des Elektromagnetismus, der sowohl Anziehung als auch Abstoßung besitzt, wird gedämpft, aber wir können deutlich erkennen, was dies im Zusammenhang mit der Massenanziehungskraft (Gravitation) bedeutet, wo die Massen riesig sein können und es *nur* Anziehung gibt. Die Erde hat den Mond sogar auf eine Entfernung von fast 400 000 km fest im Griff. Die Sonne hält die Erde über eine Entfernung von 150 000 000 km hinweg fest. Sterne in Galaxien und Galaxien in Nebelhaufen halten über eine Entfernung von Tausenden und sogar Millionen Lichtjahren zusammen.

Die starke Wechselwirkung jedoch nimmt bei zunehmender Entfernung *viel* schneller ab als die Gravitation oder der Magnetismus. Bei doppelter Entfernung verringert sich die Stärke der beiden letztgenannten Wechselwirkungen auf ein Viertel, während die Intensität der starken Wechselwirkung auf weniger als ein Prozent absinkt. Das bedeutet, daß die starke Wechselwirkung tatsächlich eine sehr kurze Reichweite hat und nur in der unmittelbaren Umgebung des sie erzeugenden Teilchens deutlich spürbar wird.

Die effektive Reichweite der starken Wechselwirkung beträgt lediglich einen billionstel Millimeter oder ungefähr $^1/_{100\,000}$ des Durchmessers eines Atoms. Nur wenn Protonen und Neutronen in engem Kontakt bleiben, können sie die Anziehung der starken Wechselwirkung verspüren. Aus diesem Grund sind die Atomkerne auch so klein. Sie sind gerade groß genug, um in den Einflußbereich dieser starken Kraft zu kommen. Die größten bekannten Atomkerne sind tatsächlich so groß, daß die starke Wechselwirkung Probleme hat, sich über die notwendige Entfernung zu erstrecken; bei diesen Kernen besteht daher eine Neigung, sich gelegentlich zu spalten.

Bedingt durch diesen Unterschied in der Reichweite, gehören nur die Gravitationswechselwirkung und die elektromagnetische Wechselwirkung zum alltäglichen Erfahrungsbereich des Menschen. Die erstere ist seit den frühesten Anfängen der menschlichen Intelligenz bekannt, die letzte-

re seit der Zeit der alten Griechen. Die starke Wechselwirkung jedoch, die sich nur über nukleare Entfernungen hinweg bemerkbar macht, wurde erst erfahren, als man den Atomkern entdeckte und seinen Aufbau verstand – d.h. in den 30er Jahren unseres Jahrhunderts.
Aber was ist der Grund für diese unterschiedliche Reichweite? Aus quantenmechanischen Überlegungen heraus schien es Yukawa, als brauche eine fernwirkende Wechselwirkung ein masseloses Austauschteilchen. Da das Photon und das Graviton, die beide masselos sind, über fernwirkende elektromagnetische und Gravitationskräfte verfügen, muß die starke Wechselwirkung ein Austauschteilchen mit Masse besitzen, weil sie über eine sehr geringe Reichweite hinweg wirkt. Tatsächlich berechnete Yukawa, das Austauschteilchen müsse etwa die 200fache Masse des Elektrons besitzen.
Damals waren keine Teilchen mit einer Masse in dieser Größenordnung bekannt, was Yukawa das bedrückende Gefühl gab, daß seine Theorie falsch sei. 1935 veröffentlichte er sie trotzdem. Nur kurze Zeit später entdeckte Anderson das Müon, und es hatte genau die Masse, die Yukawa für sein Austauschteilchen der starken Wechselwirkung berechnet hatte. Natürlich glaubte jedermann, man habe das Austauschteilchen entdeckt. Das Interesse an Yukawas Theorie flammte auf.
Aber schon bald erlosch es wieder. Das Müon zeigte keine Neigung, mit Protonen und Neutronen in Wechselwirkung zu treten, und kam deshalb als Austauschteilchen *nicht* in Frage. Es war einfach der starken Wechselwirkung nicht unterworfen. Darin lag auch der Hauptgrund, warum man es zu den Leptonen zählte. Kein Lepton ist der starken Wechselwirkung unterworfen. Sobald man das Müon schlicht und einfach als schweres Elektron identifiziert hat-

te, war klar, daß es genausowenig das Austauschteilchen sein konnte wie das Elektron.
Die Enttäuschung hielt nicht lange an. Der britische Physiker Cecil Frank Powell (1903–1969) untersuchte die Wirkung von kosmischer Strahlung auf die Atome und Moleküle in der Atmosphäre. Ähnlich wie Anderson ging auch er zu diesem Zweck ins Gebirge. In den bolivianischen Anden z.B. befand er sich hoch genug, daß die Intensität der kosmischen Strahlung (die aus dem Weltraum kam und nicht von den untersten Schichten der Erdatmosphäre geschluckt wurde) zehnmal höher war als auf Meereshöhe. Da die von Powell hierfür selbst entwickelten Spezialinstrumente empfindlicher als die von Anderson waren, entdeckte er 1947 die gekrümmten Bahnen mittelschwerer Teilchen.
Anhand der Krümmung schätzte man, daß das Teilchen etwa 273mal so schwer war wie ein Elektron (nahe an der Vorhersage Yukawas) und damit um ein Drittel schwerer als ein Müon. Zudem war das neue Teilchen ungefähr ebenso instabil wie das Müon, denn es zerfiel durchschnittlich in etwa $^{1}/_{400\,000}$ Sekunde.
Diese Ähnlichkeiten waren aber rein zufällig, denn zwischen den Teilchen bestand ein grundlegender Unterschied. Powells Teilchen war *kein* Lepton. Es war der starken Wechselwirkung unterworfen und trat mit Protonen und Neutronen bereitwillig in Wechselwirkung. Damit war das Austauschteilchen gefunden, das Yukawa vorausgesagt hatte.
Das neue Teilchen wurde Pi-Meson genannt (der griechische Buchstabe *pi* entspricht unserem *p* und dürfte, so vermute ich, für Powell stehen). Es war das erste einer neuen Klasse von Teilchen, die alle der starken Wechselwirkung unterworfen sind und als Mesonen bezeichnet wer-

den. (Ursprünglich erhielt das Müon diese Bezeichnung; sie wurde aber wieder zurückgenommen, weil es sich später als Lepton herausstellte.) Obwohl das Pi-Meson die Bezeichnung Meson zu Recht trägt, wird es der Einfachheit halber häufig zu Pion verkürzt.

Es gibt natürlich sowohl ein positiv geladenes Pion, dessen Ladung genau einem Proton oder einem Positron entspricht, als auch ein Antipion, dessen Ladung genau einem Antiproton oder einem Elektron entspricht. Das Pion zerfällt zu einem Müon und einem Müonen-Antineutrino, das Antipion zu einem Antimüon und einem Müonen-Neutrino. Dabei bleibt die Müonenzahl erhalten, weil das Müon und das Müonen-Antineutrino die Müonenzahl +1 bzw. –1 haben, während die Müonenzahl des Antimüons und des Müonen-Neutrinos –1 bzw. +1 ist. Da die Pionen die Müonenzahl 0 haben, ist die Müonenzahl vor und nach dem Zerfall 0.

Darüber hinaus existiert auch ein neutrales Pion, das ohne elektrische Ladung, das nur $^{29}/_{30}$ der Masse der geladenen Pionen besitzt. Es ist weniger stabil als die geladenen Pionen, hat eine durchschnittliche Lebensdauer von nur ungefähr einer millionstel Milliardstelsekunde und zerfällt in zwei Gammastrahlen. Das neutrale Pion ist eines der wenigen Teilchen, das ähnlich wie das Photon und das Graviton kein Antiteilchen besitzt oder – andersherum betrachtet – als sein eigenes Antiteilchen fungiert.

Mesonen haben übrigens einen Spin 0 und sind deshalb keine Fermionen; es gibt keinen Satz von der Erhaltung der Mesonenzahl. Mesonen können beliebig auftauchen und wieder verschwinden.

Aufgrund der Entdeckung der starken Wechselwirkung wurde Yukawa 1949 und Powell 1950 ein Nobelpreis verliehen.

Die schwache Wechselwirkung

Die Entdeckung der starken Wechselwirkung war zwar äußerst dramatisch, sie war jedoch nicht die erste »neue« Wechselwirkung, auf die man in den 30er Jahren gestoßen war. 1933 interessierte sich Fermi, der später (und zwar mit äußerst bedeutsamen Folgen) Uran mit Neutronen beschießen sollte, für Diracs Arbeit mit der elektromagnetischen Wechselwirkung. Bei dem Versuch, die Emission von Photonen bei der elektromagnetischen Wechselwirkung zu beschreiben, kam ihm der Gedanke an Antimaterie.

Fermi hatte den Einfall, man könnte die Emission von Elektronen und Neutrinos durch Neutronen vielleicht mathematisch genauso behandeln wie die Photonenemission durch Teilchen. Er kam zu dem Schluß, daß die Mathematik zwar funktionierte, aber auf eine Wechselwirkung hindeutete, die sich stark von der elektromagnetischen Wechselwirkung unterschied, die die Abgabe von Photonen regelte. Diese neue Wechselwirkung, die zunächst als Fermi-Wechselwirkung bezeichnet wurde, hatte nur ungefähr ein Hundertmilliardstel der Stärke der elektromagnetischen Wechselwirkung. (Das war weniger als ein Zehnbillionstel der Intensität der später entdeckten starken Wechselwirkung.)

Die Fermi-Wechselwirkung war von sehr geringer Reichweite; sie wirkte sich nur über Entfernungen aus, die einem Tausendstel des Durchmessers eines Atomkerns entsprachen. Im Kern spielte sie deshalb keine nennenswerte Rolle, aber sie war im Zusammenhang mit einzelnen Teilchen von Bedeutung. Es handelte sich bei ihr um eine zweite nukleare Wechselwirkung (in dem Sinne, daß sie eine zweite Wechselwirkung mit geringer Reichweite war, an der nur Elementarteilchen beteiligt waren). Nachdem Yukawas

Theorie allgemein anerkannt worden war, sprach man von der starken nuklearen Wechselwirkung und der schwachen nuklearen Wechselwirkung, wobei letztere die frühere Fermi-Wechselwirkung ersetzte.

Später ließ man aber, vermutlich im Interesse einer größeren sprachlichen Ökonomie, »nuklear« weg und sprach nur noch von der starken bzw. schwachen Wechselwirkung. (Letzteres ist nach meinem Empfinden nicht ganz zutreffend, denn auch wenn die schwache Wechselwirkung weit schwächer als die starke und die elektromagnetische Wechselwirkung ist, so ist sie doch zehntausend Billionen Billionen Male so stark wie die Gravitationswechselwirkung. Diese hat ein Anrecht auf die Bezeichnung »schwach«.

Und doch könnte ich mich darin täuschen. Da wir mit der Gravitationswechselwirkung nur im Zusammenhang mit der gewaltigen Masse der Erde und anderer Himmelskörper vertraut sind, können wir die Gravitation ausschließlich im subatomaren Bereich als schwach betrachten. Wir müssen nur zu Boden fallen, um im Zusammenhang mit der Massenanziehung das »schwach« aus unserer Vorstellung zu streichen. Wenn genügend Masse auf engstem Raum angehäuft und zusammengepreßt ist, übertrifft die Gravitationskraft an Stärke alles, was man sich vorstellen kann – und nicht einmal die starke Wechselwirkung könnte es mit ihr aufnehmen. Wenn wir unsere alte Sichtweise aufgeben, ist die schwache Wechselwirkung die schwächste von allen, jedenfalls in der Form, in der wir mit ihr normalerweise konfrontiert sind – so daß der Name vielleicht doch nicht so schlecht gewählt ist.)

Verschiedene Einzelteilchen machen Umwandlungen durch, wie etwa Zerfall oder Wechselwirkungen miteinander, die durch die starke Wechselwirkung vermittelt werden. Bei anderen dagegen bedienen sich die Umwandlungen der schwachen Wechselwirkung. Natürlich laufen die von der starken Wechselwirkung vermittelten Vorgänge viel schneller als bei der schwachen Wechselwirkung ab, genau wie ein Baseball viel schneller fliegt, wenn er von einem Spieler aus der obersten Spielklasse und nicht von einem fünfjährigen Kind geworfen wird.

Generell dauern von der schwachen Wechselwirkung vermittelte Vorgänge etwa eine Millionstelsekunde, während die der starken Wechselwirkung in weniger als einer Billionstelsekunde, ja manchmal sogar in nur ein paar Billionstel einer Billionstelsekunde ablaufen.

Sowohl Baryonen als auch Mesonen können entweder auf die starke oder auf die schwache Wechselwirkung ansprechen, Leptonen reagieren dagegen nur auf die schwache Wechselwirkung. (Baryonen, Mesonen und Leptonen können alle nur dann auf die elektromagnetische Wechselwirkung ansprechen, wenn sie elektrisch geladen sind. Neutronen, neutrale Pionen und Neutrinos reagieren *nicht* auf die elektromagnetische Wechselwirkung.) Aus diesem Grund erscheinen Vorgänge, an denen Leptonen beteiligt sind – etwa der Zerfall eines Pions zu einem Müon, der Zerfall eines Müons zu einem Elektron oder die radioaktive Erzeugung von Betateilchen – auf der subatomaren Skala wie in Zeitlupe. Das neutrale Pion, das nicht zu Müonen zerfällt, wird von der starken Wechselwirkung beeinflußt und zerfällt daher viel schneller als die geladenen Pionen.

Die schwache Wechselwirkung unterscheidet sich von den anderen dreien dadurch, daß sie allein nichts mit einer offensichtlichen Anziehungskraft zu tun hat. Die Gravitationswechselwirkung hält astronomische Körper zusammen und ermöglicht dadurch die Existenz des Sonnensystems. Die elektromagnetische Wechselwirkung hält Atome und Moleküle zusammen und ermöglicht dadurch die

Existenz der Erde. Die starke Wechselwirkung hält Baryonen zusammen und ermöglicht dadurch die Existenz von Atomen.

Die schwache Wechselwirkung hält nichts zusammen. Sie vermittelt lediglich die Umwandlung bestimmter Teilchen in andere Teilchen. Doch Geringschätzung ist hier fehl am Platz. Zum einen vermittelt sie die Prozesse, durch die sich Protonen zu Heliumkernen zusammenschließen. Dies ist der Prozeß der Kernverschmelzung, der die Sonne scheinen läßt und Leben auf der Erde erst möglich macht.

Die schwache Wechselwirkung warf jedoch ein Problem auf. Wenn die anderen drei Reaktionen ihre Wirkung durch Austauschteilchen erzielen, braucht auch die schwache Wechselwirkung ein Austauschteilchen. Die schwache Wechselwirkung besitzt eine geringe Reichweite, so daß ihr Austauschteilchen eine Masse besitzen sollte. Da die Reichweite der schwachen beträchtlich geringer als die der starken Wechselwirkung ist, sollte sie ein Austauschteilchen haben, daß bedeutend schwerer als das Pion ist.

Eine erstmals 1967 aufgestellte Theorie (auf die ich noch zu sprechen kommen werde, legte nahe, daß die schwache Wechselwirkung drei Austauschteilchen hat – eines positiv geladen, eines negativ geladen und eines neutral – und daß diese vielleicht 700mal so schwer wie ein Pion und 100mal so schwer wie ein Proton sind.

Die Austauschteilchen wurden als W-Bosonen (oder intermediäre Vektorbosonen) bezeichnet, wobei W für englisch »weak« (schwach) steht. Die elektrisch geladenen Teilchen werden durch W^+ und W^-, das neutrale Teilchen durch Z^0 symbolisiert.

Es war wichtig, diese Austauschteilchen zu finden, und zwar nicht nur, um damit die Sammlung der bereits bekannten Teilchen zu ergänzen, sondern weil ihre Existenz die Theorie bestätigen sollte, die sie vorausgesagt hatte. Sie wäre unumstößlich, wenn die entdeckte Masse tatsächlich so unglaublich groß sein sollte wie vorhergesagt. Wie wir noch sehen werden, war es eine wichtige Theorie, und die Entdeckung der Austauschteilchen war entscheidend für ihre Bedeutung.

Das Problem lag in der gewaltigen Masse der Teilchen. Um nachweisbare Teilchen zu erzeugen, mußte man über entsprechend große Energien verfügen. Erst 1955 war man imstande, ausreichend Energie für die Erzeugung und Entdeckung des Antiprotons zu produzieren. Für die Erzeugung von W-Bosonen war die Konzentration der mindestens hundertfachen Energie notwendig.

Erst in den 80er Jahren wurden Teilchenbeschleuniger entwickelt, die die notwendige Energie liefern konnten. Eine Gruppe amerikanischer Wissenschaftler bei Fermilab in Batavia (Illinois) bemühte sich genauso darum wie eine Gruppe europäischer Wissenschaftler am Europäischen Kernforschungszentrum CERN in der Nähe von Genf.

Den beiden Gruppen stellte sich aber nicht nur das Problem der Energie. Falls die Teilchen auftauchten, würden sie nicht lange genug bestehen, um unmittelbar entdeckt zu werden. Man mußte sie über ihre Zerfallsprodukte (Müonen und Neutrinos) identifizieren, die man unter einer großen Zahl von Teilchen aufspüren mußte, die dabei gleichzeitig entstanden.

Der Wettlauf zwischen den beiden Labors war daher kompliziert. Fermilab hatte Budgetprobleme und war schlechter ausgerüstet. CERN dagegen stand unter der Leitung des wie besessen antreibenden italienischen Physikers Carlo Rubbia (geb. 1934) und gewann.

Rubbia modifizierte vorhandene Geräte im Hinblick auf diese Aufgabe und erhielt 1982 ca. 140 000 Abläufe mit

Teilchen, die möglicherweise zur Erzeugung von W-Bosonen geführt haben mochten. Mit Hilfe von Computern wurden diese auf nur fünf Ereignisse reduziert, die in vier Fällen nur als W^--Bosonen und in einem Fall als W^+-Boson erklärbar waren. Außerdem gelang es, die Energie dieser Teilchen zu messen und daraus ihre Masse zu berechnen; sie lag exakt so hoch, wie von der Theorie vorhergesagt.
Dies wurde am 25. Januar 1983 bekanntgegeben. Rubbia suchte weiter nach dem Z^0-Boson, das um 15 Prozent schwerer als die W-Bosonen und daher schwieriger zu entdecken war. Die Entdeckung gelang im Mai 1983 und wurde im Juni bekanntgegeben. Für diese Arbeit erhielt Rubbia 1984 einen Nobelpreis.
Im Zusammenhang mit dieser Theorie könnte noch ein weiteres Teilchen existieren. Es ist das Higgs-Teilchen, benannt nach dem britischen Physiker Peter Higgs, der als erster seine Existenz postulierte. Die Theorie gibt keinen Aufschluß über seine Masse und seine Eigenschaften. Man vermutet, daß es beträchtlich schwerer als die W-Teilchen ist; niemand ist sich deshalb wirklich sicher, wann es entdeckt werden kann. Es bleibt eine Aufgabe für die Zukunft.

Die elektroschwache Wechselwirkung

Wir haben vier Wechselwirkungen untersucht: In abnehmender Stärke sind dies die starke, die elektromagnetische, die schwache und die Gravitationswechselwirkung. Gibt es noch weitere? Im allgemeinen sind die Wissenschaftler der festen Überzeugung, daß es keine weiteren gibt.
Aber vielleicht sollte man sich dessen nicht so sicher sein.

Schließlich waren noch 1930 nur zwei Wechselwirkungen bekannt, die elektromagnetische und die Gravitationswechselwirkung; dann tauchten die beiden nuklearen Wechselwirkungen auf. Doch die neuen Wechselwirkungen kamen nicht unerwartet. Allein schon die Existenz der Radioaktivität war in dieser Hinsicht beunruhigend, weil offensichtlich weder die Gravitation noch der Elektromagnetismus geeignet waren, sie zu erklären. Sobald man die Struktur des Atomkerns ausgearbeitet hatte, war ein gewaltiges Bedürfnis nach etwas Neuem da.

Die Situation heute ist ganz anders. In dem halben Jahrhundert seit der Entdeckung der beiden nuklearen Wechselwirkungen wurde jede Facette der Teilchenphysik intensiv und mit Instrumenten von zuvor nicht gekannter Stärke und Empfindlichkeit erforscht. Zudem haben die Wissenschaftler die weite Welt um uns herum untersucht und sind in das Weltall mit Instrumenten und Geräten vorgedrungen, von denen man in den 30er Jahren noch nicht einmal zu träumen wagte.

In großer Zahl wurden Entdeckungen gemacht, die niemand hätte vorhersagen können. Es steht auch außer Frage, daß in den letzten fünfzig Jahren im Hinblick auf wissenschaftliche Untersuchungen und Ergebnisse mehr erreicht wurde als in all den Jahrtausenden zuvor.

Und dennoch hat keine dieser wissenschaftlichen Studien im letzten halben Jahrhundert auch nur ein einziges Phänomen – vom Universum bis zum Neutrino – isolieren können, das sich nicht durch eine der vier Wechselwirkungen erklären läßt. Nie hat sich die Notwendigkeit einer fünften Wechselwirkung ergeben. Diese Tatsache ist es auch, die die Wissenschaftler zu der Auffassung veranlaßt, daß es ausschließlich vier Wechselwirkungen gibt.

Zugegeben: In den späten 80er Jahren war eine fünfte

Wechselwirkung im Gespräch. Sie sollte noch schwächer sein als die Gravitation; ihre Reichweite sollte genau zwischen der nuklearen Wechselwirkung und den anderen beiden liegen und sich mit der chemischen Zusammensetzung des beteiligten Materials verändern. Eine Zeitlang wurde durch die Ankündigung einiges Interesse geweckt, aber die Eigenschaften der Wechselwirkungen gaben ein derartig komplexes Bild ab, daß es zumindest mir von Anfang an nicht sehr wahrscheinlich erschien. Das Interesse flaute dann auch schnell wieder ab.

Natürlich bleibt es im Bereich des Möglichen, daß erst noch ein Aspekt des Universums entdeckt wird, der deutlich außerhalb unserer Kenntnis liegt und (wie die Entdeckung der Radioaktivität 1896) völlig überraschend kommt. Eine solche Entdeckung könnte die Entwicklung weiterer Wechselwirkungen notwendig machen, die unter Bedingungen nützlich sind, zu deren Untersuchung es bislang keinen Anlaß gab, doch die Wahrscheinlichkeit dafür ist gering.

Alles in allem lautet die Frage nach der Zahl der Wechselwirkungen also nicht »Warum gibt es nicht mehr Wechselwirkungen?«, sondern »Warum gibt es nicht weniger als vier?«. Die Wissenschaftler haben das bestimmte Gefühl, daß es beim Aufbau des Universums erstens so etwas wie ein Prinzip der Ökonomie gibt, daß zweitens seine Funktionsweise so einfach wie möglich ist und daß drittens zwei Aufgaben nicht durch zwei grundverschiedene Lösungswege erfüllt werden, wenn sie sich auch auf einem einzigen Weg erledigen lassen, der passend auf beide Fälle zugeschnitten werden kann.

Noch 1870 schien es vier verschiedene Phänomene zu geben, die sich durch ein Vakuum ausbreiten konnten: Licht, Elektrizität, Magnetismus und Gravitation. Alle vier erschienen recht unterschiedlich. Trotzdem stellte Maxwell (wie bereits erwähnt) als eine der größten wissenschaftlichen Erkenntnisse aller Zeiten eine Reihe von Gleichungen auf, die sowohl die Elektrizität als auch den Magnetismus beschrieben und zeigten, daß die beiden untrennbar miteinander verbunden waren. Wenn man außerdem das elektrische und das magnetische Feld zu einem elektromagnetischen Feld vereinte, so stellte sich das Licht als eine Strahlung heraus, die aufs engste und untrennbar mit diesem Feld verbunden war. Aufgrund dieser neuen Einsicht konnte Maxwell eine ganze Gruppe lichtartiger Strahlen vorhersagen, von den Radiowellen bis zu den Gammastrahlen – und das bereits ein Vierteljahrhundert bevor diese Strahlungen tatsächlich entdeckt wurden.

Es erschien nur logisch, Maxwells Ansatz nach Möglichkeit noch zu erweitern, um auch die Gravitationswechselwirkung einzuschließen. Einstein widmete das letzte Drittel seines Lebens dieser Aufgabe, aber er scheiterte daran ebenso wie alle anderen. In den 30er Jahren wurde die Aufgabe dann durch die Entdeckung der beiden nuklearen Wechselwirkungen, der starken und der schwachen, kompliziert, wodurch die Wissenschaft erneut bei vier Feldern angelangt war. Das bedeutete aber nicht, daß die Wissenschaftler nun die Suche nach Möglichkeiten aufgegeben hätten, alle Felder mit einer einzigen Gruppe von Gleichungen (einer einheitlichen Feldtheorie) zu beschreiben. Der Reiz, das Universum so einfach wie möglich darzustellen, ist dafür einfach zu groß.

1967 stellte der amerikanische Physiker Steven Weinberg (geb. 1933) eine Reihe von Gleichungen auf, die sowohl die elektromagnetische als auch die schwache Wechselwirkung einschlossen. Obwohl die beiden so grundlegend verschieden erschienen, hatte Fermi die Theorie der schwachen Wechselwirkung mit Hilfe der Art von Mathematik entwickelt, die Dirac für die elektromagnetische Wechselwirkung verwendet hatte. *Irgendeine* Ähnlichkeit mußte es also geben.

Weinbergs Ansatz brachte die beiden Wechselwirkungen unter einen Hut und zeigte damit, daß es für die sogenannte elektroschwache Wechselwirkung vier Austauschteilchen geben mußte. Eines war masselos und ohne Zweifel das Photon. Die anderen drei besaßen Masse, eine recht große Masse sogar, und waren die später als W^+-, W^-- und Z^0-Bosonen bezeichneten Teilchen. (Daneben gab es auch das Higgs-Teilchen, aber dies war weniger sicher.)

Etwa zur gleichen Zeit stellte der pakistanisch-britische Physiker Abdus Salam (geb. 1926) völlig unabhängig davon eine fast identische Theorie auf. (Sehr überraschend ist das nicht. Es kommt häufig vor, daß ein verblüffender Fortschritt von einem bestimmten Wissensstand an förmlich nach seiner Entdeckung schreit – wenn die Zeit quasi reif dafür ist – und daß mehr als eine Person reagiert. Der berühmteste Fall dieser Art ereignete sich 1859, als Charles Robert Darwin und Alfred Russel Wallace gleichzeitig, aber unabhängig voneinander die Veröffentlichung ihrer Theorie von der Evolution des Lebens durch natürliche Auslese vorbereiteten.)

Die elektroschwache Wechselwirkung wurde nicht sofort akzeptiert und willkommen geheißen. Die Mathematik war in verschiedener Hinsicht unvollständig; erst einige Jahre später nahm der niederländische Physiker Gerard 't Hooft die notwendigen Verbesserungen daran vor.

Wenn die elektroschwache Wechselwirkung existierte, sollte es neutrale Ströme geben. Mit anderen Worten: Es sollten zwar Wechselwirkungen zwischen Teilchen stattfinden, an denen ein Austauschteilchen der schwachen Wechselwirkung beteiligt war, aber damit sollte keine Übertragung

elektrischer Ladungen von einem Teilchen zum anderen verbunden sein. Für diesen neutralen Strom brauchte man nun das Z^0-Teilchen. Als man 1973 die neutralen Ströme tatsächlich entdeckte, sah es plötzlich mit der elektroschwachen Theorie sehr gut aus. 1979 erhielten Weinberg und Salam dafür den Nobelpreis. Gekrönt wurde die Theorie 1983, als die Austauschteilchen der schwachen Wechselwirkung tatsächlich nachgewiesen wurden.
Nun könnte man fragen: Wenn es nur eine einzige elektroschwache Wechselwirkung gibt, warum sind die Aspekte der elektromagnetischen und der schwachen Wechselwirkung dann so verschieden? Offensichtlich ist dafür unser Leben bei niedrigen Temperaturen verantwortlich. Wenn die Temperatur hoch genug wäre (weit, weit höher, als sie heute in unserer Umwelt ist), gäbe es tatsächlich nur eine einzige Wechselwirkung. Bei sinkender Temperatur trennen sich die beiden Aspekte jedoch. Sie sind immer noch eine einzige Wechselwirkung, manifestieren sich aber auf zwei ganz verschiedene Arten.
Bedienen wir uns einer Analogie. Wasser existiert in drei unterschiedlichen Zuständen: als flüssiges Wasser, als Eis und als Dampf. Für jemanden, der mit unserer Welt nicht vertraut ist, wirken sie wie drei völlig verschiedene Stoffe, die nichts miteinander zu tun haben.
Nehmen wir nun an, die Temperatur wäre hoch genug, so daß alles Wasser in Form von Dampf existierte. Wasser wäre dann ganz offensichtlich eine einzige Substanz mit ganz bestimmten Eigenschaften. Aber wenn man die Temperatur sinken läßt, so kondensiert ein Teil des Dampfes und wird flüssig; Dampf und Wasser bleiben im Gleichgewicht. Nunmehr gibt es offensichtlich zwei verschiedene Stoffe mit deutlich unterscheidbaren Eigenschaften.
Fällt die Temperatur noch weiter, so gefriert ein Teil des

Wassers; man hat dann ein Gleichgewicht von Eis, Wasser und Dampf. Sowohl in ihrer Erscheinung als auch in ihren Eigenschaften sind die drei höchst unterschiedlich – und dabei im Grunde doch dieselbe Substanz.

Aus diesem Grund glaubt man heute, daß bei der Entstehung des Universums extrem hohe Temperaturen herrschten (etwa zehn Millionen Billionen Billionen Billionen Grad) und es damals unter diesen Bedingungen nur eine einzige Wechselwirkung gab. Als die Temperatur fiel (nach unserer heutigen Zeitvorstellung sehr schnell), spaltete sich die Gravitation als eine offenkundig eigene Wechselwirkung ab, die mit weiter abnehmender Temperatur immer schwächer wurde. Dann trennte sich die starke Wechselwirkung, und zuletzt teilten sich die schwache und die elektromagnetische Wechselwirkung.

Das erweckt natürlich den Eindruck, als sei der Vorgang mathematisch umkehrbar, so daß man mit einem einzigen Ansatz alle vier Wechselwirkungen unter einen Hut bringen könne. Es wurden schon verschiedene Pläne vorgebracht, die elektroschwache und die starke Wechselwirkung zu vereinheitlichen. Viele Wissenschaftler sind zuversichtlich, daß die Entwicklung einer solchen »Großen Vereinheitlichten Theorie« auch gelingt. Bis heute sind aber alle Versuche gescheitert, auch die Gravitation einzubeziehen. Das Phänomen läßt sich also weiterhin nicht in den Griff bekommen (wozu später noch mehr zu sagen sein wird).

11. Quarks

Der Hadronen-Zoo

Betrachten wir noch einmal die verschiedenen Elementarteilchen, die hier vorgestellt wurden. Zunächst gibt es die Leptonen, die der schwachen Wechselwirkung und – wenn sie geladen sind – auch der elektromagnetischen, aber *nicht* der starken Wechselwirkung unterliegen. Sie scheinen Elementarteilchen zu sein, bei denen man nie eine innere Struktur festgestellt hat. Zu ihnen gehören drei Flavors: das Elektron und sein Neutrino, das Müon und sein Neutrino sowie das Tauon und sein Neutrino. Zu allen existieren auch Antiteilchen, was insgesamt zwölf Leptonen ergibt. Die Wissenschaftler erwarten nicht, noch auf weitere Leptonen zu stoßen.

Zum anderen gibt es die Austauschteilchen, die die vier Wechselwirkungen vermitteln: das Graviton für die Gravitationswechselwirkung, das Photon für die elektromagnetische Wechselwirkung, die W-Bosonen für die schwache Wechselwirkung und das Pion als Yukawas Austauschteilchen für die starke Wechselwirkung. Das Graviton und das Photon sind einzelne Teilchen, während die W-Bosonen und das Pion in positiv geladenen, negativ geladenen und neutralen Varianten vorkommen. Das ergibt insgesamt acht Austauschteilchen. Auch hier erwartet man nicht, noch weitere zu finden.

Damit bleiben die Teilchen, die der starken Wechselwirkung unterliegen. Am längsten bekannt davon sind die Baryonen, d.h. das Proton und das Neutron, die sich im Atomkern auf Tuchfühlung miteinander befinden und deren Koexistenz den Anlaß zur Entwicklung der Theorie der starken Wechselwirkung liefert. Zusätzlich unterliegen die Pionen, bei denen es sich um Mesonen handelt, der starken Wechselwirkung.

Die Teilchen, die der starken Wechselwirkung unterliegen – die Baryonen und die Mesonen –, sind als Hadronen zusammengeballt. Die Bezeichnung ist an das griechische Wort für »dick« oder »stark« angelehnt. Hadronen sind daher ein gutes Gegenstück zu den Leptonen, die – wie ich bereits erläutert habe – nach dem griechischen Wort für »schwach« benannt sind.

Wenn das Proton, das Neutron, ihre Antiteilchen und die drei Pionen bereits alle existierenden Hadronen wären, ergäbe das mit sieben noch eine vernünftige Zahl. Da man die drei Pionen auch zu den Austauschteilchen rechnen kann, würde dies bedeuten, daß die Leptonen, Austauschteilchen und Hadronen in ihrer normalen Form und in ihrer Antiform auf insgesamt nur vierundzwanzig Teilchen kämen – und die Wissenschaftler könnten mit einem recht einfachen Modell vom Universum leben.

Doch als die Teilchenbeschleuniger größer und leistungsfähiger wurden und immer mehr Energie erzeugen konnten, stellten die Physiker fest, daß die verfügbare Energie zu zahlreichen Teilchen »verschmolz«, die nur unter äußerst energiereichen Bedingungen existierten. All diese Teilchen waren extrem instabil; sie bestanden bestenfalls eine Millionstelsekunde, meist aber nur viel kürzer.

Zu den neuen Entdeckungen gehörten das Tauon und sein Neutrino bei den Leptonen und die W-Bosonen bei den

Austauschteilchen, während der gesamte Rest der zahlreichen Neuentdeckungen Hadronen waren.
1944 entdeckte man beispielsweise ein neues Teilchen, das man als Meson identifizierte. Es wurde als K-Meson oder oft auch als Kaon bezeichnet. Seine Masse war dreieinhalbmal so groß wie die eines Pions und etwa halb so groß wie die eines Protons.
1947 wurde die erste Gruppe von Teilchen entdeckt, die schwerer als Protonen oder Neutronen waren. Nach dem griechischen Wort für »über« nannte man sie Hyperonen, weil ihre Masse »über« der Masse von Protonen und Neutronen lag, die man bis dahin für die schwersten Teilchen gehalten hatte.
Es ging geradeso weiter, bis man schließlich über hundert verschiedenartige Hadronen entdeckt hatte, was die Existenz von über hundert verschiedenen Antihadronen implizierte. Einige davon existierten nur wenige Billionstel einer Billionstelsekunde, bevor sie zerfielen, aber Teilchen waren sie trotzdem.
Die Wissenschaftler waren beunruhigt. Alle Zeichen hatten auf eine annehmbare Einfachheit des Universums hingedeutet, und nun sorgte der »Hadronen-Zoo« wieder für eine scheinbar sinnlose Komplexität. Natürlich versuchte man, unter all diesen Hadronen eine Ordnung zu erkennen und sie auf sinnvolle Weise in Gruppen einzuordnen. Wenn das gelang, mußte man sich nicht mit vielen Einzelteilchen, sondern nur mit wenigen Gruppen beschäftigen.
Heisenberg wies beispielsweise schon 1932 darauf hin, daß sich das Proton und das Neutron als ein einziges Teilchen in zwei verschiedenen Zuständen auffassen ließen, wenn man die Ladung vernachlässigte. Es war nicht möglich, den Unterschied zwischen den Zuständen auf herkömmliche

Weise zu beschreiben, aber es genügte zunächst, den einen Zustand positiv und den anderen negativ zu nennen.
1937 schlug der ungarisch-amerikanische Physiker Eugene Paul Wigner (geb. 1902) vor, das Proton und das Neutron entsprächen den Isotopen im Periodensystem der Elemente; man könne sich die beiden Zustände als irgendwelche Spins vorstellen, weil zwei Spins den Unterschied in den Zuständen erklären würden. Er bezeichnete Heisenbergs Zuständen als isotopen Spin, was heute gewöhnlich zu Isospin verkürzt wird. 1938 wies der russische Physiker N. Kemmer darauf hin, daß die drei Pionen – positives, negatives und neutrales – als ein Teilchen in drei verschiedenen Isospin-Zuständen betrachtet werden könnten.
Der Isospin war zunächst wichtig, weil er einige Teilchen in Gruppen zusammenfaßte und dazu beitrug, die Komplexität der Hadronen zu vermindern. Außerdem blieb der Isospin bei den Hadronen erhalten. Das hilft, den Hadronen-Zoo etwas besser zu verstehen, denn all diese Teilchen unterliegen nicht beliebigen Umwandlungen und Wechselwirkungen, sondern müssen verschiedene Eigenschaften beibehalten. Das beschränkt die Zahl der erlaubten Umwandlungen. Je höher die Zahl der erhaltenen Eigenschaften ist, die man herausfinden kann, desto größer sind die Einschränkungen und desto leichter läßt sich verstehen, was vor sich geht.
Kaonen und Hyperonen z.B. existieren erstaunlich lange. Es dauert eine Millionstelsekunde, bis Kaonen, und fast eine Milliardstelsekunde, bis Hyperonen zerfallen. Der Mechanismus ihrer Entstehung weist deutlich darauf hin, daß sie durch Vermittlung der starken Wechselwirkung erzeugt werden und deshalb auf die gleiche Weise zerfallen sollten – in einem winzigen Bruchteil einer Billionstelsekunde.
Das tun sie jedoch nicht; sie bestehen viele tausend, ja sogar

Millionen Male so lang, wie sie eigentlich sollten, und müssen deshalb mittels der schwachen Wechselwirkung zerfallen, was eigenartig erschien. Sie wurden deshalb auch als seltsame bzw. fremde Teilchen bezeichnet.

1953 stellte der amerikanische Physiker Murray Gell-Mann (geb. 1929) die Hypothese auf, es müsse ein Merkmal geben, das zwar die seltsamen Teilchen, nicht aber andere Hadronen besäßen. Er taufte das Merkmal naheliegenderweise »strangeness« (Seltsamkeit).

Das Proton, das Neutron und verschiedene Pionen hatten jeweils eine Strangeness oder Fremdheitsquantenzahl, während sie für Kaonen und Hyperonen nicht galt. Die Fremdheitsquantenzahl blieb bei der starken Wechselwirkung erhalten. Kaonen und Hyperonen konnten nicht auf dem Wege der starken Wechselwirkung zerfallen, weil sie dabei zu Pionen und Protonen mit einer Fremdheitsquantenzahl 0 geworden wären, was aber das Verschwinden der Strangeness und eine daraus resultierende Verletzung des Erhaltungssatzes bedeutet hätte. Kaonen und Hyperonen müssen daher mittels der schwachen Wechselwirkung zerfallen, bei der die Strangeness nicht erhalten bleiben muß. Dies ist der Grund, warum seltsame Teilchen so lange bestehen.

Bei der Untersuchung von Hadronen ist es nicht immer gelungen, Erhaltungssätze aufzustellen oder zu bewahren. In einem Fall waren die Wissenschaftler gezwungen, einen Erhaltungssatz zu revidieren.

Bereits 1927 hatte Wigner den Satz von der Erhaltung der Parität aufgestellt. Parität läßt sich nicht eindeutig erklären, aber wir können uns hier mit einer Analogie von geraden und ungeraden Zahlen behelfen. Zwei gerade Zahlen addieren sich immer zu einer geraden Zahl, und zwei ungerade Zahlen addieren sich ebenfalls immer zu einer geraden Zahl. Eine gerade und eine ungerade Zahl ergeben jedoch immer eine ungerade Zahl. Wenn wir somit einige Teilchen gerade und andere ungerade nennen, müssen die erlaubten Umwandlungen nach denselben Regeln ablaufen: gerade + gerade = ungerade + ungerade = gerade; dagegen gilt gerade + ungerade = ungerade + gerade = ungerade.

Aber Anfang der 50er Jahre fand man dann heraus, daß eine bestimmte Kaonenart auf recht eigenartige Weise zerfiel. Manchmal zerfiel dieses Kaon in zwei und manchmal in drei Pionen. Die beiden Pionen addierten sich zu gerader Parität, aber die drei ergaben zusammen ungerade Parität. Die Frage lautete also: Wie konnte das Kaon sowohl gerade als auch ungerade sein?

Der einfachste Ausweg bestand in der Annahme, daß es in Wirklichkeit zwei sehr ähnliche Teilchen gab, von denen eines ungerade und das andere gerade Parität hatte. Sie wurden nach zwei Buchstaben des griechischen Alphabets als Tau-Meson und Theta-Meson bezeichnet. Damit wäre der Fall erledigt gewesen, außer daß es keine Möglichkeit zu geben schien, zwischen dem Tau-Meson und dem Theta-Meson zu unterscheiden.

Dies ist jedoch keine allzu furchtbare Situation. Das Müonen-Neutrino läßt sich vom Elektronen-Neutrino durch keine meßbare Eigenschaft, sondern nur durch das Verhalten bei verschiedenen Wechselwirkungen unterscheiden. Vielleicht galt das auch für das Tau-Meson und das Theta-Meson.

Im Falle der beiden Neutrinos schien man aber keine andere Wahl zu haben, als einen nicht bestimmbaren Unterschied hinzunehmen. Bei den beiden Mesonen hatte man die Wahl. Was war, wenn die Parität nicht immer erhalten blieb?

Die chinesisch-amerikanischen Physiker Chen Ning Yang (geb. 1922) und Tsung-Dao Lee (geb. 1926) leiteten die sich hieraus ergebenden theoretischen Schlußfolgerungen 1956 in der Überzeugung ab, daß die Parität *nicht* erhalten blieb, jedenfalls nicht bei den Reaktionen, die von der schwachen Wechselwirkung vermittelt wurden. Aber wie konnte man dies demonstrieren?

Die Antwort beruhte darauf, daß die Erhaltung der Parität in bestimmter Hinsicht der Vorstellung einer Symmetrie von links und rechts entsprach. Mit anderen Worten: Wenn die Parität erhalten bleibt und eine bestimmte Wechselwirkung einen Teilchenstrom erzeugt, so treten diese Teilchen links und rechts in gleicher Anzahl auf. Falls die Parität aber nicht erhalten bleibt, erscheinen die Teilchen entweder nur links oder nur rechts. (Einer der Gründe, warum die Wissenschaftler kaum glauben wollten, daß die Parität nicht erhalten bleibt, lag darin, daß sie keinen Grund dafür sahen, warum das Universum zwischen links und rechts unterscheiden sollte.)

Unter der Leitung der ebenfalls chinesisch-amerikanischen Physikerin Chien Shung Wu wurde an der Columbia Universität deshalb ein Versuch durchgeführt. Die Wissenschaftlerin arbeitete mit einer Probe des radioaktiven Isotops Kobalt 60, das bei seinem Zerfall Betateilchen freisetzte. Vermittelt wurde dies natürlich durch die schwache Wechselwirkung. Die Betateilchen wurden in alle Richtungen ausgestrahlt, teilweise deshalb, weil die Atome selbst in alle Richtungen zeigten. Wu legte das Material deshalb in ein starkes Magnetfeld, so daß sich alle Atome gleich ausrichteten. Damit sollten sie die Möglichkeit erhalten, Betateilchen nur in eine einzige Richtung abzustrahlen, falls die Parität nicht erhalten blieb. Bei normalen Temperaturen bewegten sich die Atome natürlich trotz der Beschränkungen des Magnetfelds in verschiedene Richtungen; Wu kühlte das Kobalt deshalb fast bis zum absoluten Nullpunkt ab.

Wenn die Parität nicht erhalten blieb, sollten die Betateilchen nur auf einer Seite abgestrahlt werden. Im Januar 1957 gab es dann keinen Zweifel mehr: Die Betateilchen traten nur in einer Richtung aus; bei der schwachen Wechselwirkung wurde Parität nicht bewahrt. Im selben Jahr erhielten Yang und Lee den Nobelpreis.
Bei anderen Arten von Wechselwirkung blieb die Parität erhalten; selbst bei der schwachen Wechselwirkung konnte ein allgemeinerer Erhaltungssatz aufgestellt werden. Wenn ein bestimmtes Teilchen im Hinblick auf die Parität (P) »linkshändig« war, so war sein Antiteilchen mit der entgegengesetzten Ladung (C von engl. *charge*) »rechtshändig«. Das bedeutete, daß ein Teilchen und sein Antiteilchen zusammen die Eigenschaft CP bewahrten (wobei sowohl Parität als auch Ladung einbezogen werden).
Allerdings zeigten 1964 die amerikanischen Physiker Val Logsden Fitch (geb. 1923) und James Watson Cronin (geb. 1931), daß selbst CP nicht immer bewahrt wurde. Die Eigenschaft der Zeit (T von engl. *time*) mußte hinzukommen. Wenn CP in einer Richtung der Zeit nicht erhalten blieb, wurde die Eigenschaft auch nicht in der entgegengesetzten Weise in der anderen Richtung bewahrt. Heute geht man davon aus, daß bei schwachen Wechselwirkungen die CPT-Symmetrie erhalten bleibt. Für diese Arbeit teilten sich Cronin und Fitch 1980 den Nobelpreis.
1981 begann Gell-Mann damit, Hadronen mit Hilfe einer Reihe von bewahrten Eigenschaften zu symmetrisch geformten Polygonen aus acht, neun oder zehn Einzelteilchen zusammenzufassen. Er stellte auf diese Weise Familien von Teilchen zusammen und führte ein System ein, das dem Periodensystem der chemischen Elemente entsprach. Zur gleichen Zeit beschäftigte sich der israelische Physiker Yuval Ne'eman (geb. 1925) mit der gleichen Aufgabe.

Es fiel den Wissenschaftlern schwer, Gell-Manns Anordnungen ernst zu nehmen, genau wie es ihnen schon ein Jahrhundert vorher nicht leicht gefallen war, Mendelejews Periodensystem ernst zu nehmen. Mendelejew hatte sie jedoch überzeugt, als er die Tabelle benutzte, um die Eigenschaften noch nicht entdeckter Elemente vorherzusagen – und damit recht behielt.

Gell-Mann stellte sich ein Dreieck aus zehn Teilchen vor, die so angeordnet waren, daß die Werte verschiedener bewahrter Eigenschaften von Punkt zu Punkt auf eine ganz bestimmte und regelmäßige Weise variierten. Nur der Punkt an der Spitze entsprach keinem der damals bekannten Teilchen.

Aus der Anordnung konnte man ersehen, daß das fehlende Teilchen bestimmte Eigenschaften haben mußte, darunter eine ungewöhnlich hohe Masse und eine ungewöhnlich hohe Fremdheitsquantenzahl. Es wurde Omega-Minus-Teilchen genannt, aber seine Existenz mußte mit einiger Skepsis aufgenommen werden.

Aufgrund der Eigenschaften des Omega-Minus-Teilchens glaubte Gell-Mann, es müsse bei der Wechselwirkung eines negativen Kaons mit einem Proton entstehen. Diese beiden müßten mit einer derart hohen Energie zusammenstoßen, daß ein Teilchen mit der ungewöhnlich großen Masse erzeugt werde, die man dem Omega-Minus-Teilchen zuschrieb.

Gell-Mann mußte daraufhin jemanden, der über einen großen Teilchenbeschleuniger verfügte, dazu überreden, das Experiment durchzuführen. Im Dezember 1963 begann die Gruppe am Beschleuniger in Brookhaven (Long Island) damit, K-Mesonen auf Protonen zu schießen. Am 31. Januar 1964 wurde ein Ereignis festgestellt, an dem ein Omega-Minus-Teilchen beteiligt sein mußte, denn ein Teilchen wies genau die von Gell-Mann vorhergesagten Eigenschaften auf. 1969 erhielt Gell-Mann für seine Arbeit einen Nobelpreis. Nun mußte man Gell-Manns Gruppen von Hadronen ernst nehmen. Der Hadronen-Zoo unterwarf sich einer Ordnung.

Im Inneren von Hadronen

Es genügte nicht, Hadronen nur in Gruppen einzuteilen und eine Art Periodensystem der Elementarteilchen aufzustellen. Mendelejews Periodensystem ließ sich so lange nicht befriedigend erklären, bis man den inneren Aufbau von Atomen entschlüsselt hatte und die Bedeutung der unterschiedlichen Anordnung der Elektronen in ihren Schalen verstand.

Gell-Mann glaubte daher, es müsse auch bei den Hadronen eine innere Struktur geben, die für ihr Auftreten in Gruppen verantwortlich sei. Diese Theorie war keineswegs eine unhaltbare Idee. Die Leptonen waren Elementarteilchen, die sich wie einfache Punkte im Raum ohne innere Struktur verhielten, aber das mußte nicht unbedingt auch für die Hadronen gelten.

Als nächstes versuchte Gell-Mann, eine Gruppe von Teilchen zusammenzustellen, die vielleicht elementar waren und Eigenschaften hatten, die bei richtiger Zusammensetzung alle verschiedenen Hadronen mit *deren* Eigenschaften bilden würden. Eine Kombination sollte das Proton ergeben, eine andere das Neutron, wieder andere die verschiedenen Pionen usw.

Gell-Mann machte sich an die Arbeit und fand bald heraus, daß er nicht weiterkommen würde, wenn er sich an den Grundsatz hielt, daß jedes Teilchen eine Ladung haben müsse, deren Größe entweder der bekannten Ladung des Protons bzw. Elektrons oder einem Vielfachen davon entspreche. Statt dessen fand er heraus, daß die Bestandteile der Hadronen gebrochene Ladungen haben mußten.

Bei diesem Gedanken schauderte Gell-Mann. In der ganzen Zeit, in der die Menschen mit elektrisch geladenen Teilchen gearbeitet hatten, seit den ersten Anfängen der elektrochemischen Forschungen Faradays vor mehr als 130 Jahren, schienen Ladungen immer in ganzzahligen Vielfachen aufzutreten, als deren kleinste (und scheinbar nicht weiter teilbare) Einheit ein Dreivierteljahrhundert lang die Ladung des Elektrons gegolten hatte.

1963 entschloß sich Gell-Mann trotzdem zur Veröffentlichung. Er stellte die Hypothese auf, die Hadronen seien aus drei Elementarteilchen und die Antihadronen aus drei Antiteilchen zusammengesetzt. Jedes Hadron bestehe entweder aus zwei oder aus drei dieser Elementarteilchen; die Mesonen seien aus zwei und die Baryonen aus drei solchen Elementarteilchen aufgebaut.

Gell-Mann nannte diese Elementarteilchen Quarks. (Es sollte wohl eine witzige Bezeichnung sein, die aus *Finnegans Wake* von James Joyce stammte, wo der Satz »Three quarks for Muster Mark« vorkommt. Für mich bedeutete das in der Sprache von Joyce immer »Three quarts for Mister Mark«, d. h., daß hier jemand Bier bestellt. Für Gell-Mann gab es anscheinend »Three quarks for Muster Hadron«. Meiner Meinung nach hätte man den Namen nicht beibehalten sollen. Er ist unschön. Doch die Bezeichnung blieb hängen – vielleicht zu Gell-Manns eigener Überraschung – und läßt sich jetzt nicht mehr korrigieren.)

Gell-Mann unterschied drei verschiedene Quarks, die etwas schrullig Up-Quark, Down-Quark und Strange-Quark getauft wurden. (Die Bezeichnungen »aufwärts«, »abwärts« und »seltsam« sind natürlich nicht wörtlich zu nehmen. Man spricht auch von u-Quark, d-Quark und s-Quark oder symbolisiert sie einfach durch *u*, *d* und *s*. Das *s* soll dabei manchmal auch für »Sideways-Quark« stehen, weil »seitwärts« mit »aufwärts« und »abwärts« harmonieren würde, aber »strange« ist bedeutungsvoller.)

Das u-Quark hat eine elektrische Ladung $+^2/_3$, das d-Quark $-^1/_3$. (Natürlich besitzt das u-Antiquark eine Ladung $-^2/_3$ und das d-Antiquark $+^1/_3$. Jede Quarkart besitzt eine Reihe von Zahlen, die seine verschiedenen Merkmale repräsentieren. Die Quarks müssen so kombiniert werden, daß das Hadron, das sie bilden, all die verschiedenen richtigen Zahlen für seine Merkmale aufweist.

Natürlich muß man am sorgfältigsten auf die gebrochenen Werte der Ladungen achtgeben. Außerdem müssen die Quarks so zusammengesetzt werden, daß die elektrische Gesamtladung des Hadrons +1, –1 oder 0 ergibt. Ein Proton z.B. besteht aus zwei u-Quarks und einem d-Quark; seine Gesamtladung ist damit $+^2/_3$ und $+^2/_3$ und $-^1/_3$, was zusammen +1 ergibt. Ein Antiproton besteht aus zwei u-Antiquarks und einem d-Antiquark ($-^2/_3$ und $-^2/_3$ und $+^1/_3$) mit der Gesamtladung –1. Ein Neutron besteht aus einem u-Quark und zwei d-Quarks ($+^2/_3$ und $-^1/_3$ und $-^1/_3$) mit der Gesamtladung 0, ein Antineutron aus einem u-Antiquark und zwei d-Antiquarks ($-^2/_3$ und $+^1/_3$ und $+^1/_3$) mit der Gesamtladung 0.

Ein positives Pion besteht aus einem u-Quark und einem d-Antiquark ($+^2/_3$ und $+^1/_3$) mit der Gesamtladung +1, ein negatives Pion aus einem u-Antiquark und einem d-Quark ($-^2/_3$ und $-^1/_3$) mit der Gesamtladung –1.

Das s-Quark ist ein Bestandteil der seltsamen Teilchen; daher stammt auch das *s* in seinem Namen. Es hat eine elektrische Ladung $-\frac{1}{3}$ und eine Fremdheitsquantenzahl −1. Das s-Antiquark hat eine elektrische Ladung $+\frac{1}{3}$ und eine Fremdheitsquantenzahl +1.

Das positive K-Meson enthält ein u-Quark und ein s-Antiquark ($+\frac{2}{3}$ und $+\frac{1}{3}$) mit der Gesamtladung +1 und der Fremdheitsquantenzahl +1. Das negative K-Meson besteht aus einem u-Antiquark und einem s-Quark ($-\frac{2}{3}$ und $-\frac{1}{3}$) mit der Gesamtladung −1 und der Fremdheitsquantenzahl −1.

Ein Lambda-Teilchen (ein neutrales Hyperon) besteht aus einem u-Quark, einem d-Quark und einem s-Quark ($+\frac{2}{3}$ und $-\frac{1}{3}$ und $-\frac{1}{3}$) mit der elektrischen Gesamtladung 0, während ein Omega-Minus-Teilchen aus drei s-Quarks besteht ($-\frac{1}{3}$ und $-\frac{1}{3}$ und $-\frac{1}{3}$) und eine elektrische Ladung −1 trägt. Sowohl $Lambda^0$ als auch Omega Minus sind seltsame Teilchen.

Auf diese Weise setzen sich die verschiedenen Hadronen zusammen; dabei ist keine Kombination möglich, bei der nicht eine Gesamtladung von entweder 0, +1 oder −1 herauskommt.

Aber stimmt das wirklich alles? Existieren die Quarks tatsächlich, oder betreibt man hier nur Buchhaltung? Schließlich ist ein Zehnmarkschein soviel wert wie die verschiedensten Kombinationen von Münzen – Fünfmark-, Zweimark-, Einmark-, Fünfzigpfennig-, Zehnpfennig-, Fünfpfennig-, Zweipfennig- und Einpfennigstück –, doch wenn man den Zehnmarkschein in kleine Stücke reißt, erhält man deshalb noch lange keine Münzen, die sich wieder zu einem Geldschein zusammensetzen lassen.

Nehmen wir also an, daß wir ein Hadron auseinanderreißen: Purzeln dann Quarks heraus? Oder sind das nur Zahlenspiele? Leider ist es noch niemandem gelungen, ein Hadron auseinanderzureißen oder eindeutig ein freies

Quark zu erzeugen. Wenn eines entstünde, könnte man es leicht an seiner Teilladung erkennen. Einige Wissenschaftler halten es allerdings nicht einmal theoretisch für möglich, ein Quark aus einem Hadron herauszureißen. Und selbst wenn es möglich wäre, verfügen wir mit Sicherheit noch nicht über genug Energie, um das zu schaffen. Es gibt jedoch indirekte Hinweise darauf, daß Quarks tatsächlich existieren.

1911 beschrieb Rutherford die Experimente, bei denen er Atome mit Alphateilchen beschossen hatte. Zumeist drangen die Alphateilchen durch die Atome wie durch leeren Raum hindurch, aber eine gewisse Streuung trat dennoch auf. Immer wieder einmal trafen sie in den Atomen auf kleine Objekte auf und wurden abgelenkt. Rutherford folgerte daraus, daß es einen winzigen schweren Punkt im Atom gab: den Atomkern.

Wäre es nicht möglich, Protonen mit sehr energiereichen Elektronen zu beschießen und diese dadurch zu streuen? Könnte man aus den dabei erhaltenen Ergebnissen nicht folgern, daß es im Proton Streupunkte gibt und die Quarks somit tatsächlich existieren?

Solche Experimente wurden Anfang der 70er Jahre im Linearbeschleuniger der Universität Stanford von Jerome Friedman, Henry Kendall und Richard Taylor durchgeführt, die 1990 dafür den Nobelpreis für Physik erhielten. Zufriedenstellend interpretiert wurden diese Ergebnisse von dem amerikanischen Physiker Richard Phillips Feynman (1918–1988), der den Nobelpreis bereits 1965 für etwas erhielt, auf das ich noch zu sprechen kommen werde. 1974 stand dann fest, daß Quarks wirklich existieren, auch wenn man sie niemals im freien Zustand entdecken würde.

Feynman bezeichnete diese Teilchen in den Protonen als

Partonen. (Meiner Meinung nach ist dieser Name viel besser als Quarks. Entweder fand Feynman – ebenso wie ich – Quark nicht gerade wohlklingend, oder er hielt Gell-Manns Quarkmodell für nicht ganz zutreffend.)

Doch nun kommen wir zu der Möglichkeit neuer Probleme. Wir sind bis zu den Atomen vorgedrungen und dabei auf so viele verschiedene Arten gestoßen, daß es mit der Einfachheit vorbei war. Wir sind eine Stufe weiter bis zu den Elementarteilchen hinabgestiegen, um die Übersichtlichkeit wiederherzustellen, aber auch hier gibt es so viele Teilchen, daß es mit der Einfachheit ein zweites Mal vorbei war. Stellt sich nun, da wir bei den Quarks angelangt sind, abermals heraus, daß es eine Vielzahl verschiedener Teilchen gibt?

Einige Wissenschaftler glaubten, es müsse zumindest ein weiteres Quark existieren. Einer von ihnen war der amerikanische Physiker Julian Seymour Schwinger (geb. 1918), der sich 1965 mit Feynman einen Nobelpreis teilte. Schwinger war der Ansicht, die Quarks seien den Leptonen ähnliche Elementarteilchen. Er hielt sie für »Punktteilchen« ohne innere Struktur (und – soweit bestimmbar – mit null Durchmesser) und meinte, es müsse eine Symmetrie zwischen diesen beiden Gruppen von Elementarteilchen bestehen.

Bekannt waren damals zwei Flavors von Leptonen – das Elektron und sein Neutrino sowie das Müon und sein Neutrino – und somit auch zwei Flavors von Antileptonen. Deshalb sollte es auch zwei Flavors von Quarks geben. Ein Flavor enthielt das u-Quark und das d-Quark (und natürlich die jeweiligen Antiquarks). Das zweite Flavor bestand aus dem s-Quark und – woraus noch? Wenn ein viertes Quark existierte, hatte man jedenfalls noch keine Teilchen gefunden, die es enthielten, aber dies war vielleicht darauf zurückzuführen, daß das vierte Quark und die Teilchen, die es enthielten, so schwer waren, daß beträchtliche Energien notwendig waren, um es zu erzeugen.

1974 bediente sich ein Forscherteam unter Leitung des amerikanischen Physikers Burton Richter (geb. 1931) des leistungsfähigen Positron-Elektron-Ringbeschleunigers an der Universität Stanford und erzeugte ein Teilchen, das wirklich schwer war – dreimal so schwer wie ein Proton. Ein Teilchen von dieser Größe sollte eigentlich in einem winzigen Sekundenbruchteil zerfallen, aber das tat es nicht; es blieb bestehen. Deshalb mußte es ein neues Quark enthalten – eines, das (wie das s-Quark, aber viel schwerer als dieses) den Zerfall durch die starke Wechselwirkung verhinderte.

Das neue Teilchen wurde »charmed« Teilchen getauft, weil es anscheinend durch Zauberkraft so lange lebte, und enthielt vermutlich ein Charm-Quark oder c-Quark, das vierte Quark also, nach dem Schwinger gesucht hatte. Es war tatsächlich schwerer als die anderen drei. Zur gleichen Zeit leistete der amerikanische Physiker Samuel Chao Chung Ting (geb. 1936) in Brookhaven die gleiche Arbeit und kam zu den gleichen Ergebnissen. Richter und Ting teilten sich 1976 einen Nobelpreis.

Zu dieser Zeit hatte man aber in Form des Tauons und des Tauonen-Neutrinos (und ihrer Antiteilchen) eine dritte Sorte Leptonen entdeckt. Bedeutete das, es sollte eine dritte Sorte Quarks geben?

1978 wurde in der Tat ein fünftes Teilchen entdeckt, das man Bottom- oder b-Quark nannte. Es muß auch ein sechstes Teilchen geben, das die Wissenschaftler als Top- oder t-Quark bezeichnen. Bis jetzt hat man es noch nicht lokalisiert, vermutlich, weil es außerordentlich schwer ist. Für einige Wissenschaftler stehen die Buchstaben *b* und *t* nicht für »bottom« (unten) und »top« (oben), sondern für »beauty« (Schönheit) und »truth« (Wahrheit).

Nun haben wir drei Flavors Quarks wie auch drei Flavors Leptonen. Von jedem Flavor gibt es zwei Leptonen (bzw. Quarks) und zwei Antileptonen (bzw. Antiquarks). Damit hat man insgesamt 12 Leptonen und 12 Quarks. 24 Teilchen und die Austauschteilchen bilden das ganze Universum (jedenfalls scheint es derzeit so). Das macht die Lage – wenigstens für den Augenblick – wieder einigermaßen übersichtlich. Wie ich später noch erklären werde, läßt sich dieser Zustand vielleicht nicht aufrechterhalten.

Die Ähnlichkeiten zwischen den beiden Teilchenarten sind interessant. Bei den Leptonen besteht der erste Flavor aus einem Elektron mit der Ladung –1 und einem Elektronen-Neutrino mit der Ladung 0. Dieses Muster wiederholt sich bei den anderen beiden Flavors: ein Müon mit der Ladung –1 und ein Müonen-Neutrino mit der Ladung 0, ein Tauon mit der Ladung –1 und ein Tauonen-Neutrino mit der Ladung 0. Natürlich gilt das Umgekehrte für die Antileptonen, bei denen alle drei Flavors eine Ladung +1 bzw. 0 haben.

Bei den Quarks enthält der erste Flavor das u-Quark ($+2/3$) und das d-Quark ($-1/3$). Dieses Muster wiederholt sich beim zweiten und dritten Flavor mit dem c-Quark ($+2/3$) und dem s-Quark ($-1/3$) sowie mit dem t-Quark ($+2/3$) und dem b-Quark ($-1/3$). Bei den Antiquarks gilt wiederum das umgekehrte Muster.

Natürlich stimmt der Vergleich nicht genau. Zu den Leptonen gehören Teilchen mit ganzzahliger und null Ladung, während die Quarks im Gegensatz dazu nur gebrochene Ladungen tragen.

Bei den geladenen Leptonen wiederum steigt die Masse der Teilchen mit dem Flavor (die ungeladenen Neutrinos sind masselos). Wenn wir die Masse des Elektrons mit 1 ansetzen, beläuft sich die Masse des Müons auf 207 und die des Tauons auf ungefähr 3500. Auch bei den Quarks steigt die Masse mit dem Flavor, aber es gibt keine masselosen Quarks, vielleicht deshalb, weil es auch keine ungeladenen Quarks gibt.

Bei dem ersten Flavor von Quarks (die Masse des Elektrons soll immer noch 1 sein) hat das u-Quark, das von allen Quarks das leichteste ist, eine Masse von 5 und das d-Quark eine Masse von 7. Beim zweiten Flavor hat das s-Quark eine Masse von ungefähr 150 und das c-Quark eine von etwa 1500. Das c-Quark ist beinahe so schwer wie ein Proton, weshalb die Erzeugung der zugehörigen Teilchen auch so viel Energie benötigt und ihre Entdeckung so lange auf sich warten ließ.

Der dritte Flavor ist noch schwerer. Das b-Quark hat eine Masse von etwa 5000 und ist damit fast dreimal so schwer wie ein Proton. Aus diesem Grund wurde es auch noch später entdeckt als das c-Quark. Für das noch nicht lokalisierte t-Quark gibt es zwar keine verläßliche Massenzahl, aber man schätzt, daß es zumindest bis zu 25mal so schwer sein muß wie ein Proton, was auch erklären würde, warum man es noch nicht entdeckt hat.

Es ist natürlich noch nicht damit getan, einfach alle Quarks aufzulisten. Man muß auch den Mechanismus verstehen, nach dem sie funktionieren. 1947 z. B. entwickelten drei Physiker unabhängig voneinander drei etwas unterschiedliche Verfahren, um exakt zu beschreiben, was bei der Wechselwirkung zwischen Elektronen und Photonen vor sich geht, und so die Funktionsweise der elektromagnetischen Wechselwirkung zu erklären. Alle drei Verfahren waren praktikabel und im wesentlichen gleichwertig.

Zwei der Physiker waren Schwinger und Feynman. Der

dritte war der Japaner Sin-itiro Tomonaga (1906–1979). (Vielleicht war Tomonaga der erste gewesen, aber damals tobte der 2. Weltkrieg, so daß die japanischen Wissenschaftler von der übrigen Welt isoliert waren. Tomonaga konnte seine Theorien erst nach dem Krieg veröffentlichen.) Die drei teilten sich 1965 einen Nobelpreis.

Es handelt sich hierbei um die Quantenelektrodynamik, die sich als eine der erfolgreichsten Theorien erwies, die jemals aufgestellt wurden. Sie sagte Ereignisse, an denen die elektromagnetische Wechselwirkung beteiligt ist, mit phänomenaler Genauigkeit voraus und ist seit ihrer Formulierung nicht mehr verbessert worden.

Natürlich glaubten die Wissenschaftler, daß man die bei der Quantenelektrodynamik verwendeten Methoden auch dazu benutzen könne, um die Einzelheiten der starken und schwachen Wechselwirkung auszuarbeiten, doch hierin sahen sie sich zunächst getäuscht. Weinberg und Salam konnten schließlich die elektromagnetische und die schwache Wechselwirkung vereinheitlichen, aber die starke Wechselwirkung bereitete weiterhin Probleme.

Beispielsweise haben Quarks einen halbzahligen Spin; genau wie die Leptonen sind sie daher Fermionen. Nach dem 1925 von Pauli formulierten Ausschließungsprinzip können zwei Fermionen nicht dem gleichen System zugerechnet werden, wenn all ihre Quanteneigenschaften identisch sind. Die ihnen zugeordneten Quantenzahlen müssen sich immer unterscheiden. Wenn man versucht, zwei Fermionen mit gleicher Quantenzahl zusammenzupressen, kommt es zu einer Abstoßung zwischen ihnen, die die elektromagnetische Abstoßung bei weitem übertrifft. Trotz alledem lassen sich bei einigen Hadronen offensichtlich drei identische Quarks zu einem Hadron zusammendrängen, als ob es das Ausschließungsprinzip

nicht gäbe. Das Omega-Minus-Teilchen z.B. besteht aus drei s-Quarks.
Der Widerwille gegen die Aufgabe des Pauli-Verbots war jedoch groß; das Prinzip funktionierte ansonsten in der gesamten Teilchenphysik, so daß es die Wissenschaftler unbedingt auch für die Quarks retten wollten. Vielleicht gab es einen Unterschied zwischen Quarks, die sonst scheinbar identisch waren. Wenn es beispielsweise drei Arten von s-Quarks gäbe, ließe sich eines von jeder Art in ein Hadron pressen, ohne dabei das Ausschließungsprinzip zu verletzen.
Ab 1964 arbeiteten mehrere Physiker an dem Problem der Varianten von Quarks; zu ihnen gehörten Oscar Greenberg von der Universität Maryland, der japanisch-amerikanische Physiker Yoichiro Nambu (geb. 1921) von der Universität Chicago und Moo-Young Han von der Universität Syracuse.
Sie kamen zu dem Schluß, daß die Spielarten keine Entsprechung in der Teilchenphysik hätten und sich auch nicht wirklich beschreiben ließen. Man konnte dem Phänomen nur einen Namen geben und genau erläutern, auf welche Weise es funktionierte. Die Unterscheidung erhielt die Bezeichnung *color* (Farbe bzw. Farbladung).
Einerseits ist der Name natürlich ungeeignet, denn Quarks besitzen keine Farbe im herkömmlichen Sinn, andererseits paßt er aber ideal. Bei der Farbfotografie und beim Farbfernsehen weiß man recht gut, daß die Farben Rot, Grün und Blau zusammen farblos, d.h. weiß wirken. Wenn jedes Quark in roten, grünen und blauen Varianten vorkommt, läßt die Kombination von je einem Element die Farbe verschwinden bzw. weiß werden. Jede Quarkkombination in Hadronen muß zu einem farblosen Ergebnis führen. Es ist kein Hadron bekannt, in dem es

Farbe gibt, weil der Gehalt an Quarks farblich nicht ausgeglichen wäre.

Dies erklärt, warum es drei Quarks zu jedem Baryon und zwei Quarks (oder vielmehr ein Quark und ein Antiquark) in jedem Meson gibt. Das sind die einzigen farblosen Verbindungen.

Wenn man die Farbe mit einbezog, konnte man mehrere Beobachtungen als völlig richtig erkennen, die man sonst nur als anomal angesehen hätte. Aus diesem Grund akzeptierten die Wissenschaftler die Vorstellung von farbigen Quarks recht rasch.

Wenn es unter den drei Flavors sechs verschiedene Quarks und sechs verschiedene Antiquarks gibt und wenn jedes Quark in drei verschiedenen Farben vorkommt, gibt es natürlich insgesamt 36 farbige Quarks. Das erhöht zwar die Komplexität der Situation, aber es erlaubt den Wissenschaftlern, eine Theorie des Verhaltens von Quarks zu entwickeln, die an Bedeutung der Quantenelektrodynamik nahekommt. Die neue Theorie wird als Quantenchromodynamik bezeichnet, wobei *chromo-* von dem griechischen Wort für »Farbe« abgeleitet ist. Ein Großteil dieser neuen Theorie wurde in den 70er Jahren von Gell-Mann entwickelt, der als erster die Vorstellung von Quarks postulierte.

Die starke Wechselwirkung spielt sich in erster Linie zwischen Quarks ab. Hadronen, die aus Quarks aufgebaut sind, unterliegen der starken Kraft in sekundärer Weise, *weil* sie aus Quarks bestehen. Pionen, die die Austauschteilchen für diese sekundäre Hadronen-Wechselwirkung zu sein scheinen, sind nur deshalb Austauschteilchen, weil sie ebenfalls aus Quarks bestehen. Mit anderen Worten: Bei der *elementaren* starken Wechselwirkung muß man die ganze Betonung auf die Quarks verlagern.

Wenn dies der Fall ist, muß es ein Austauschteilchen auf der

Ebene der Quarks geben. Gell-Mann erfand einen Namen für dieses neue Austauschteilchen. Er nannte es Gluon, weil es der »Leim« (von engl. *glue*) war, der die Quarks zusammenhält.

Gluonen besaßen recht ungewöhnliche Eigenschaften. Bei den anderen Austauschteilchen gilt folgendes: Je größer die Entfernung zwischen Teilchen ist, die der Wechselwirkung unterliegen, desto weniger Austauschteilchen bewegen sich zwischen ihnen hin und her und desto schwächer ist die Wechselwirkung. Die Gravitationswechselwirkung und die elektromagnetische Wechselwirkung werden um einen Wert schwächer, der dem Quadrat der Entfernung zwischen den beiden der Wechselwirkung unterworfenen Teilchen entspricht. Die schwachen Wechselwirkungen und die sekundäre starke Wechselwirkung zwischen Hadronen verlieren mit zunehmendem Abstand sogar noch schneller an Intensität.

Bei den Quarks und Gluonen jedoch verhält es sich gerade umgekehrt. Wenn man versucht, zwei Quarks auseinanderzureißen, *erhöht sich* die Zahl der dazwischen hin- und herschnellenden Gluonen. Anders ausgedrückt: Die Anziehungskraft zwischen Quarks nimmt mit der Entfernung zu.

Im Hadron bewegen sich die Quarks frei und leicht umher. Sobald sie sich entfernen, erstarren sie jedoch. Das bedeutet, daß Quarks auf Teilchen beschränkt sind; nur in Hadronen können sie sich wohl fühlen. Aus genau diesem Grund nehmen viele Wissenschaftler an, daß wir niemals in der Lage sein werden, freie Quarks zu untersuchen. Man kann sie auf keine Weise dazu bringen, die Hadronen zu verlassen. Die Hadronen selbst können sich natürlich von einem Hadron in ein anderes umwandeln, wobei sie ihre Fracht von zwei oder drei Quarks (die

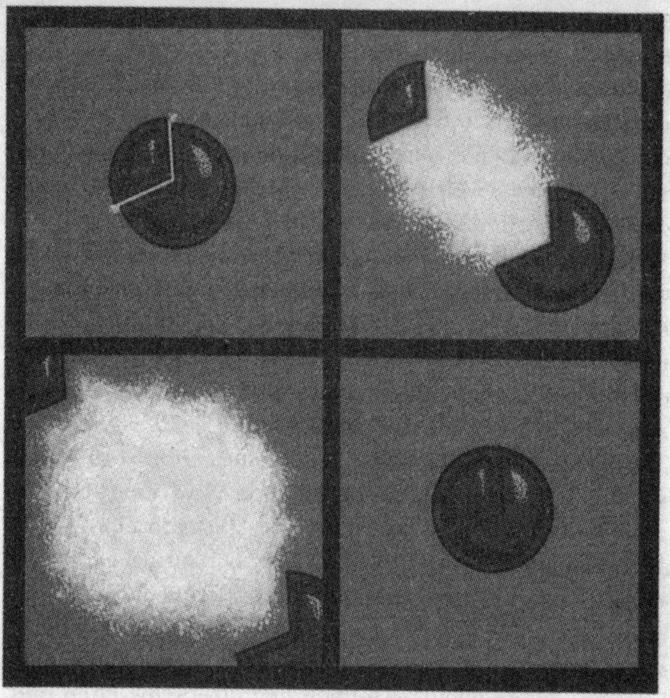

Wenn man versucht, zwei Quarks auseinanderzureißen, nimmt die Zahl der zwischen ihnen befindlichen Gluonen zu. Dies ist die Anziehungskraft zwischen Quarks, die mit der Entfernung sogar *zunimmt*. Quarks können sich deshalb nur innerhalb eines Hadrons frei bewegen. Die Wissenschaftler vermuten, daß sie wohl nie in der Lage sein werden, freie Quarks zu untersuchen.

möglicherweise von selbst ihre Farbe wechseln) in sich tragen.
Gluonen sind noch in einer anderen Weise komplexer als andere Austauschteilchen. Gravitonen werden zwischen Teilchen mit Masse ausgetauscht, doch sie selbst sind masselos. Photonen werden zwischen Teilchen mit elektrischer Ladung ausgetauscht, aber sie selbst tragen keine Ladung. Gluonen, die selbst Farbe haben, werden zwischen Teilchen mit Farbe ausgetauscht; Gluonen können deshalb aneinander haften bleiben. Dies ist ein weiterer Grund, warum der Ausdruck Gluon treffend ist. (Einige Wissenschaftler bezeichnen ein Gluonenpaar, das zusammenklebt, als Gluonkugel.)
Das Gluon ist imstande, die Farbe eines Quarks zu verändern (aber nicht den Flavor). Es gibt ein Gluon, das ein rotes Quark in ein grünes Quark des gleichen Flavors umwandelt; ein anderes verändert Rot in Blau usw. Um alle denkbaren Farbveränderungen zu erklären, muß es acht verschiedene Gluonen geben. Das bedeutet eine zusätzliche Komplexität. Mit einem Austauschteilchen für die Gravitation, einem elektromagnetischen, drei schwachen und nunmehr acht starken Austauschteilchen kommt man auf insgesamt dreizehn Austauschteilchen.
Trotzdem ist die Quantenchromodynamik, die auf Quarks in drei Flavors und drei Farben sowie acht farbigen Gluonen (44 Teilchen insgesamt) basiert, eine erfolgreiche Theorie. Die Wissenschaftler erwarten, daß sie auch weiterhin alle neuen Beobachtungen der Hadronen und ihres Verhaltens erklären kann.

12. Das Universum

Das Geheimnis der fehlenden Masse

Die meisten Beobachtungen und Experimente auf dem Gebiet der Teilchenphysik werden natürlich hier auf der Erde durchgeführt. Woher wissen wir aber, daß die erhaltenen Resultate auch auf andere Welten, auf die Sterne oder das Universum insgesamt anwendbar sind?
Zunächst einmal wurden direkt vor Ort Untersuchungen der Oberfläche des Mondes, des Mars und der Venus vorgenommen, außerdem hat man mit Hilfe hochentwickelter Instrumente von Raumsonden aus die Oberfläche anderer Himmelskörper im Sonnensystem erforscht – auch wenn die Sonden dort nicht landeten. Wir verfügen sogar über kleine Stücke außerirdischer Materie, die in Form von Meteoriten auf die Erde kommen. Keine dieser Untersuchungen hat uns irgendwelche Überraschungen im Bereich der Elementarteilchen beschert. Die Wissenschaftler sind sich praktisch sicher, daß alle Planeten im Weltraum aus der gleichen Materie wie die Erde bestehen und daher auch den gleichen Gesetzmäßigkeiten unterliegen.
Aber was ist mit der Sonne, die sich offensichtlich so stark von allen anderen Himmelskörpern des Sonnensystems unterscheidet? Von der Sonne erreichen uns geladene Teilchen, hauptsächlich Protonen, sowie Neutrinos, und sie sind so beschaffen wie erwartet.

Was ist mit dem Weltall jenseits des Sonnensystems? Wir haben Neutrinos von der Supernova aufgefangen, die 1987 in der Großen Magellanschen Wolke explodierte, und empfangen ständig kosmische Strahlung (vor allem Protonen und Alphateilchen) aus dem All. Sie deuten darauf hin, daß der Kosmos den Gesetzmäßigkeiten folgt, die man hier auf der Erde festgestellt hat.

Die wichtigste Information aus dem Universum erreicht uns normalerweise in Form von Photonen. Wir *sehen* nämlich die Sonne und die Fixsterne, ja sogar Milliarden Lichtjahre entfernte Galaxien. Außerdem können wir Photonen nachweisen, die zu energiereich oder zu energiearm sind, als daß wir sie mit dem Auge wahrnehmen könnten: Gammastrahlen, Röntgenstrahlen, ultraviolette, infrarote und Radiowellen.

Die eintreffenden Photonen geben eindeutigen Aufschluß über den chemischen Aufbau der Objekte, die sie aussenden. Die Astronomen sind recht zufrieden damit, daß die Sterne und Galaxien aus der gleichen Materie bestehen wie unsere Sonne. Unsere Sonne besteht aus Materie, wie sie auch auf der Erde zu finden ist (wenn man die viel höhere Temperatur der Sonne berücksichtigt).

Aber sehen oder empfangen wir wirklich eine repräsentative Auswahl aller existierenden Photonen? Gibt es irgend etwas im Universum, das *keine* Photonen aussendet? Eigentlich nicht! Jedes Objekt im Universum, das bei der Durchschnittstemperatur des Kosmos (etwa drei Grad über dem absoluten Nullpunkt) von Raum umgeben ist – und das gilt praktisch für alle Objekte –, strahlt Photonen ab. Ein Teil der Strahlung ist aber entweder nicht stark oder nicht energiereich genug, um sie hier empfangen zu können.

Viele Sterne sind so schwach leuchtend, daß wir sie auch mit den besten Instrumenten nur sehen können, wenn sie ziemlich nahe sind. Mit Sicherheit gibt es in anderen Sonnensystemen Planeten, deren Oberfläche ebenso kalt wie die Oberfläche der Planeten in unserem eigenen Sonnensystem ist und deren schwache Radiowellenstrahlung sich im hellen Schein der Sterne verliert, die sie umkreisen.

Trotzdem schien es richtig zu vermuten, daß der bei weitem größte Teil der Masse des Universums in Form von Sternen vorkommt und daß die Materie, die wir nicht erkennen können, weil sie zu kalt und zu schwach leuchtend ist, kaum ins Gewicht fällt. In unserem eigenen Sonnensystem beispielsweise machen alle Planeten, Satelliten, Planetoiden, Meteore und der Staub, die um die Sonne kreisen, nur 0,1 Prozent der Gesamtmasse aus. Die anderen 99,9 Prozent der Masse finden sich in der Sonne. Es gibt allen Grund zu der Annahme, daß prinzipiell auch andere Sterne die sie umkreisenden Objekte in gleicher Weise dominieren.

Natürlich ist es möglich, daß es im Universum auch Orte gibt, an denen die Bedingungen so extrem sind, daß die von uns postulierten Naturgesetze nicht mehr notwendigerweise gelten. Am wahrscheinlichsten dürfte dies für Schwarze Löcher zutreffen, wo die Materie in sich zusammengestürzt ist, so daß ihre Dichte fast unendlich groß ist und in ihrer unmittelbaren Umgebung eine ungeheuer starke Schwerkraft herrscht. Schwarze Löcher lassen sich nicht im Detail untersuchen; bis jetzt hat man noch nicht einmal ein solches Schwarzes Loch nachweisbar und unzweifelhaft identifiziert. Doch sie könnten – vorausgesetzt, es gibt sie – uns unbekannten Gesetzen unterliegen.

Eine weitere Unsicherheit besteht im Hinblick auf die ersten Augenblicke nach der Entstehung des Universums, als die Bedingungen so extrem waren, daß unsere physikalischen Gesetze darauf vielleicht nicht anwendbar sind.

(Dazu werden später noch einige Worte zu sagen sein.) Doch man ist wohl nie vor Überraschungen sicher. Alle Photonen aus dem Weltraum, die wir untersuchen, sind ein Produkt der elektromagnetischen Wechselwirkung; die Überraschung ergab sich aus den Auswirkungen der Gravitation, der anderen weitreichenden Wechselwirkung.

Man kann zwar keine Gravitonen nachweisen, aber es ist sehr wohl möglich, die Wirkung der Schwerkraft auf die Bewegung der Sterne und Galaxien festzustellen. Man kann die Geschwindigkeit der rotierenden Galaxien in ihren verschiedenen Bereichen messen und nimmt dabei an, daß diese Rotationsbewegung von Gravitationskräften innerhalb der Galaxis bestimmt wird, genau wie die Rotation der Planeten im Sonnensystem dem Einfluß der Schwerkraft der Sonne unterliegt.

Da 99,9 Prozent der Masse des Sonnensystems in der Sonne konzentriert sind, übertrifft die Gravitationskraft der Sonne alle anderen Gravitationseinflüsse im Sonnensystem. Bis auf ganz geringfügige Korrekturen muß man nur diesen Einfluß berücksichtigen. Je weiter ein Planet von der Sonne entfernt ist, desto schwächer wirkt die Gravitationskraft der Sonne auf ihn ein und desto langsamer bewegt er sich. Daß sich die Geschwindigkeit in Abhängigkeit von der Entfernung ändert, wurde 1609 von dem deutschen Astronomen Johannes Kepler (1571–1630) entdeckt und 1687 im allgemeinen Gravitationsgesetz von Newton erklärt.

Ähnlich wie im Sonnensystem ist auch in den Galaxien die Masse im Zentrum konzentriert, wenn auch nicht ganz so extrem. Man kann *sehen*, daß die Sterne immer zahlreicher werden, je weiter man sich dem Mittelpunkt einer Galaxis nähert. Deshalb scheint die Schlußfolgerung berechtigt, daß ungefähr 90 Prozent der Masse aller großen Galaxien auf relativ kleinem Raum in ihrem Zentrum enthalten sind.

Man würde daher erwarten, daß die Sterne das Zentrum ihrer Galaxien um so langsamer umkreisen, je weiter sie vom Mittelpunkt entfernt sind. Aber dies ist nicht der Fall. Anscheinend bewegen sich die Sterne in einer Galaxis mit etwa der gleichen Geschwindigkeit, wenn man sich vom Zentrum entfernt.

Kein Wissenschaftler möchte das Gravitationsgesetz aufgeben (das durch Einsteins allgemeine Relativitätstheorie zwar abgewandelt und erweitert, aber nicht ersetzt worden ist), denn es sieht nicht so aus, als könnte ein anderes Gesetz erklären, was im Universum allgemein vor sich geht. Deshalb müssen wir annehmen, daß die Masse der Galaxis *nicht* in ihrem Zentrum konzentriert, sondern viel gleichmäßiger über die ganze Galaxis verteilt ist. Wie kann das aber sein, wenn wir doch *sehen*, daß sich die Masse in Form von Sternen konzentriert?

Die einzig mögliche Folgerung ist, daß es außerhalb des galaktischen Kerns Materie gibt, die wir *nicht* sehen. Es handelt sich dabei um »dunkle Materie«, die zwar keine wahrnehmbaren Photonen aussendet, aber ihren Gravitationseinfluß ausübt. Unter dem Aspekt der Schwerkraft müssen wir tatsächlich annehmen, daß die Masse einer Galaxis möglicherweise um ein Vielfaches größer ist, als es aufgrund der abgestrahlten Photonen den Anschein hat. Bis zu dem Zeitpunkt, an dem Untersuchungen zur Rotation von Galaxien durchgeführt wurden, war uns anscheinend der größte Teil der Masse von Galaxien entgangen.

Ein anderer Gesichtspunkt: Galaxien existieren in Haufen. Innerhalb dieser Nebelhaufen (von denen jeder aus Dutzenden bis zu Tausenden von Galaxien besteht) bewegen sich die Galaxien rastlos umher wie ein Bienenschwarm. Die Haufen werden von der gegenseitigen Massenanziehung ihrer einzelnen Galaxien zusammengehalten, aber die Massen der Galaxien – wenn wir danach gehen, was wir *sehen* können, nämlich nach den Photonen, die wir feststellen können – sind einfach nicht groß genug, um die Anziehungskraft zu erzeugen, die für den Zusammenhalt der Haufen notwendig ist. Und dennoch *werden* die Haufen offensichtlich zusammengehalten. Wieder muß Masse im Spiel sein, die wir nicht wahrnehmen. Je größer der Haufen ist, desto größer muß auch die Masse sein, die wir nicht bestimmen können. Im Universum könnte es bis zu hundertmal soviel Masse geben, wie wir sehen können. Dieses Phänomen wird als »Geheimnis der fehlenden Masse« bezeichnet. Wie kann man es lösen?

Die einfachste Antwort besteht in der Annahme, daß jede Galaxis gewaltige Mengen von kleinen, sehr schwach leuchtenden Sternen, Planeten und Staubwolken enthält. Das Problem ist nur, daß diese Hypothese nicht sehr vernünftig ist; nach allem, was wir über das Universum wissen, dürfen wir nicht annehmen, daß solche Materie in einer Menge vorkommt, die der hundertfachen Masse der sichtbaren Sterne entspricht.

Steigen wir deshalb wieder auf die Ebene der Elementarteilchen hinunter. Etwa 90 Prozent der Masse des Universums bestehen, soweit bekannt ist, aus Protonen. Die einzigen anderen Elementarteilchen, die ihnen zahlenmäßig gleichkommen oder sie sogar übertreffen, sind die Elektronen, die gleich häufig vorkommen wie die Protonen, sowie die Photonen und Elektronen-Neutrinos, die beide jeweils vielleicht eine Milliarde Male so häufig sind wie die Protonen. Die Elektronen besitzen jedoch nur eine winzige Masse, und die Photonen und Elektronen-Neutrinos besitzen sogar überhaupt keine Eigenmasse. Die Elektronen, Photonen und Elektronen-Neutrinos rasen alle umher und besitzen eine Bewegungsenergie, die ihrer Masse entspricht, aber die Masse, die die Energie erzeugt, ist extrem klein – so klein, daß man sie vernachlässigen kann. Damit bleibt nur noch das Proton als Hauptmaterial der Masse des Universums übrig.

Ist es denkbar, daß die fehlende Masse aus zusätzlichen Protonen besteht, von denen wir nichts wissen? Die Antwort hierauf lautet wohl: nein! Die Astronomen verfügen über Möglichkeiten, um die Protonendichte im Universum abzuschätzen; sie können deshalb auch bestimmen, wie viele es – sichtbar oder unsichtbar – in den Regionen geben kann, die von Galaxien oder Galaxienhaufen eingenommen werden. Die Menge der vorhandenen Protonen beläuft sich höchstens auf 1 Prozent der fehlenden Masse. Woraus die fehlende Masse auch bestehen mag, Protonen können es nicht sein.

Damit bleiben die Elektronen, Photonen und Elektronen-Neutrinos. Man ist sich ziemlich sicher, daß die Elektronen und Photonen die fehlende Masse nicht liefern können; beim Elektronen-Neutrino ist es dagegen nicht ganz so gewiß.

1963 äußerte eine Gruppe japanischer Wissenschaftler die Vermutung, das Elektronen-Neutrino könne vielleicht eine winzige Masse besitzen, beispielsweise einen kleinen Bruchteil der Masse von Elektronen. In diesem Falle hätte das Müonen-Neutrino schon eine etwas größere und das Tauonen-Neutrino eine noch größere Masse. Alle Massen wären vielleicht sehr gering, aber nicht gleich null.

Wenn das zuträfe, würden sich die Neutrinos mit weniger als Lichtgeschwindigkeit – wenn auch vielleicht nicht viel langsamer – und jedes dabei mit einer etwas unterschiedlichen Geschwindigkeit bewegen. Deshalb würden die drei Flavors von Neutrinos oszillieren und dabei rasch von einem Flavor zum anderen wechseln.

Dies würde bedeuten, daß ein Strahl Elektronen-Neutrinos, der von der Sonne emittiert wird, acht Minuten später auf der Erde ankommt, nachdem er 150 Millionen km zurückgelegt hat, und hier als Strahl aus gleich vielen Elektronen-, Müonen- und Tauonen-Neutrinos auftreten würde.
Dies wäre in der Tat interessant, denn Reines, der seit Jahrzehnten Neutrinos von der Sonne registriert, arbeitet mit Detektoren, die nur auf Elektronen-Neutrinos ansprechen. Falls die Neutrinos oszillieren, würde der aufgefangene Strahl nicht ausschließlich, sondern nur zu einem Drittel aus Elektronen-Neutrinos bestehen. Reines könnte somit auch nur *ein* Drittel feststellen, was erklären würde, warum die Zahl der empfangenen Elektronen-Neutrinos immer so niedrig lag.
1980 berichtete Reines von Experimenten, die ihm Grund zu der Annahme gäben, daß eine Oszillation stattfinde und die Neutrinos tatsächlich eine geringe Masse hätten. Dies würde nicht nur die fehlenden Neutrinos von der Sonne, sondern auch das Geheimnis der fehlenden Masse erklären. Im Universum treiben so viele Neutrinos umher, daß es selbst dann, wenn jedes von ihnen nur $^1/_{10\,000}$ der Masse eines Elektrons besäße, schon ausreichen würde, um die Gesamtmasse der Neutrinos hundertmal so groß wie die Masse aller Protonen im Universum zu machen. Mit Hilfe solcher Neutrinos mit geringer Masse könnte man vielleicht außerdem erklären, wie sich die Galaxien am Anfang bildeten – ein Problem, das den Astronomen derzeit eine Menge Kopfzerbrechen bereitet.
Die Möglichkeit eines Neutrinos, das eine winzige Masse besitzt, würde somit eine Reihe von Problemen so gut wie lösen; deshalb möchte man einfach daran glauben, daß es stimmt. Das einzige Problem ist, daß niemand Reines' Bericht bestätigt hat. Im allgemeinen nimmt man an, er habe

sich getäuscht. Ganz egal, wie schön und wünschenswert eine Theorie ist – wenn sie der Realität nicht standhält, muß man sie aufgeben.

Doch die fehlende Masse scheint es selbst dann zu geben, wenn sie nicht aus Protonen oder Neutrinos besteht. Woraus besteht sie dann? Die Physiker haben in den letzten Jahren versucht, Theorien zu entwickeln, die die starke und die elektroschwache Wechselwirkung vereinheitlichen. Einige dieser Theorien verlangen die Einführung neuer und exotischer Teilchen. Vielleicht sind solche Teilchen, die niemals wirklich beobachtet worden sind und bisher nur in den Köpfen einiger einfallsreicher Wissenschaftler existieren, für die fehlende Masse verantwortlich. Aber dann müssen wir auf Beobachtungen warten, die diese ausgefallenen Theorien auch stützen.

Das Ende des Universums

Gleichgültig, ob mit dem Auge oder durch verschiedene Instrumente betrachtet, für den flüchtigen Betrachter könnte das Universum statisch erscheinen. Die Veränderungen, die sich vollziehen, sind meist zyklischer Natur. Wenn einige Sterne explodieren, entstehen dafür andere. Es scheint keinen Grund für die Annahme zu geben, daß das Universum zwangsläufig ein Ende oder einen Anfang habe – mit Ausnahme eines überwältigenden Phänomens, das möglicherweise nicht zyklisch ist: Das Universum dehnt sich aus.

Diese Geschichte beginnt 1912, als der amerikanische Astronom Vesto Melvin Slipher (1875–1969) begann, die Spektren bestimmter Nebel zu studieren. In Wirklichkeit handelte es sich dabei um ferne Galaxien, die weit außerhalb unserer Milchstraße lagen, doch dies war damals nicht bekannt. Anhand der Farbspektren konnte Slipher erkennen, ob die Spektrallinien zum violetten Ende des Spektrums hin verschoben waren (in diesem Fall kam der Nebel näher) oder zum roten Ende hin (dann entfernte er sich).

Bis 1917 hatte Slipher herausgefunden, daß von den fünfzehn Nebeln, die er untersucht hatte, mit Ausnahme von zweien alle eine Rotverschiebung zeigten und sich entfernten. Auch andere Forscher widmeten sich der Aufgabe. Nachdem man die Nebel als ferne Galaxien erkannt hatte, stellte es sich heraus, daß sich, abgesehen von den beiden Annäherungen, die Slipher entdeckt hatte und bei denen es sich um zwei ungewöhnlich nahe Galaxien handelte, alle von uns entfernten. Außerdem entfernte sich die Galaxis um so schneller, je schwächer sie leuchtete.

Gegen Ende der 20er Jahre hatte der amerikanische Astronom Edwin Powell Hubble (1889–1953) genug Daten gesammelt, um verkünden zu können, daß sich das Universum ausdehne und die Galaxienhaufen, aus denen das All bestand, sich voneinander entfernten.

Dies ergab auch im Hinblick auf die Theorie einen Sinn. 1916 entwickelte Einstein seine allgemeine Relativitätstheorie, die die Massenanziehung genauer beschrieb, als Newton dies getan hatte. Die von Einstein aufgestellten Gleichungen zur Beschreibung der Gravitation begründeten die Wissenschaft der Kosmologie (die das Universum als Ganzes untersucht).

Einstein nahm zunächst an, das Universum müsse insgesamt unveränderlich sein, und paßte seine Gleichungen dieser Annahme an. 1917 zeigte der niederländische Astronom Willem de Sitter (1872–1934), daß die nicht berichtigten Gleichungen, wenn sie richtig gelöst wurden, eine Aus-

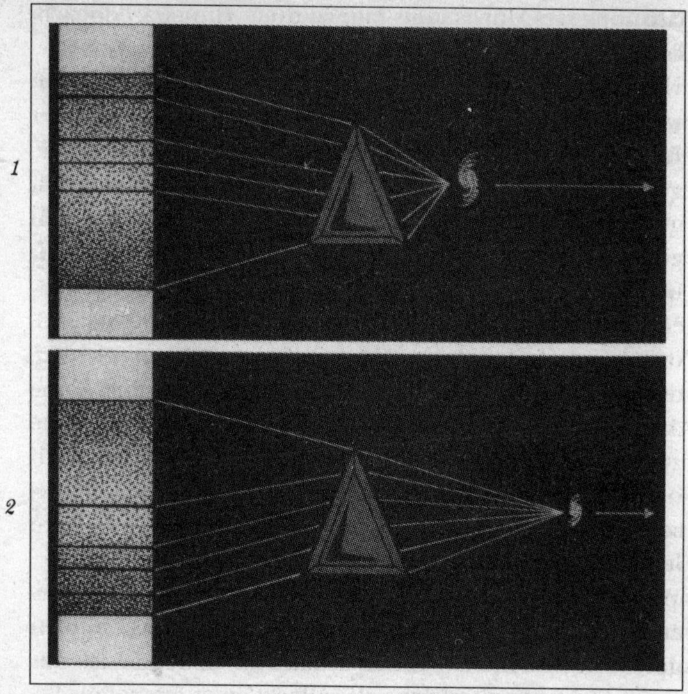

1. Spektrallinien im Licht einer nahen Galaxis (die sich entfernt) verschieben sich nur leicht zum roten Ende des Farbspektrums hin.
2. Spektrallinien vom Licht einer fernen Galaxis (die sich schnell entfernt) verschieben sich deutlich zum roten Ende des Farbspektrums hin.

dehnung des Universums implizierten. Hubbles Beobachtungen bewiesen die Richtigkeit dieser Theorie.

Nun stellt sich die Frage: Wie lange wird sich das Universum weiter ausdehnen? Die gegenseitige Massenanziehung aller Bestandteile des Universums wirkt der Ausdehnung entgegen. Die Ausdehnung erfolgt also gegen die Schwerkraft, genau wie ein Gegenstand, der von der Erde aus nach oben geschleudert wird, sich entgegen der Erdanziehungskraft bewegt.

Nach unserer alltäglichen Erfahrung wird ein Gegenstand, den man unter normalen Bedingungen nach oben schleudert, schließlich von der Erdanziehungskraft besiegt. Seine Aufstiegsgeschwindigkeit sinkt auf null, worauf er zur Erde zurückgezogen wird. Je kräftiger der Gegenstand nach oben geworfen wird – und je größer seine Anfangsgeschwindigkeit damit ist –, desto höher steigt er und desto länger dauert es, bis er wieder herunterfällt.

Wenn ein Gegenstand von der Erde aus aber mit ausreichender Kraft (d.h. Anfangsgeschwindigkeit) nach oben geschickt wird, fällt er *nie* zurück. Die Anziehungskraft der Erde wird schwächer, wenn das Objekt einen immer größeren Abstand zum Erdmittelpunkt gewinnt. Wenn es sich schnell genug nach oben bewegt (11 km/s), genügt die abnehmende Stärke der Schwerkraft überhaupt nicht mehr, um es wieder zurückzuholen. Dies bedeutet, daß 11 km/s die Entweich- oder Fluchtgeschwindigkeit aus dem Bereich der Erdanziehungskraft ist.

Damit stellt sich die Frage, ob die Geschwindigkeit der Ausdehnung des Universums, die entgegen der nach innen wirkenden Massenanziehungskraft nach außen verläuft, die Fluchtgeschwindigkeit erreicht hat oder nicht. Falls die Ausdehnungsgeschwindigkeit über der Fluchtgeschwindigkeit liegt, wird sich das Universum unendlich lange ausdehnen.

Es wäre dann ein offenes Universum. Wenn seine Ausdehnungsgeschwindigkeit aber niedriger als die Fluchtgeschwindigkeit ist, wird sich die Ausdehnung allmählich verlangsamen und schließlich zum Stillstand kommen. Danach wird das Universum beginnen, sich wieder zusammenzuziehen. In diesem Fall wäre es ein geschlossenes Universum.

Es mag uns zu unseren Lebzeiten und sogar während der Lebensdauer unseres Planetensystems möglicherweise nicht berühren, ob das Universum offen oder geschlossen ist, ob es als Materiekugel endet, die sich für immer ausdehnt und dünner wird oder wieder zusammenzieht und dichter wird – aber die Wissenschaftler sind nun einmal neugierig. Um dies entscheiden zu können, versuchen sie, die Geschwindigkeit der Ausdehnung zu schätzen. Außerdem bemühen sie sich darum, die durchschnittliche Dichte der Materie im Universum zu bestimmen, was ihnen eine Vorstellung von der Stärke der nach innen wirkenden Massenanziehung vermitteln würde. Beide Bestimmungen lassen sich nicht leicht durchführen; zudem erhält man nur Näherungswerte. Die Wissenschaftler sind jedoch zu dem Schluß gekommen, daß die Dichte des Universums nur etwa ein Prozent dessen beträgt, was notwendig wäre, um der Ausdehnung ein Ende zu setzen. Es scheint also, als sei das Universum offen und werde sich für immer ausdehnen.

Aber halt! Die Bestimmung der Dichte der Materie im Universum basiert auf dem, was wir entdecken können – aber was ist mit der dunklen Materie? Wenn es stimmt, daß die dunkle Materie im Universum, deren Beschaffenheit ja noch nicht bestimmt worden ist, vielleicht mindestens hundertmal so schwer wie die *bekannte* Materie ist, könnte das für ein geschlossenes Universum ausreichen. Letztlich wissen wir also nicht, ob das Universum offen oder geschlossen ist.

Es ist auch möglich, daß es genug dunkle Materie im Universum gibt, damit es an der Grenze (oder ganz in der Nähe) zwischen offen und geschlossen ist. Das Universum wäre dann »flach«. Dies wäre ein außergewöhnlicher Zufall, so daß es, wenn dies der Fall wäre, dafür einen Grund geben müßte.

Man erkennt daraus, wie wichtig es vom kosmologischen Standpunkt aus ist, daß wir wissen, ob dunkle Materie tatsächlich existiert und woraus sie gegebenenfalls besteht. Wenn es darauf eine Antwort gibt, muß sie aus dem Bereich der Elementarteilchen kommen. Die Erweiterung des Wissens erweist sich somit wirklich als Einheit: Die Kenntnis des größten bekannten Objekts, des Universums, hängt davon ab, was wir über die kleinsten bekannten Objekte, die Elementarteilchen, wissen.

Eine andere Möglichkeit, wie sich Elementarteilchen auf das Ende des Universums auswirken könnten, hat mit der versuchten Vereinheitlichung der starken und der elektroschwachen Wechselwirkung zu tun. Die ersten Versuche in diese Richtung wurden 1973 unternommen, als Salam, der Mitbegründer der elektroschwachen Theorie, das Problem in Angriff nahm.

Da an der elektroschwachen Wechselwirkung die Leptonen und an der starken Wechselwirkung die Quarks beteiligt sind, muß eine vereinheitlichte Theorie davon ausgehen, daß sich Leptonen und Quarks grundsätzlich in ihrem Wesen ähnlich sind und daß unter bestimmten Bedingungen ein Teilchen in das andere verwandelt werden kann. Die naheliegende Annahme lautet, daß Quarks zu Leptonen werden können, weil in dieser Richtung Masse und Energie abnehmen würden.

Nehmen wir dann an, daß ein Quark in einem Proton zu einem Lepton umgewandelt wird. Das Proton wäre damit nicht länger ein Proton; es würde zu solch leichteren Teilchen wie Kaonen, Pionen, Müonen und Positronen zerfallen (die alle positiv geladen sind und für den Erhalt der elektrischen Ladung sorgen). Die Kaonen, Pionen und Müonen würden schließlich in Positronen zerfallen, was bedeuten würde, daß sich im Endeffekt Protonen in Positronen umwandeln würden.

Dies verletzt den Satz von der Erhaltung der Baryonenzahl. Doch alle Erhaltungssätze sind lediglich von Beobachtungen abgeleitet. Man hat niemals eine Umwandlung beobachtet, die eine Baryonenzahl in einem abgeschlossenen System verändert; deshalb *nehmen* wir natürlich *an*, daß es nie zu einer solchen Veränderung kommen kann – und dies verschafft uns den Erhaltungssatz. Aber wie wirkungsvoll und hilfreich die Erhaltungssätze auch sein mögen, sie bleiben doch Annahmen. Somit müssen die Wissenschaftler hin und wieder bereit sein, die Tatsache zu akzeptieren, daß ein bestimmter Erhaltungssatz vielleicht nicht unter allen denkbaren Bedingungen gültig ist. So war es auch, wie bereits erklärt, beim Satz von der Erhaltung der Parität.

Trotzdem haben die Wissenschaftler viele Jahrzehnte lang intensiv die Protonen erforscht, und niemals hat man ein Proton zerfallen sehen. Da sie aber überzeugt davon sind, daß es nicht zerfallen kann, haben sie sich andererseits auch nicht um eine endgültige Klärung bemüht.

Außerdem deutet die Vereinheitlichung der noch übrigen Wechselwirkungen (es gibt mehrere Arten) darauf hin, daß die Halbwertszeit des Protons extrem lang ist. Es dauert 10^{31} (zehn Millionen Billionen Billionen) Jahre, bis die Hälfte der Protonen einer beliebigen Materieprobe zerfallen ist. Da das Universum erst ca. 15 Milliarden Jahre alt ist, wäre die Halbwertszeit der Protonen fast 70 Milliarden Billionen Male so lang wie das Alter des Universums. Die Protonen, die während der gesamten bisherigen Lebensdauer des Universums zerfallen sind, machen damit nur einen unbedeutenden Bruchteil der Gesamtmenge aus.

Die Zahl wäre aber nicht gleich null! Wenn man mit 10^{31} Protonen beginnt – diese Zahl erhält man in einem Tank mit ca. 20 Tonnen Wasser –, besteht eine reelle Chance, daß im Laufe eines Jahres ein Proton zerfällt. Dieses eine Proton in den 20 Tonnen Wasser zu entdecken und seinen Zerfall als die Umwandlung eines Quarks zu einem Lepton zu identifizieren wäre keine leichte Aufgabe. Wissenschaftler, die erste Versuche zur Erforschung des Problems unternommen haben, konnten noch keinen derartigen Zerfall nachweisen.

Es ist wichtig, ob der Nachweis gelingt oder scheitert. Gelingt er, so steht noch ein weiter Weg bevor, bis man die Gültigkeit der Vereinheitlichung der Wechselwirkungen, die sogenannte Große Vereinheitlichte Theorie, beweisen kann; ein Fehlschlag würde sie in Zweifel ziehen.

Man bedenke auch, was man daraus für das Schicksal des Universums ableiten könnte. Wenn das Universum offen ist und sich für immer ausdehnt, verliert es sehr langsam seinen Anteil an Protonen. Es wird schließlich zu einer unvorstellbar weiten und dünnen Wolke aus Leptonen – aus Elektronen und Positronen (und natürlich Photonen und Neutrinos).

Natürlich vermuten wir auch, daß sich mit zunehmendem Alter eine immer größere Masse des Universums in Schwarzen Löchern konzentriert. Und wir haben nicht die leiseste Ahnung, welche Naturgesetze im Inneren von Schwarzen Löchern gelten. Gibt es in diesen Zentren irgendwelche Hadronen? Zerfallen sie, ganz langsam, aber ganz sicher? Verschwinden die Schwarzen Löcher schließlich? Die Rätsel bleiben – vielleicht für immer.

Der Anfang des Universums

Das Universum dehnt sich *gegenwärtig* aus, und zwar unabhängig davon, ob es offen oder geschlossen ist. Das bedeutet, daß es letztes Jahr kleiner als heute und vorletztes Jahr noch kleiner war.

Wenn wir in die Zukunft schauen, ist es zumindest denkbar, daß sie unendlich ist, denn das All könnte offen sein und sich ewig ausdehnen. Doch wenn wir in die Vergangenheit zurückblicken, so ist hier keine Unendlichkeit möglich. Das Universum wird immer kleiner, und man kann sich vorstellen, daß es in einem bestimmten Augenblick in der fernen Vergangenheit auf minimale Größe zusammenschrumpft.

Der erste, der dies genauer aufgezeigt hat, war der belgische Astronom Abbé Georges Henri Lemaître (1894–1966). 1927 stellte er die Hypothese auf, in der Vergangenheit habe es einen Zeitpunkt gegeben, an dem die Materie und die Energie des Universums buchstäblich zu einer außerordentlich dichten Masse zusammengepreßt gewesen seien. Aufgrund der instabilen Situation nannte er die Masse »Weltenei« (Anm. d. Übers.: Dieser Zustand ist im deutschsprachigen Raum als »Ursuppe« bekannt.) Es explodierte auf eine Weise, die wir uns nur als die gewaltigste und katastrophalste Explosion überhaupt vorstellen können, die im Universum möglich ist. Die Auswirkungen dieser Explosion sind in Form der Ausdehnung des Universums immer noch gegenwärtig. Der russisch-amerikanische Physiker George Gamow (1904–1968) bezeichnete dieses Ereignis als »Big Bang« (Urknall), und der Name blieb haften.

Natürlich gab es einigen Widerstand gegen die Theorie eines Urknalls. Es wurden andere Szenarios entwickelt, die eine Erklärung für die Ausdehnung des Universums lieferten. Der Streit wurde erst 1964 beigelegt, als der deutsch-amerikanische Physiker Arno Allan Penzias (geb. 1933) und der amerikanische Physiker Robert Woodrow Wilson (geb. 1936) die Radiowellenstrahlung aus dem Weltall untersuchten.

In welche Richtung sie auch schauten, sie mußten nur weit genug vordringen, um eine Strahlung zu entdecken, die so viele Milliarden Jahre unterwegs war, daß sie vom Urknall selbst stammen mußte, falls es einen solchen gegeben hatte. Sie stellten überall am Himmel einen schwachen Hintergrund gleich starker Radiowellen fest, der als fernes »Echo« des Urknalls gewertet wurde. Die Physiker akzeptierten, daß damit die Big-Bang-Theorie bewiesen war. Penzias und Wilson erhielten 1978 für ihre Arbeit einen Nobelpreis.

Die Big-Bang-Theorie hat natürlich ihre Probleme. Wann war beispielsweise der Zeitpunkt des Urknalls? Eine Möglichkeit, dies zu bestimmen, besteht darin, daß man zuerst die Geschwindigkeit mißt, mit der sich das Universum gegenwärtig ausdehnt, und dann zurückrechnet, wobei man berücksichtigt, daß die Anziehungskraft in dem Maße zunimmt, in dem das Universum kleiner und dichter wird.

Das ist viel leichter gesagt als getan. Es gibt verschiedene Möglichkeiten, die Ausdehnungsgeschwindigkeit zu bestimmen, das Alter der ältesten Sterne zu messen und die Entfernung der am weitesten entfernten Objekte (und damit die Zeit, die die Strahlung gebraucht hat, um uns von diesen Objekten aus zu erreichen) festzustellen.

Die Ergebnisse widersprechen sich häufig; Schätzungen über den Zeitpunkt des Urknalls schwanken deshalb zwischen 10 und 20 Milliarden Jahren. Normalerweise teilt man die Differenz und nimmt an, daß das Universum vom Zeitpunkt des Urknalls an 15 Milliarden Jahre alt ist, aber ich vermute, daß die Wahrheit näher bei 20 Milliarden liegt.

Es gibt noch weitere, subtilere Schwierigkeiten. Die von

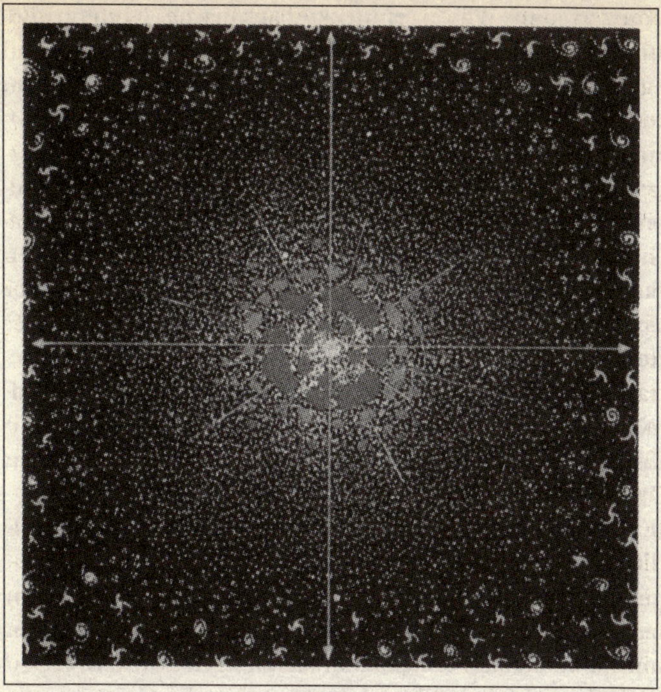

Heute können Radioastronomen noch immer dem fernen »Echo« des Urknalls lauschen.

Penzias und Wilson entdeckte kosmische Hintergrundstrahlung ist am gesamten Himmel extrem ähnlich und steht für eine Durchschnittstemperatur des Universums von drei Grad über dem absoluten Nullpunkt. Das ist verblüffend, denn um eine Situation zu erhalten, in der die Temperatur überall gleich hoch ist, muß normalerweise irgendeine Verbindung zwischen den verschiedenen Teilen bestehen, damit die Wärme von einer Stelle zur anderen fließen kann und sich ausgleicht. Im Universum kann das nicht der Fall sein, denn verschiedene Teile sind weiter voneinander entfernt, als das Licht eine solche Strecke während der gesamten Lebensdauer des Universums zurücklegen kann. Nichts kann sich schneller als Licht bewegen, was hat somit für den Temperaturausgleich gesorgt? Oder mit anderen Worten: Was macht das Weltall so gleichförmig?

Ein anderes Problem ist genau gegenteiliger Natur. Falls das Universum gleichförmig *ist*, warum blieb es dann nicht dabei? Warum ist es nicht einfach ein formloser Klumpen aus Elementarteilchen, der sich endlos ausbreitet? Warum verdichteten sich die Teilchen zu riesigen Stücken, die zu Galaxienhaufen wurden, in denen sich die Galaxien wiederum zu einzelnen Sternen verdichteten? Mit anderen Worten: Warum ist das Universum einerseits so gleichförmig und andererseits so klumpig?

Es gibt noch einige weitere Probleme, aber alle – das Alter, die homogene bzw. die klumpige Beschaffenheit usw. – hängen davon ab, was sich ganz am Anfang des Universums, in den ersten Augenblicken nach der gewaltigen Explosion, abspielte. Natürlich war niemand dabei, aber die Wissenschaftler versuchen, es aus dem zu erschließen, was sie über den jetzigen Zustand des Universums wissen und was sie über die Elementarteilchen erfahren haben.

So nehmen sie an, daß sowohl die Temperatur als auch die

Energiedichte immer stärker ansteigen, je weiter man sich in der Zeit zurückbewegt und je näher man dem Urknall kommt. Die Wissenschaftler glauben, daß sie keine Aussagen über die Zeit vor 10^{-45} Sekunden (das ist ein Milliardstel eines Billionstels eines Billionstels einer Billionstelsekunde) nach dem Urknall machen können. Eine geringere Zeitspanne als diese führt zu so extremen Bedingungen, daß Raum und Zeit selbst bedeutungslos sind.

Doch das Universum kühlt sich in unglaublich kurzen Sekundenbruchteilen ab. Zunächst war es nur ein Meer aus Quarks, die ungebunden existierten, weil nichts anderes bestehen konnte und sie schon zu energiereich waren, um sich auch nur so weit zu beruhigen, daß sie miteinander Verbindungen eingingen.

Als das Weltall aber eine Millionstelsekunde alt war, hatten sich die Quarks in die heutigen Quarks und Leptonen aufgespalten. Diese Quarks waren genügend abgekühlt, um sich zu verbinden, so daß sich Baryonen und Mesonen bildeten. Freie Quarks wurden nie mehr gesichtet. Die Wechselwirkungen, die als eine einzige Form begannen, spalteten sich in die vier auf, die wir heute kennen. Als das Universum eine Sekunde alt war, hatte es sich bereits so weit verdünnt, daß Neutrinos nicht mehr mit anderen Teilchen in Wechselwirkung traten. Seitdem existieren sie frei und gleichgültig gegenüber dem Rest des Universums. Als das Universum drei Minuten alt war, entstanden die ersten einfachen Atomkerne.

Nach hunderttausend Jahren begannen die Elektronen, Kerne zu umkreisen. Atome bildeten sich. Danach verdichtete sich die Materie zu Galaxien und Sternen; das Universum nahm langsam die vertraute Form an.

Und dennoch konnten die Wissenschaftler nicht umhin, an die Zeit null zu denken, den eigentlichen Augenblick des

Urknalls vor der 10^{-45}-Sekunden-Grenze. Woher stammte das Material des Welteneis bzw. der Ursuppe?
Wenn wir uns die Situation vor der Entstehung der Ursuppe vor Augen halten, könnten wir an ein riesiges, grenzenloses Meer aus nichts denken. Doch das ist offenkundig keine zutreffende Beschreibung dessen, was vorhanden war. Das Nichts enthält Energie. Es ist nicht ganz ein Vakuum, denn laut Definition enthält ein Vakuum überhaupt nichts. Doch das Vor-Universum besaß Energie. Auch wenn all seine sonstigen Eigenschaften einem Vakuum entsprachen, wird es als falsches Vakuum bezeichnet. Aus diesem falschen Vakuum kam ein winziger Materiepunkt dort zum Vorschein, wo sich die Energie aufgrund der blinden Kräfte zufälliger Veränderungen gerade ausreichend konzentriert hatte. In der Tat könnte man sich das grenzenlose falsche Vakuum als eine schäumende, sprudelnde Masse vorstellen, die hie und da Materiestückchen erzeugt, wie die Ozeanwellen Schaum produzieren.
Einige dieser Materiestückchen verschwanden möglicherweise sofort wieder und sanken in das falsche Vakuum zurück, aus dem sie kamen. Andere waren aber vielleicht groß genug oder unter solchen Bedingungen entstanden, daß sie sich rasch in einer Weise ausdehnten, die sicherstellte, daß das Universum entstehen und möglicherweise für viele Milliarden Jahre bestehen bleiben würde.
Es könnte also sein, daß wir eines von unzähligen Universen bewohnen, die sich in verschiedenen Stadien ihrer Entwicklung befinden und – nach allem, was wir wissen – mit verschiedenen Naturgesetzen ausgestattet sind. Es gibt jedoch absolut keine Möglichkeit, mit einem anderen Universum in Verbindung zu treten; wir sind für immer auf unser eigenes Universum beschränkt – wie ein Quark auf ein Hadron. Das sollte uns aber nicht unnötig Sorgen

bereiten. Unser Universum ist schon allein groß, vielfältig und rätselhaft genug für alle Zwecke.
Von dieser Vorstellung vom Ursprung des Universums ausgehend, stellte der amerikanische Physiker Alan Guth 1980 die Theorie auf, daß es in einem sehr frühen Stadium des Universums eine schnelle Phase der Ausdehnung gegeben habe. Dieses Bild wird als »inflationäres Universum« beschrieben. Es ist schwer zu begreifen, wie kurz die inflationäre Phase und wie gewaltig die Aufblähung war. Die Aufblähung setzt bei etwa 10^{-35} Sekunden ein (zehn Billionstel eines Billionstels einer Billionstelsekunde), wobei sich die Größe des Kosmos in der Folgezeit alle 10^{-35} Sekunden verdoppelte. Nach tausend Verdoppelungen (nur 10^{-32} Sekunden nach dem Urknall) hörte die inflationäre Ausdehnung auf. Dieser Zeitunterschied (zehn Milliardstels eines Billionstels einer Billionstelsekunde) reichte aber aus, das Universum auf den 10^{50}fachen Rauminhalt anwachsen zu lassen. Es beendete die inflationäre Phase mit einem Volumen, das hundert Billionen Billionen Billionen Billionen Male größer war als am Anfang. Außerdem verleibte sich das Universum durch die Vergrößerung seines Volumens mehr von dem falschen Vakuum und seinem Energiegehalt ein und vergrößerte dadurch seine Masse gewaltig. Man kann aufzeigen, daß eine derart schnelle Aufblähung zu Beginn das Universum gleichförmig und beinahe flach machte, denn es besaß gerade die Massendichte, die es im Grenzbereich zwischen offen und geschlossen ansiedelte.
Guths inflationäres Universum konnte nicht alle Eigenschaften des heutigen Kosmos erklären. Die Wissenschaftler haben daran gearbeitet, die Theorie so zu modifizieren, daß sie uns ein besseres Bild von dem vermitteln kann, was uns heute umgibt, besonders was die Entstehung der Galaxien betrifft. Um dies zu bewerkstelligen, ist eine weitere Vereinheitli-

chung notwendig. Man muß nicht nur die starke und die elektroschwache Wechselwirkung, sondern auch die Gravitationswechselwirkung unter einen Hut bringen. Die Gravitation hat bislang allen Versuchen widerstanden, sie einzubeziehen, aber die Wissenschaftler arbeiten mit der sogenannten »Superstring-Theorie«, die sie auch als »Theorie von allem« bezeichnen.

Dabei werden nicht nur Baryonen und Leptonen als zwei verschiedene Beispiele von etwas Grundlegenderem zusammengeführt, sondern auch Fermionen und Bosonen werden vereinheitlicht und als zwei unterschiedliche Beispiele von etwas noch Elementarerem aufgefaßt. Man hat eine neue Gruppe von Teilchen postuliert, in der es neue Fermionen analog zu unseren Bosonen und neue Bosonen analog zu unseren Fermionen gibt.

Wohin das führen wird, kann ich nicht sagen. Zu versuchen, die heutige Auffassung zu skizzieren, erscheint nicht sinnvoll; sie ist Veränderungen unterworfen und muß fast täglich modifiziert werden. Außerdem kann sich keine Theorie auf irgendwelche Beobachtungen stützen und bleibt so bloße Spekulation.

Dennoch gibt es den Traum von einem einzigen Satz Gleichungen, der alle Teilchen des Universums genauso erfassen kann wie alle Wechselwirkungen, an denen sie beteiligt sind. Wir brauchen dies, damit wir ein abgesichertes Bild vom Universum erhalten, das mit einer einzigen Teilchenart begann, die von einem einzigen Typus von Wechselwirkung beherrscht wurde – mit einem Teilchen, das sich im Laufe seiner Abkühlung in die große Vielfalt von Wirkungen aufspaltete, die wir heute kennen.

Und alles begann mit einigen Menschen in der Antike, die fragten, wie weit man Materie teilen könne. Es zeigt, was sich erreichen läßt, wenn man die richtigen Fragen stellt.

Register

Abelson, Philip Hauge 209
Abstandsgesetz, quadratisches oder siehe Coulombsches Gesetz 50
Alphastrahlen 117
Alphateilchen 118, 123, 199, 204, 278
Aluminium 203
Alvarez, Luis Walter 265
Americium 210
Ampère, André Marie 57
Anaximenes 12
Anderson, Carl David 260, 295
Anode 78
Antielektron 254
Antikathoden 127
Antimaterie 274
Antimüonen 296
Antineutrino 284 f.
Antineutron 273, 300
Antiproton 265, 271
Antiteilchen 249
Arago, Dominique François 57
Argon 133
Aristoteles 9, 13
Arrhenius, Svante August 94
Astat 209
Aston, Francis William 176, 215
Äther 13, 48, 56, 108
Atom, Bewegung 24
–, Größe 26, 85
–, Umwandlung 161
–, Unterschiede 27
–, Zerfall 164
Atomgewicht 30, 125, 161
Atomismus 9
Atomkern 120, 216
–, Ladung 128
–, Spaltung 213
–, Spin 188
–, Struktur 121, 153
–, Stabilität 239
Atomtheorie 21
Ausschließungsprinzip 351
Austauschkräfte 314
Austauschteilchen 317, 323, 329, 333
Avogadro, Amedeo 32, 34

Balmer, Johann Jakob 138
Barium 221
Bariumtetrazyanoplatinat 88
Barkla, Charles Glover 127
Bartholin, Erasmus 45
Baryonen 270 f., 311, 334
Becquerel, Antoine Henri 115, 157
Berkelium 211
Berthollet, Claude Louis 18
Beryllium 179
Berzelius, Jöns Jacob 18, 31
Betastrahlen 117
Betateilchen 162, 278, 339
Bethe, Hans Albrecht 233
Beugungsgitter 89
Bewegung der Atome 24
Blackett, Patrick Maynard Stuart 199
Blei 169
Bohr, Niels Henrik David 139, 222
Boltwood, Bertram Borden 169
Boltzmann, Ludwig Eduard 69
Bose, Satyendr Nath 144
Bose-Einstein-Statistik 144
Bothe, Walter W. G. F 191
Bottom-Quark 348
Boyle, Robert 11, 14
Boyle-Mariottesches Gesetz 11
Bragg, William Henry 91
Breiteneffekt 258
Broglie, Louis Victor de 108
Brown, Robert 23
Brownsche Bewegung 23

Californium 211
Camberlain, Owen 269
Cannizzaro, Stanislao 34
Carus, Titus Lucretius, siehe Lukrez
Chadwick, James 192
Charm-Quark 348
Charmed Teilchen 348
Chlor 176, 291
Cockcroft, John Douglas 267
Color (Quarks) 352
Compton, Arthur Holly 104, 255
Compton-Effekt 104
Coryell, Charles D. 208
Coulomb, Charles Augustin de 50
Cowan, Clyde Lorrain 288
CP, Erhaltung 340
CPT, Erhaltung 340
Cronin, James Watson 340
Crookes, William 81, 157, 161
Curie, Marie 117, 155
Curie, Pierre 155
Curium 210

Dalton, John 18, 28, 30
Davis, Raymond E. 292
Davisson, Clinton Joseph 108
Demokrit von Abdera 8, 17
Dempster, Arthur Jeffrey 168
Deuterium 193
Dirac, Paul Adrien Maurice 144, 249
Down-Quark 343
Drehimpulserhaltungssatz 188, 248, 283
Dufay, Charles François de Cisternay 54

Eddington, Arthur Stanley 233, 236
Edelgase 131
Einstein, Albert 25, 61, 99, 102, 144, 187, 226, 366
Einsteinium 211
Elektrische Anziehung und Abstoßung 55
elektrische Batterie 77
elektrische Ladung 75
elektrischer Strom 77, 56
Elektrizität 49, 55, 75
elektromagnetische Strahlung 61–62, 110
elektromagnetische Wechselwirkung 311
Elektromagnetismus 57
Elektron 87, 91, 100, 181, 300, 333, 362

–, Schwellenwert 101
–, Bahnen 140
–, Masse 99
–, Materie und 91
–, Spin 143
–, Welleneigenschaften 109
Elektronen-Neutrino 305, 362 f.
elektroschwache Wechselwirkung 329
elektrostatische Körper 54
Elementarteilchen 86
Elementenumwandlung 28
Empedokles 13
Energie 68
–, kinetische 69
Energieerhaltungssatz 154
Entdeckung der Neutrinos 285
Epikur 9
Erhaltungssatz 277

Falsches Vakuum 378
Faraday, Michael 53, 58, 84, 93
Fermi, Enrico 144, 205, 220, 281, 320
Fermi-Dirac-Statistik 144
Fermi-Wechselwirkung 320
Fermionen 144
Fermium 211
Feynman, Richard Phillips 346, 350
Fitch, Val Logsden 340
Flavor 349
Fljorow, Nikolajewitsch 228
Fluoreszenz 116
Francium 208
Franklin, Benjamin 55, 76
Fraunhofer, Joseph von 136
Fraunhofersche Linien 137
Fremdheitsquantenzahl 337
Fresnel, Augustin Jean 47
Friedman, Jerome 346
Frisch, Otto Robert 222

Galaxien 360, 365
Gammastrahlen 117
Gamow, George 373
Gassendi, Pierre 10
Geheimnis der fehlenden Masse 362
Geiger, Hans Wilhelm 194
Geigerzähler 195
Geißler, Johann Heinrich Wilhelm 77
Geißlersche Röhren 78
Gell-Mann, Murray 337, 340, 342
Giauque, William Francis 177
Gilbert, William 54
Glaser, Donald Arthur 195
Gluonen 354
Goeppert-Mayer, Maria 240
Goldblättchenelektroskop 194
Goldstein, Eugen 80, 121
Gravitation 61, 139, 184, 360
Gravitationsfeld 184
Gravitationsgesetz 48
Gravitationswechselwirkung 311
Gravitationswellen 110, 253
Graviton 110, 186, 333
Greenberg, Oscar 352
Grimaldi, Francesco Maria 41
Große Vereinheitlichte Theorie 372
Grosse, Aristid v. 203
Guth, Alan 379

Hadronen 334, 340, 342
Hahn, Otto 163, 179, 220
Hahnium 212
Halbwertszeiten 164
Hallwachs, Wilhelm 98
Han, Mao-Young 352
Harkins, William Draper 191
Heisenberg, Werner Karl 145, 149, 314, 335
Helium 123, 131, 233
Helmholtz, Hermann Ludwig Ferdinand von 68
Henry, Joseph 58 f.
Heraklit 12
Herschel, Wilhelm (William) 62
Hertz, Heinrich Rudolf 66, 81, 97
Heß, Victor Franz 255
Higgs, Peter 325
Higgs-Teilchen 325
Hittorf, Johann Wilhelm 80
Hohlraumstrahlung 71
Hubble, Edwin Powell 366
Huygens, Christiaan 40
Hyperonen 335 -336

Impulserhaltungssatz 282
Infrarotstrahlen 63
Interferenzmuster 44
intermediäre Vektorbosonen 323
Ionen 93, 172
Islandspat 45
Isospin 336
Isotope 161
–, künstliche 202

Jensen, Johannes Hans Daniel 241
Johnson, Thomas Hope 258
Joliot-Curie, Frédéric 191, 203
Joliot-Curie, Irène 191

K-Einfang 265
K-Mesonen 335
Kalium 179
Kaliumuranylsulfat 116
Kamen, Martin David 244
Kanalstrahlen 121
Kanalstrahlteilchen 123
Kaonen 335–336
Kathode 78
Kathodenstrahlen 80
–, Beschaffenheit 81
–, Geschwindigkeit 83
–, Masse 85
Kathodenstrahlröhren 81
Kelvin, Lord 70
Kemmer, N. 336
Kendall, Henry 346
Kepler, Johannes 360
Kernenergie 153
Kernfusion 237
Kernfusionsbombe 237
Kernreaktionen 197
Kernreaktoren 229
Kernspaltung, spontane 228
Kernspaltungsbombe 227, 236
Kernverschmelzung 230
Kirchhoff, Gustav Robert 70, 137
Kohlendioxid 18
Kohlenmonoxid 18
Kohlenstoff 213
Kohman, Truman Paul 178
Korpuskularmodell 42
kosmische Strahlung 254
kosmische Beschaffenheit 255
Krypton 133
Kupferkarbonat 15, 17

Ladungserhaltungssatz 247
Langmuir, Irving 132
Längswelle 45
Laue, Max Theodor Felix von 90

Lawrence, Ernest Orlando 267
Lawrencium 211
Lederman, Leon Max 306
Lee, Tsung-Dao 338
Leidener Flasche 75
Lemaître, Abbé Georges Henri 373
Lenard, Philipp Eduard Anton von 82, 100
Leptonen 271, 283, 294, 308, 333, 349, 370
Leukipp von Milet 8
Lewis, Gilbert Newton 132
Licht 37, 105
–, Spektrum 39
–, Teilchenmodell 41
–, Wellen 40
Lichtgeschwindigkeit 49
Longitudinalwelle siehe Längswelle 45
Lukrez 9 f.

magische Zahl 241
magnetische Anziehung 52
magnetische Feldlinien 53
Magnetismus 49, 53
Manhattan-Projekt 226
Masse 30
Massendefekt 215
Massenspektrographen 176
Massenzahl 177
Materie 37, 91
Materie, dunkle 369
Matrizenmechanik 148
Maxwell, James Clerk 24, 59, 69, 327
Maxwellsche Gleichungen 59
McMillan, Edwin Mattison 209
Meitner, Lise 163, 220
Melloni, Macedonio 64
Mendelejew, Dmitri Iwanowitsch 36
Mendelevium 211
Meson 295, 334
Mesotron 295
Millikan, Robert Andrew 255
Moleküle 17
Molybdän 207
Moseley, Henry Gwen-Jeffreys 128
Müller, Erwin Wilhelm 26
Müonen 296, 317, 333
–, Masse 299
–, Zerfall 298, 301, 303
müonische Atome 298
Musschenbroek, Pieter van 75
My-Meson 295
Myon 296

Nagaoka, Hantaro 114
Nambu, Yoichiro 352
Natrium 133
Natriumchlorid 94
Ne'eman, Yuval 340
Nebelkammer 195
Neodym 180
Neon 133, 172
Neptunium 209
Neutrino 281, 305
Neutrino-Teleskop 293
Neutrinos, Entdeckung 289
Neutronen 191, 300, 334–335
–, Beschuß 205
–, Kerne und 193
–, Masse 215
–, Nachweis 196
Newton, Isaak 38, 48
Nicholson, William 30
Nobelium 211
Nobili, Leopoldo 64
Noddack, Karl Friedrich 206
nukleare Kettenreaktion 223
nukleare Wechselwirkung 313
Nuklid 178

Oliphant, Marcus Laurence Elwin 204
Omega-Minus-Teilchen 341
Ordnungszahl 128, 161
Orsted, Hans Christian 57
Ostwald, Friedrich Wilhelm 23

Paarbildung 253
Paarvernichtung 251
Packungsanteil 215
Paneth, Friedrich Adolf 207
Parität 338
–, Erhaltung der 337
Pauli, Wolfgang 143, 280
Pauli-Verbot 143, 352
Pauling, Linus Carl 149
Pechblende 155
Penzias, Arno Allan 374
Perchloräthylen 292
Peregrinus, Petrus 50
Perey, Marguerite 208
Periodensystem 36, 125, 160
Perl, Martin 302
Perrin, Jean Baptiste 25, 83, 121
Phononen 110
Phosphor 203
photoelektrischer Effekt 98
Photonen 104, 186, 281, 358, 362, 333
Pi-Meson 318
Pionen 319, 333
Planck, Max Karl Ernst Ludwig 73, 101
Platon 9
Plücker, Julius 78
Plutonium 210
Plutonium 239 229
Polonium 155
Pontecorvo, Bruno M. 291
Positron 260
Powell, Cecil Frank 318
Prisma 39
Promethium 208, 227
Proportionen, Gesetz der konstanten 15
Proportionen, Gesetz der multiplen 19
Protaktinium 163, 167
Proton 334 -335
Proton-Elektron-Theorie 183
Protonen 124, 181, 362
–, Zerfall 370
Proust, Joseph Louis 15
Prout, William 174
Proutsche Hypothese 174

Quanten 74, 101
Quantenchromodynamik 351, 353
Quantenmechanik 149
Quantentheorie 74
Quantenzahl 142
Quarks 343, 349, 370
–, elektrische Ladung 344
–, Flavor 347
–, Varianten 352
Querwelle 45

radioaktive Zwischenprodukte 158
radioaktiver Zerfall 158
Radioaktivität 117, 153, 197
Radiowellen 67
Radium 155, 221
–, Halbwertszeit von 167
Radon 133
Raleigh, Lord, John William, siehe Strutt
Regenbogen 38

Reines, Frederick 288, 364
Relativitätstheorie 99
Rhenium 206
Richards, Theodore William 35, 171
Richter, Burton 348
Ritter, Johann Wilhelm 66
Romer, Olaus 49
Röntgen, Wilhelm Conrad 87
Röntgenstrahlen 116, 126
–, Beschaffenheit 89
Roosevelt, Franklin Delano 226
Rossi, Bruno Benedetto 258
Rubbia, Carlo 324
Russel, Henry Norris 233
Rutherford, Ernest 117, 123, 155, 157, 198
Rutherfordium 212

Sala, Angelo 64
Salam, Abdus 329
Samarium 180
Schallwellen 48
Scheele, Karl Wilhelm 64
Schrödinger, Erwin 148
Schwarzes Loch 234, 359
Schwinger, Julian Seymour 347, 350
Seaborg, Glenn Theodore 210
Segrè, Emilio 206
ilbernitrat 64
Sitter, Wilhelm de 366
Slipher, Vesto Melvin 365
Soddy, Frederick 157, 160
Sommerfeld, Arnold Johannes Wilhelm 142
Sonne 237, 357
–, Neutrinos und 290
–, Temperatur 236
–, Zusammensetzung 233
Sonnenlicht 38
Sonnenwind 259
Spektrallinien 136
Spektrum 62
Stas, Jean-Servais 35
Stefan, Joseph 70
Stefan-Boltzmannsche Strahlungsgesetz 71
Sterne 234, 358
Stoney, George Johnstone 87
Strange-Quark 343
traßmann, Fritz 221
Strutt, John William 72
Sturgeon, William 58
Supernova 234, 293
Superstring-Theorie 380
Svedberg, Theodor 24
Szilard, Leo 222
Szintillationszähler 199

Tacke, Ida Eva 206
Tau-Meson 338
Tauon 302, 308, 333
–, Masse 302
Tauonen-Neutrino 308
Tauonenzahl, Erhaltung der 308
Taylor, Richard 346
Technecium 207
Teilchenbeschleuniger 267
Teilchenspin 144
Teller, Edward 226
Temperatur 236
Thales von Milet 12, 49
Theorie 19
Thermodynamik 68
–, erster Hauptsatz 68
–, zweiter Hauptsatz 132
Theta-Meson 338
Thomson, George Paget 109, 172
Thomson, Joseph John 83, 85, 113
Thorium 117, 158, 161, 229
–, Halbwertszeit 168
–, Zerfall 169
Ting, Samuel Chao Chung 348
Tomonaga, Sin-itiro 351
Top-Quark 348
Torricelli, Evangelista 37
Transmutation 28
Transuranisotope 228
Transversalwelle siehe Querwelle
Tritium 204

ultraviolette Strahlen 66
Universum 357, 365, 373
–, Alter 371
–, Ausdehnung 366
–, Dichte 369
–, Entstehung 234
–, Entwicklung 376
–, Gleichförmigkeit 376
–, inflationäres 379
–, Masse 359
–, Zusammensetzung 362
Unschärferelation 150
Up-Quark 343
Uran 116, 154, 168, 170, 206, 227, 235
Uran, Halbwertszeit 167
–, Spaltung 220, 227
–, Zerfall 170
Urey, Harold Clayton 193
Urknall 373
Urstoff 12

Vakuum 77
–, falsches 378
Vanadium 180
Villard, Paul Ulrich 117
Volta, Alessandro Giuseppe 77

W-Bosonen 323, 333
Walton, Ernest Thomas Sinton 267
Wärme 62, 68
Wasserstoff 233
Wasserstoffbombe siehe Kernfusionsbombe
Wasserwellen 48
Watt, James 69
Wechselwirkung, schwache 321
–, starke 314, 353
Weinberg, Steven 328
Weizmann, Chaim 223
Wellenmechanik 149
Wien, Wilhelm 71, 121
Wiensches Strahlungsgesetz 71
Wigner, Eugene Paul 226, 336
Wilson, Charles Thomson Rees 195
Wilson, Robert Woodrow 374
Wismut 178, 209
Wollaston, William Hyde 136
Wu, Chien Shung 339

Xenon 133

Yang, Chen Ning 338
Young, Thomas 41
Yukawa, Hideki 315

Z°-Boson 325
Zerfallsteilchen 241
Zinksulfid 198
Zwei-Neutrino-Problem 305
Zyklotron 268